하나뿐인 지구에 꼭 필요한
비판지리교육학

하나뿐인 지구에 꼭 필요한 **비판지리교육학**

초판 1쇄 발행 2025년 2월 10일

지은이 존 모건
옮긴이 서태동
펴낸이 김선기
편집 김란, 이선주
디자인 조정이
펴낸곳 (주)푸른길
출판등록 1996년 4월 12일 제16-1292호
주소 (08377) 서울시 구로구 디지털로 33길 48 대륭포스트타워 7차 1008호
전화 02-523-2907, 6942-9570-2
팩스 02-523-2951
이메일 purungilbook@naver.com
홈페이지 www.purungil.com

ISBN 979-11-7267-036-8 93980

하나뿐인 지구에 꼭 필요한

비판지리교육학

Teaching Secondary Geography as if the Planet Matters

푸른길

차례

인간은 서로의 관계를 바꾸지 않고는 자원 사용 방식을 바꿀 수 없다. 예를 들어, 에너지를 절약하는 방식에는 수십 가지가 있다. 어떤 방식은 부자들이 에너지를 낭비하는 것을 막고, 또 어떤 방식은 가난한 사람들을 얼어 죽게 할 수 있다. 숲이나 해변 그리고 촌락의 경관은 많은 사람이, 소수가, 또는 아무도 즐기지 않도록 보존할 수 있다. 부자와 가난한 사람이 오염을 줄이는 데 드는 비용을 매우 공정하게 또는 매우 불공정하게 부담하도록 만들 수 있다. 오래된 도시의 거리와 동네는 그곳에 사는 사람들을 위해 보존될 수도 있고, 그 사람들을 몰아내고 더 부유한 사람들을 끌어들이며, 더 부유한 사람들에게 투기의 기회를 제공하는 방식으로 보존될 수도 있다. 무엇을 보존할지보다 어떻게 보존할지가 더 어려운 문제일 때가 많다.

(Stretton, 1976: 3)

이 책은 1980년대 후반에 그 기원을 두고 있다. 당시 영국에서는 환경 문제에 대한 언론의 관심이 급증했다. 열대우림 파괴, 산성비, 사막화, 온실효과 등 다양한 지구 환경 문제들이 그동안 지속적으로 제기되었고, 이제는 이러한 문제들이 하나로 모여 '퍼펙트 스톰'을 일으키는 것처럼 보였다. 1989년 3월 『선데이타임스(The Sunday Times)』는 "지구가 죽어 가고 있다, 당신은 무엇을 할 것인가?"라는 질문을 던지는 표지를 내걸었다. 내가 이 표지를 기억하는 이유는 당시 나는 신규 지리교사였고, '환경 위기'에 관한 수업에서 이 표지를 사용했기 때문이다(당시 상당수의 학생들이 환경 위기를 인식하고 우려하고 있었다). 맥나그텐과 어리(Macnaghten and Urry, 1998)는 1980년대 후반에 "환경이 영국 정치와 문화에서 중요한 이슈로 확고히 자리 잡았다."라고 확인했다. 마거릿 대처 총리는 1988년 왕립학회 연설에서 지구 환경 문제가 중요한 관심사라고 주장했다. 그린피스, 지구의벗과 같은 환경 캠페인 단체의 회원 수가 급증했으며, 엘킹턴과 헤일스(Elkington and Hailes)의 『녹색 소비자 가이드(The green consumer guide)』(1988)가 출간되었다(1년 만에 11번의 재쇄를 거쳐 35만 부가 판매되었다).

하지만 지리교사들에게는 환경에 대한 특정한 사고방식이 있었다. 이는 환경 문제의 '원인'(따라서 '해결책')이 개인에게 있다고 생각하는 경향이었다. 『선데이타임스』의 기사에서도 이를 다음과 같이 설명했다.

> 당신은 지구에서 살아가는 것만으로도 지구를 해친다. 당신은 휘발유, 석유, 석탄 같은 화석연료를 태우고, 당신에게 상품과 서비스를 제공하는 사람들이 훨씬 많은 양의 화석연료를 태운다. 당신은 매립되거나, 소각되거나, 바다에 방출될 수밖에 없는 폐기물을 만들어 낸다. 당신은 제3세계의 빈곤을 이용해 거래하면서 이미 한계에 다다른 자원에 더 큰 부담을 주는 투자에서 이익을 얻는다. 당신은 농장과 공장에서 나온 제품을 구입하고, 그곳에서 발생한 화학 폐기물의 악영향은 물고기의 죽음에서 사람의 죽음에 이르기까지 실로 다양하다.

지리교사로서 초창기에는 환경 문제의 책임이 개인에게 있다는 관점과 소비할 때 더 나은 선택을 함으로써 문제를 쉽게 해결할 수 있다는 주장에 반박할

하나뿐인 지구에 꼭 필요한 비판지리교육학

방법을 찾는 데 많이 노력했다. 수업을 준비하면서, 나는 환경 문제가 인간과 환경의 관계만큼이나 인간과 인간 간의 관계에 관한 것임을 이해하는 것이 중요하다고 강조한 지리학자 론 존스턴(Ron Johnston, 1989), 데이비드 페퍼(David Pepper, 1984), 특히 존 허클(John Huckle, 1988)의 연구에서 큰 영감을 받았다. 휴 스트레턴(Hugh Stretton)은 (앞의 인용문에서) "인간은 서로의 관계를 바꾸지 않고는 자원 사용 방식을 바꿀 수 없다."라고 말했다.

내가 지리교육 분야에 이러한 교수법을 개발하려고 시도했던 시기가 국가교육과정 도입 이전이라는 점은 매우 중요했다. 이 책의 뒷부분에서 다루겠지만, 이러한 교육 혁신의 한 가지 효과는 교육과정 구성에 대한 책임을 교사들로부터 멀어지게 하고, 대신 교사들이 스스로를 '학습'의 전문가로 여기도록 장려했다는 것이다. 물론 이는 중요하지만, 그 결과 많은 지리교사가 자신이 가르치는 과목인 지리의 본질에 대해 깊이 읽고, 생각하기 어려워졌다. 그렇기 때문에 이 책에서는 교육, 즉 수업에 중점을 두고 있다. 나는 지리학이라는 학문이 인간-환경(또는 사회-자연) 관계에 대해 무엇을 말하고 있으며, 그것이 교육과정 개발에 어떤 의미를 가지는지에 관해 고민하고 있다.

이러한 지리학적 관점에 집중하는 것이 더욱 중요한 이유는, 현재 교사들이 기후변화와 지속가능성에 관해 가르치라는 요구를 받고 있는 시점이기 때문이다. 이와 같은 교육과정 목표를 '전달'하기 위한 수업 계획과 학습활동을 서둘러 설계하기 전에, 지리학자들이 이러한 주제를 어떻게 개념화하는지 이해하는 것이 분명히 중요하지 않을까?

지난 20년 동안 이 분야를 연구한 지리학자들은 사회와 자연 간의 관계에 관한 이해를 지속적으로 발전시켜 왔다. 1980년대에는 인문지리학자들이 정치경제학 모델의 영향을 많이 받았다. 하지만 1990년대와 2000년대에는 '문화적 전환'이 일어나면서 지리학자들이 기존의 순수하고 객관적으로 연구할 수 있는 자연 그대로의 존재를 생각할 수 없게 되었다. 1984년 닐 스미스(Neil Smith)의 『불균등발전(Uneven development)』이 출판된 이후 인문지리학자들은 자연을 사회적 생산(social production)으로 생각하게 되었다. 정치경제학적 관점에서 보면 이 '제2의 자연'은 자본의 축적 과정에서 생산되는 것이다. 반면에 보다 광범위한 구성주의적 접근 방식을 채택하는 학자들, 즉 사회적 구성론자들에게 자연은 다양한 방식으로 생산되고 해석되는 '텍스트'로 간주된다. 일반적으로 오늘날 지리학자들은 단일한 '자연'이 아니라 다중의 '자연들'이 존재한다는 사실을 인식하고 있다.

이 책의 각 장을 소개하기 전에, 몇 가지 주의 사항을 알면 도움이 될 것이다. 첫째, 지리에 초점을 맞춘 접근 방식을 채택하기보다는, '지속가능한 발전을 위한 교육'이나 '환경교육' 또는 새롭게 떠오르는 '생태교육' 분야라는 더 넓은 의미의 용어를 사용하는 것이 더 나을 수도 있다고 생각할 수 있다. 이러한 연구 분야에서 도출된 유용한 연구가 있지만, 이 책은 영국에서 적어도 현재로서는 교사들이 자신을 지리교사, 역사교사 등으로 정의하고 있다는 점에 주목한다. 일부에서는 교사들이 자신의 전공 분야에 대한 애착을 포기할 준비가 되어 있기를 바라는 사람도 있겠지만, 이 책은 지리교사가 지리학자가 되기 위해 상당한 시간과 에너지를 투자한다는 점을 인식하고, 그러한 투자와 열정을 바탕으로 지리학에 대한 이해를 높이고자 한다. 독자들이 이미 알다시피, 현대 지리학은 결코 폐쇄적이거나 고립된 학문 분야가 아니다.

둘째, '환경', '자연', '인간', '사회' 등의 용어를 혼용하여 사용하는 경향을 이미 알아차린 독자들도 있을 것이다. 이는 이 책에서 다루는 문헌들에서 이러한 용어가 모두 사용되었다는 점을 반영한다. 용어의 순수성과 일관성을 추구했다면, 문헌의 다양한 부분들 간의 연결을 만들 기회가 제한되었을 것이다. 게다가 오늘날 우리는 언어의 힘에 충분히 민감해져 있기 때문에 지리 텍스트에서 '자본주의 사회' 같은 특정 용어 대신 '사회'와 같은 단어를 사용하거나, '사회계급'의 존재를 인정하기보다는 '인간'에 대해 말할 때 그 의미가 중요하다. 이 책에서 나는 용어가 사용되는 방식의 미묘한 차이에 주의를 기울이려 한다.

셋째, 이 책은 지리교사들을 위해 현대 지리학의 '자연'이나 '환경'에 대한 접근법을 포괄적으로 다루는 것을 목적으로 하지 않는다. 이에 대해서는 이미 훌륭한 책들이 많이 나와 있으므로, 다음과 같은 책을 추천한다. 허클과 마틴(Huckle and Martin)의 『변화하는 세계 속에서의 환경(Environments in a changing world)』(2001), 캐스트리(Castree)의 『자연(Nature)』(2005), 로빈스 등(Robbins et al.)의 『환경퍼즐(Environment and society)』(2010) 등이다. 이 책의 목적은 지리교육 분야에 구체적으로 초점을 맞추는 것이다. 이어지는 장들은 학생들이 사회와 자연의 생산과 재생산을 이해하는 데 도움이 되는 접근법을 개발하고자 하는 지리교사들의 고민을 해결하기 위해 집필하였다.

이 책의 구성과 내용

1부: 맥락

1장에서는 지리교육이 관심을 가져야 할 '아이디어 전쟁(battle for idea)'에 대해 이야기하며, 이 책의 전체적인 배경을 설정한다. 이 장에서는 1997년부터 2010년까지 이어진 영국 신노동당 정부하에서 학교가 기후변화와 지속가능성 문제를 가르치도록 장려되었고, 이를 통해 학생들이 기후변화와 관련된 문제를 극복하는 데 기여할 수 있도록 돕고자 했음을 설명한다. 이러한 '국가 주도'의 환경교육은 국가의 개입이 교육적이지 않으며, 인간이 자연을 변형하여 부와 복지를 증진시키려는 욕구를 과소평가한다는 반발을 불러일으켰다. 또한 이 장에서는 환경 문제에 대한 자본주의적 해결책을 주장하는 영국 녹색운동의 대표적 인물인 조너선 포릿(Jonathan Porritt, 2005)의 최근 저서를 살펴본다. 마지막으로, 자본주의 사회를 보다 여유롭고 덜 소비하는 생활양식을 장려하는 방향으로 변화시켜야 한다고 제안하는 견해를 논의하며 마무리한다. 1장에서의 논쟁이 모든 입장을 다 다루지는 않지만, 환경 문제의 논의가 경제와 문화가 어떻게 조직되는지에 대한 더 넓은 질문과 분리될 수 없다는 점을 강조하는 데는 충분하다. 이와 같은 측면에서 지리교육 분야는 학생들이 환경 문제에 관한 지식과 이해를 높이는 데 기여할 수 있다. 이 책의 나머지 부분에서는 이러한 사회와 자연의 관계를 중점적으로 다루고 있다.

2장에서는 학교교육과정에서 다루는 환경적 관점의 발전에 관해 논의한다. 이 장은 환경교육이 제2차 세계대전 이전에 시작되었지만, 1950년대 중반부터 1970년대 초반까지 영국의 경관과 생활 경험을 변화시킨 근대화 과정에 의해 중요한 방식으로 형성되었다고 주장한다. 자동차와 고속도로 시스템의 등장, 슬럼가 철거와 새로운 건축양식, 뉴타운 개발 등의 이러한 변화는 많은 사람들에게 혼란을 주었고, 이 변화를 이해하려는(때로는 저항하려는) 문화적 운동으로 이어졌다. 이 시기에는 독특한 형태의 '환경지리학'이 등장하여 학생들이 '도시와 농촌을 바라보는 안목'을 키우도록 독려했다. 이때의 환경지리학이 학생들의 지역사회와 환경에 대한 대응책을 개발하는 데 관심을 두었다면, 1980년대에는 더 총체적이고 글로벌한 관점을 채택하는 환경교육이 등장했다고 주장한다. 이는 환경교육이 이해되는 방식에 영향을 미쳤으며, 때로는 교과목과 교육과정이 기계적 세계관의 일부라고 비판하는 데 기반을 두었다. 마지막으로, 이 장에서는 1990년대 중반부터 지속가능한 발전을 위한 교육이 '환경 근대화'라는 광범위한 프로젝트의 본질적인 부분으로 간주

하나뿐인 지구에 꼭 필요한 비판지리교육학

되는 방식에 주목한다.

3장에서는 학문으로서의 지리학이 사회와 자연 간의 관계를 개념화한 다양한 방식을 소개한다. 이 장에서는 이 책의 2부에서 지리적 주제를 분석하는 데 도움이 되는 접근 방식(주로 정치생태학과 자연의 사회적 구성론에 기반한)에 관한 몇 가지 중요한 배경지식을 제시한다.

이와 같이 『하나뿐인 지구에 꼭 필요한 비판지리교육학』의 1부(맥락)를 구성하는 세 장은 학생들이 사회와 자연 간의 관계를 이해하는 데 도움이 되는 지적 자원으로서 지리 교과의 중요성에 대한 논거를 제시한다.

2부: 주제

2부는 5개의 장으로 구성되어 있으며, 각각은 학교 지리(school geography)에서 일반적으로 가르치는 주제를 다룬다. 이 장들의 목적은 아주 간단하다. 각 주제를 어떻게 재검토하여 사회와 자연 관계를 형성하는 과정을 더 깊이 이해할 수 있도록, 이론적으로 더 잘 정립된 접근법을 개발할 수 있을지를 논의하는 것이다. 그렇다고 해서 각 장들이 동일한 형식을 공유한다는 의미는 아니다. 각각의 장은 지리교사들이 익숙하게 여길 만한 논의를 전개하려고 노력하며, 이는 추가 연구와 분석을 위한 출발점이 된다. 이러한 의미에서 2부의 장들은 명확한 교육적 의도가 있다. 인용한 참고문헌이 추가 연구와 성찰을 위한 원동력이 되기를 바란다. 이러한 방식이야말로 내 경험에 비추어 볼때, 교사들이 지리를 가르치는 데 있어 지적으로 탄탄한 접근 방식을 개발하는 과정이다.

4장에서는 최근 GCSE 및 AS레벨 평가요강(specification)과 기출문제를 분석하고, 여기서 자연재해와 자원 소비라는 주제를 다루는 방식을 살펴보고자 한다. 이 장은 학교 지리에 대한 몇 가지 과거 비판을 언급하는 것으로 시작하여 1980년대에 제기된 비판이 여전히 타당한지 묻는다.

5장에서는 식량 문제를 다룬다. 이 장은 1980년대 중반 이후 생산주의 농업 체제에서 탈생산주의 농업 체제로의 전환에 비추어 '농업지리학'에 대한 초기 교육이 어떻게 변화했는지를 논의하는 것으로 시작한다. 이러한 변화가 음식의 문화정치에 대한 폭넓은 논의를 가능하게 했으며, 이와 관련된 접근 방식의 사례를 제시한다. 또한 학교의 음식 문화를 바꾸려는 최근의 움직임에 관한 논의와 함께, 지리적 접근 방식이 이러한 문제에 대해 더 넓은 관점을 제공할 수 있는 방법을 제안한다. 따라서 이 장에서는 지리적 지식을 교실 밖에서 적용할 수 있는 방법을 보여 준다.

6장은 세계가 점점 더 도시화되고 있지만, 학교에서의 도시지리 수업은 환경 문제보다는 사회적 문제에 초점을 맞추는 경향이 있음을 지적한다. 이 장은 도시 연구에서 다루는, 도시 자연이 어떻게 도시 정치경제학의 일부로서 생산되는지를 인식하는 접근에 대해 소개한다.

7장은 학교에서 경제지리를 가르치는 것과 관련된 내용이다. 이 장에서는 학교 지리가 학생들에게 경제 프로세스를 단순하고 이데올로기적으로 표현하는 경우가 많다고 지적한다. 또한 여러 지리교사가 경제 이론에 관한 질문을 다룰 준비가 부족하다고 느낀다. 이 장에서는 자본주의의 본질 변화에 특히 주목하면서 경제지리학의 변화하는 양상을 설명한다. 이러한 접근 방식을 통해 교사들은 경제지리를 맥락에 맞게 가르칠 수 있을 것으로 기대한다. 이 장은 2008년의 금융위기로 인해 경제 공간을 생산하는 우세한 방식인 신자유주의가 종말을 고한 것은 분명하지만, 그 이후의 방향은 불확실하기 때문에 추측의 메모로 끝맺는다. 이 장은 교사들이 학생들과 함께 대안을 탐구하도록 초대한다.

하나뿐인 지구에 꼭 필요한 비판지리교육학

2부의 마지막 장에서는 기후 자본주의라는 개념을 바탕으로 기후변화가 글로벌 경제체제와 어떻게 연결되어 있는지 학생들이 명확하게 이해할 수 있도록 가르치는 방법을 다룬다. 이와 함께 기후변화와 탄소 소비 감소의 필요성에 직면하여 모빌리티 시스템이 어떻게 변화할 수 있는지를 간략하게 논의한다. 이러한 논의는 '인류세 지리'를 가르치는 것의 함의를 다룬 마지막 부분으로 이어지며, 인간이 지구 시스템을 형성하는 데 중요한 역할을 하고 있다는 점을 강조한다.

3부: 실천

3부는 학교 지리교육의 발전이라는 더 넓은 맥락에서 이 책의 논점을 설명하는 하나의 장과 짧은 맺음말로 구성되어 있다. 이 장에서는 시간이 지남에 따라 지리교사들이 교육과정에 대한 통제력을 상실하게 된 과정을 설명하고, 이 책에서 논의한 체계적인 지리교육 유형을 개발할 수 있는 교사들의 가능성을 평가한다. 비록 상황이 항상 긍정적이지는 않지만, 사회와 학교교육의 관계를 현실적으로 이해할 때, '탈진보' 세계의 도래가 지리교사들이 학생들과 함께 이 책의 시작에서 언급한 아이디어 전쟁에 참여할 수 있는 중요한 공간을 제공한다는 점을 시사한다.

1부
맥락

1장

지리 수업과 아이디어 전쟁

도입

이 장에서는 지리교육에서 '아이디어 전쟁'이라고 부르는 것과 관련된 내용을 다룬다. 나는 풍요로운 세계에서 자연의 정치가 경제적·정치적·문화적 생활의 중심 무대로 떠오르는 이 시기에, 지리교사들은 학생들이 중요한 논쟁을 이해할 수 있도록 도와야 하는 과제에 직면해 있다고 주장한다. 이 장의 초점을 정당화하려는 유혹이 있을 수 있지만, '환경', '자연', '지속가능한 발전'이라는 용어가 이미 교육계와 교육과정에 확고히 자리 잡고 있다는 것은 의심할 여지가 없다고 본다. 예를 들어, 교육과정평가원(QCDA, 2009)에서 발간한 『지속가능한 발전의 실천(Sustainable development in action)』은 사회가 직면하고 있는 환경 문제가 정규 교육과정 논의에 어떻게 반영되고 있는지를 보여 준다.

우리는 미래 세대가 자신의 필요를 충족시킬 수 있는 능력을 손상시키지 않으면서도 모든 사람이 기본적인 필요를 충족하고 삶의 질을 누릴 수 있는 지구에서 살아갈 방법을 찾아야 한다.

대부분의 전문가는 현재 지구의 발전 방식과 속도가 지속가능하지 않다는 데 동의한다. 우리의 생활양식은 담수 공급에서 어족 자원, 비옥한 토지, 깨끗한 공기에 이르기까지 지구의 천연자원 공급에 과도한 부담을 주고 있다. 또한 국내외적으로 사람들 간의 불평등은 점점 더 커지고 있다.

(QCDA, 2009: 4)

윗글에 따르면, 환경운동가들의 주장이 교육적 사고의 주류를 차지하고 있음을 잘 보여 준다. 지속가능한 삶은 학생들의 교육적 권리의 핵심 요소로 자리 잡았다.

지속가능한 발전에 대해 학습함으로써, 청소년들은 현재와 미래 세대의 필요와 권리를 이해하고 기후변화, 불평등, 빈곤과 같은 상호 연관된 문제를 해결하기 위한 최선의 방법을 고려할 수 있다. 또한 학습자가 자신의 집 앞이든 지구 반대편이든 더 나은 방향으로 세상을 바꾸고자 하는 동기를 부여하여 지속가능한 사회와 미래를 구상하고 창조하는 데 중요한 기술, 지식, 이해, 가치를 함양하도록 할 수 있다.

(QCDA, 2009: 2)

기후변화 문제는 '우리 세대가 직면한 가장 큰 과제 중 하나'라는 신노동당 정부의 견해를 반영하여 교육과정평가원 간행물에서 특별히 언급하고 있다.[1] 이 글에서는 우리가 배출하는 온실가스 수준을 줄이는 것이 기후변화를 늦

추는 데 필요한 가장 중요한 조치 중 하나라고 주장한다.

> 학교에서 기후변화에 대해 배우면서 여러 학생과 청소년이 더 넓은 공동
> 체에 자신들의 메시지를 전달하여 변화를 일으키려고 노력했다. 이들은
> 성공의 열쇠가 공동체로서 함께 노력하는 데 있으며, 우리 모두가 해결
> 책의 일부가 될 수 있다고 믿는다.
>
> (QCDA, 2009: 5)

이러한 설명은 지속가능한 발전에 대한 학습이 이론과 실천을 연결해야 한
다는 점을 분명히 하며, '환경시민성(environmental citizenship)'의 형태를 장
려하는 것으로 보인다(Dobson and Bell, 2005).

지속가능한 발전을 다루는 학습에 관한 정부의 관심을 보여 주는 또 다른 사
례는 2007년 환경식품농촌부(DEFRA)와 교육기술부(DfES)가 전 미국 부통령
앨 고어(Al Gore)의 영화 '불편한 진실(An Inconvenient Truth)'이 포함된 「내일
의 기후, 오늘의 과제(Tomorrow's Climate, Today's Challenge)」라는 제목의 장
학자료를 모든 학교에 배포하기로 한 결정이다. 과학, 지리, 시민성 교과 교
사를 위해 제작된 이 지침에는 이 영화가 큰 영향을 미쳤으며, "복잡한 주제
에 대해 학생들의 관심을 끌 수 있는 큰 잠재력을 가지고 있다."라고 명시되
어 있다. 또한 영화가 '전 세계 대다수의 과학적 의견이 유효하다고 간주하는'
네 가지 핵심 과학 가설에 기반하고 있다고 언급하면서도, 고어가 때때로 과
학적 주류와 일치하지 않는 증거를 제시한다고 경고한다. 이 자료는 학생들
이 '다양한 정보 출처의 타당성과 신뢰성'을 평가할 수 있도록 돕기 위해 만들
어졌다. 따라서 환경 문제에 대한 대중적인 표현을 이해하고 해석하며, 필요
한 경우 이의를 제기할 수 있는 과학적 문해력과 지속가능성에 관한 문해력

을 함양하는 데 관심을 기울여야 한다.

이 절에서 논의한 바를 요약하면, 1997년 이후 지속가능한 발전을 위한 교육은 2020년까지 모든 학교를 지속가능한 학교로 만드는 것을 목표로, 국가교육과정의 필수적인 부분이자 학교 개선의 중요한 요소로 자리 잡았다. 이러한 발전은 환경 근대화를 위한 영국 정부의 광범위한 시도의 일부로 보아야 한다.

진보에 반대하는 지리학자들?

이 시점에서 우리는 모든 사람이 학교에서 지속가능한 발전을 위한 학습을 도입하려는 움직임을 환영하는 것은 아니며, 일부에서는 국가가 개입하는 지속가능한 발전과 기후변화 대응의 촉진이 교육에 반하는 것이라고 주장하기도 한다. 예를 들어, 오스틴 윌리엄스(Austin Williams)의 『진보의 적들(The enemies of progress)』(2008)[2]에는 '교조주의자(The indoctrinators)'라는 장이 포함되어 있다. 이 장에서는 "특히 지속가능성과 환경주의의 '기정사실'에 대해 비판적 사고가 재정의되었다."라고 주장한다.

> 이제 기후변화가 문제라는 사전 지식이 무의식적으로 받아들여지고, 교실 학습의 유일한 목적은 이에 대해 무엇을 해야 할지를 찾아내기 위한 세부 조정 활동일 뿐이다. 유치원에서 대학까지, 과학에서 지리학에 이르기까지 교육은 주로 정치적 환경주의를 가르치는 통로가 되었다.
>
> (Williams, 2008: 74)

윌리엄스는 학교에서 환경 메시지를 가르치려는 시도를 다음과 같이 정리

했다.

- 지속가능한 과학 프로젝트의 일환으로 '학교 관리인의 역할, 학교의 석유 사용량, 학교의 연료 및 전기 요금'을 조사하는 6학년 과학 프로젝트가 포함된다.
- 8학년 학생들을 대상으로 '환경과 지구의 천연자원에 미치는 영향을 줄이면서 학교의 일부 측면을 사용자 친화적으로 재설계'하도록 한 디자인 오브 더 타임(the Designs of the Time, Dott) 프로그램이 포함된다.

윌리엄스는 이를 '아이들을 새로운 친환경 도덕으로 조종하려는 노골적인 시도'로 본다. 그는 다음과 같이 결론을 내린다.

교육은 배우고, 도전하며, 비판적으로 분석하고, 추상적 사고를 키우며, 진정한 지적 탐구의 기초를 다지는 장이 아니라, 순응적인 미래 세대의 마음을 사로잡기 위한 수단이 되어 버렸다. 안타깝게도 도덕으로 가득 찬 지속가능성에 대한 정설의 프레임에서 모든 것을 보려는 편협한 시도는 우리가 배울 수 있었던 교훈을 놓치게 만든다.

(Williams, 2008: 79)

따라서 『진보의 적들』에서 저자는 사회가 진보라는 개념에 대한 믿음을 상실했다고 보는 것과 관련한 우려를 다룬다.

오늘날의 미래는 종종 불길한 예감으로 여겨지고, 실험은 불필요하게 위험하다고 간주되며, 진보 자체가 허구로 제시된다. 인간은 해결책이 아니라, 문제로 여겨지고 있다.

(Williams, 2008: 2)

글로벌 평등을 위해 헌신한다고 자처하는 교육 자선단체인 월드라이트(Worldwrite)도 비슷한 주장을 하고 있다. 이 단체는 세계 빈곤과 저개발 같은 문제를 해결하기 위한 반근대적이고 임시방편적인 접근 방식에 비판적이다. 그들의 슬로건인 '모두를 위한 페라리'는 모든 사람에게 최고의 삶을 요구한다는 의미라고 설명한다.

> […] 이는 전 세계의 동료들이 우리 자신과 다르지 않으며 동등하게 훌륭한 삶을 영위할 권리가 있음을 인식하는 것을 의미한다. 이를 위해서는 우리 모두가 최고 수준의 학습, 창의력 발휘, 새로운 지식의 발전, 사회에 대한 영향력을 발휘할 수 있는 자유를 누리도록 고된 노동과 고난, 생존을 위한 투쟁으로부터의 해방을 위한 캠페인이 필요하다. 이를 실현하기 위해 우리 모두를 위한, 최고를 향한 열망을 지지하고 장려하며, 글로벌 평등을 위한 캠페인을 전개한다. 우리는 모든 세계의 최고를 원하며, 이는 무제한적인 성장, 진정한 발전, 자유를 지지한다는 의미이다.

(월드라이트 누리집, www.worldwrite.org.uk)

월드라이트의 비판 헌장은 '지속가능하지 않은 것을 버려야 할 때'라는 제목으로, 경제발전과 생활수준 사이에는 강력한 연결고리가 있다고 주장한다. 이 단체는 글로벌 남반구(Global South) 국가들이 '지속가능한 발전'을 추구하는 것은 '진정한 발전(serious development)'으로 달성한 글로벌 북반구(Global

North) 사람들이 누리는 생활양식과 생활수준을 누리지 못하게 만들 것을 의미한다고 주장한다.

> 전 세계 빈곤층이 적절한 생활수준을 누리도록 돕고자 하는 진정한 의도가 있다면, 우리는 지속가능한 발전이라는 터무니없는 개념을 버리고 진정한 발전을 의제로 삼아야 한다. 진정한 발전이란 서구 사회가 이미 누리고 있는 것처럼 산업, 인프라, 그리고 최고의 생활환경을 의미한다.
>
> (www.worldwrite.org.uk)

이러한 우려는 『공동체의 미래: 사망에 대한 보도는 크게 과장되었다(The future of community: reports of a death greatly exaggerated)』(Clements et al., 2008)라는 책에서 더 지역적인 맥락으로 나타난다. 앨러스테어 도널드(Alastair Donald)의 「녹색의 불쾌한 땅(A green unpleasant land)」이라는 장에서는 영향력 있는 녹색당 대변인 조너선 포릿(Jonathan Porritt, 이 장의 뒷부분에서 그의 주장에 대해 설명한다)의 "지속가능한 발전과 지역사회 참여는 반드시 함께 가야 한다. 둘 중 하나만으로는 안 된다."라고 한 인용문으로 시작한다. 그러나 도널드는 지역사회 참여가 특정한 방식으로 정의되며, 이는 개인이 윤리적으로 소비하고 공공장소에서 재활용하는 모습을 보여 줌으로써 환경시민성을 입증해야 한다고 제안한다. 이는 전통적으로 지역사회가 공동의 과제를 수행해 온 방식에 중요한 변화를 의미한다. 도널드는 과거에는 환경 문제를 사회 차원에서 해결했다고 말한다.

> 매력적이지만 상습 침수가 되는 강변 지역에 살고 싶다면 홍수 장벽을 설계했고, 자동차가 도시 공기를 오염시켰지만 엔진을 개선해 모빌리티

를 높이고 더 많은 친구와 지인 네트워크를 구축할 수 있었다.

(Donald, 2008: 26)

도널드는 오늘날에는 상황이 반대인 것 같다고 말한다. 우리는 덜 매력적인 장소에 건설하기를 선택하고, 지역사회에 대한 우리의 자유를 제한하려고 한다. 도널드는 맨타운휴먼(ManTownHuman)의 창립자이자, 오스틴 윌리엄스와 함께 『건축의 새로운 휴머니즘을 향하여(Towards a new humanism in architecture)』라는 선언문을 공동으로 저술했다.[3] 저자들은 '지구에 자신의 의지를 강요하는' 건축을 선호하고, '지구를 가볍게 딛는' 건축에 반대한다. 그들은 우리가 나중에 재건축할 수 있고, 또 그렇게 해야 한다는 인식 속에서 더 많이 짓는 것을 선호한다. 이들의 야심찬 건축 비전은 '우리가 건설을 계속해야 하는가'라는 의문을 제기하는 '쇠퇴의 문화'와 뚜렷한 대조를 이룬다.

전 세계 인구의 절반이 도시에 살고 있는 지금, 70억, 80억, 90억 이상의 인구를 위한 창의적인 도시화에서 오는 흥분감은 어디에 있을까? 이토록 역동적인 역사적 순간에는 최대한의 참여가 요구되지만, 건축은 인류를 문제로 보는 맬서스적 환경론을 점점 더 받아들이면서 마비되고 있다. 급속한 도시화는 창의적인 개선의 기회가 아니라, 인구 과잉 문제와 이로 인해 지역사회와 환경에 미치는 위험을 상징하는 것으로 자주 제시된다. 원칙과 이상, 목적의식을 부여할 자신감이 부족한 건축가들은 대개 대도시의 확장보다는 미개척된 녹색 땅을 보호하는 입장을 취한다. '스프롤(sprawl)'과 '교외 지역'은 창의적인 역동성을 나타내는 것이 아니라 무책임한 확장의 대명사가 되었다.

(Donald et al., 2008: 5)

딕 태번(Dick Taverne)은 『비이성의 행진: 과학, 민주주의, 그리고 새로운 근본주의(The march of unreason: science, democracy, and the new fundamentalism)』(2005)에서 과학과 관련하여 유사한 주장을 펼쳤다. '새로운 근본주의'는 친환경 사상의 광범위한 수용과 대중의 서구 과학 불신에서 비롯된다. 이는 유기농법과 동종요법 약물의 유행, 그리고 유전자변형에 대한 우려를 반영하고 있다. 태번에 따르면, 이러한 현상이 반과학적 분위기를 조성하고, 특히 대기업이 자금을 지원하는 과학에 대한 신뢰를 약화시켜 계몽과 부의 창출이라는 과학적 약속을 훼손한다.

마지막으로, 짐 부처(Jim Butcher)*는 『관광의 도덕화(The moralisation of tourism)』(2003)에서 휴가를 떠나는 비교적 단순하고 무해한 즐거움조차 도덕적 문제로 여겨지고 있다고 주장한다. 서구 관광객, 특히 베니도름(Benidorm)이나 코스타 델 솔(Costa del Sol)과 같은 대중관광지로 여행하는 사람들은 자신의 존재에 대해 사과하는 태도를 취하고, 환경적으로 의식 있는 방식으로 환경과 장소를 소비하도록 요구받고 있다고 지적한다. 그 결과 부처는 우리의 휴가가 "환경적 불안과 글로벌화에 대한 두려움을 담는 그릇이 되었다."라고 주장한다. 반대로 그는 관광을 근대 발전의 혜택 중 하나로 간주한다.

> 대중관광의 성장은 근대사회에서 진정한 진보의 상징이다. 불과 몇 세대 전만 해도 해외 여행은 대부분의 사람들에게 드문 일이었지만, 이제는 많은 사람이 여가를 위해 해외 여행을 떠날 수 있게 되었다. 여행사가 더 다양한 여행지를 개척하면서 새로운 기회가 열렸다. 그렇다고 해서 늘어

---

* 역자주: 짐 부처는 캔터베리크라이스트처치 대학교(Cantebury Christ Church University College)의 지리관광학과 교수로서, 관광과 레저의 사회학을 가르친다. 짐은 부인과 두 아이와 함께 켄트주에 살고 있으며, 일을 하지 않을 때면 몰타와 프랑스에서 죄책감 없는 휴가를 즐기곤 한다(논쟁 없는 시대의 논쟁, 2009, 영국사상연구소 엮음, 이음).

나는 관광객으로 인해 현지 주민들이 희생을 치르지는 않았다.

(Butcher, 2003: 139)

부처는 관광객을 "방문하는 장소를 착취하는 다소 사려 깊지 못한 사람들"로 묘사하는 것은, 관광객을 경멸하는 것이라고 결론지었다. 이는 또한 빈곤 문제와 그 해결 방법에 대한 논의를 경시하는 결과를 낳는다고 주장한다.

이러한 생각을 어떻게 해석해야 할까? 한편으로는 학교교육과정을 통해 좋은 시민의식과 지속가능한 삶의 가치를 강조하려는 교육계가 있다. 반면에 이와 같은 접근이 자아를 축소시키고, 진보의 개념을 경시하며 현재와 미래의 발전 목표를 더 제한적으로 설정하는 사회를 조장한다고 비판하는 글들도 있다. 이들 비평가는 '진짜' 또는 '진정한' 발전과 자연 세계에 대한 인간의 통제와 사용을 더욱 늘려야 한다고 주장한다. 이러한 입장은 사회학자 프랭크 푸레디(Frank Furedi, 2009)가 요약한 것으로, 그는 현대사회에서 '급진적 휴머니즘'에 대한 믿음이 사라진 것으로 보고 개탄한 바 있다. 그는 한때 바람직한 것으로 받아들여졌던 인류의 진보가 오늘날에는 피해야 할 위험으로 묘사되고 있다고 주장한다. 스스로를 정치적 좌파라고 생각하는 사람들이 위험을 가장 먼저 회피하고, 진보라는 개념을 가장 격렬하게 비난하고 있다. 과거에는 급진적인 자본주의 반대자들이 자본주의가 사람들에게 인간다운 삶에 필요한 물질적 소유를 제공하지 못한다고 비난했지만, 오늘날 반자본주의자들은 우리가 너무 많은 소유물을 가지고 있으며, 시장이 영속시키는 무분별한 소비주의를 거부해야 한다고 주장한다. 푸레디는 "반자본주의라는 명칭 뒤에는 종종 반근대주의적 대중사회 비판이 숨어 있다."라고 지적한다. 이 모든 저자들은 표면적으로는 아이디어 전쟁에 관심을 두고 있지만, 이러한 아이디어가 환경과 개발에 대한 실제적이고 실용적인 입장으로 이어진다는 점에 주목할 필요가 있다. 이들 입장의 논리는 정부가 대규모 도시 개발과 도시 확장을 장려하고, 모든 국가가 서구식 경제발전 모델(진정한 발전)을 채택하며, 대규모 초국적기업이 자금을 지원하는 과학적 진보를 우선시하고, 교육에서 정치적 요소를 배제하는 정책 등을 추구해야 한다는 것이다. 다시 말해, 이는 **자유방임적 자본주의**처럼 들린다. 이들은 다양한 주장을 통해 현재 국가가 추진하고 있는 '온건한' 환경 거버넌스의 이데올로기를 거부하고 있다.[4]

요약하자면, 이 절에서는 프랭크 푸레디, 오스틴 윌리엄스, 짐 부처, 딕 태번과 같은 논평가와 월드라이트, 맨타운휴먼과 같은 단체의 주장을 다루었다. 이들은 환경 보호에 대한 주장이 인간과 인간이 발전시켜 온 경제체제를 '문제'로 간주하고 개발에 지나치게 신중한 태도를 조장하는 함정에 빠질 위험이 있다고 주장한다. 이들은 인간이 위험을 감수하고 자연 세계를 변화시킬 수 있는 능력과 의지가 있었기 때문에 인류의 진보가 이루어졌다고 강조한다. 지리교육의 관점에서 이들은 지속가능한 발전을 위한 교육을 하려는 움직임이 학생들에게 인간의 야망을 축소시키고, 반근대적/반개발적 세계관을 심어 줄 위험이 있다고 우려한다.

● 탐구 질문

1. 기후변화, 지속가능성, 환경시민성 함양에 초점을 맞춘 현재의 학교 지리교육 방식이 인간 본성과 개발에 대한 '축소된' 관점을 형성하고 있다는 주장에 관해 어떻게 생각하나요?

2. 학교에서 사용되는 지리 교과서와 학습 계획을 살펴보세요. 이 자료들이 학생들에게 인간과 환경의 관계에 대해 어떤 관점을 제시하고 있나요? '반진보적' 관점이 있는지, 혹은 인간 활동이 환경에 위협이 된다는 증거가 있

나요? 여러분은 인간이 더 나은 관리나 기술을 통해 환경 문제를 '해결할 수 있다'는 생각을 지지하나요?

자본주의적 해결책?

이 장에서 주장한 바와 같이, 아이디어 전쟁이 실제로 물질적 결과를 초래한다는 점을 고려할 때, 지속가능한 발전 교육에 대한 주류 교육적 사고가 사회와 사회 변화에 대한 더 광범위한 아이디어와 어떻게 연결되는지를 묻는 것이 중요하다. 이 장의 앞부분에서 설명한 교육과정평가원(QCDA, 2009)의 문서는 환경교육의 목적에 관한 일련의 가정을 효과적으로 요약하고 있다. 이 문서는 기본적으로 경제와 사회를 조직하는 현재의 방식이 타당하다고 인정하지만, 발전 과정에는 한계가 있다고 전제한다. 과거에는 이러한 한계를 인식하지 못했거나 무시했지만, 이제는 더 이상 그럴 수 없다. 즉 정부와 개인(공동체의 일원으로서)은 우리 사회와 미래 세대 모두를 위해 이러한 한계를 넘어서지 않도록 행동할 준비가 되어 있어야 한다. 이와 같은 입장은 조너선 포릿의 『성장 자본주의의 종말(Capitalism as if the world matters)』(2005)[5]에서도 뒷받침하고 있다. 포릿은 친환경 사회로의 발전 가능성을 낙관적으로 생각하는 이유를 보여 주는 사례로 이 책을 시작한다. 여기에는 2004년 12월 인도양 지진과 쓰나미에 대한 대응과 현재 진행 중인 '빈곤 종식(Make Poverty History)'이라는 글로벌 캠페인이 포함된다. 그는 지난 10년 동안 정부 및 기업에서 여러 고위급 인사와 함께 일해 왔으며, "점점 더 많은 사람이 자신의 업무를 보다 지속가능한 방식으로 진지하게 추진하려는 의지를 가지고 있다는 강한 인상을 받았다."라고 말한다. 포릿은 이들이 급진적인 사람들은 아니라고 말한다. 그들은 체제 밖에서 변화를 모색할 생각은 꿈도 꾸지 않을 것이라고 지적한다. 시간이 촉박하다는 것을 감안하여, 포릿은 '변혁이 아닌 점진적 변화가 핵심'이라고 믿는다. 그는 "자본주의는 유일한 게임이며, 그 논리는 피할 수 없다."라고 말한다.

포릿은 "지속가능한 발전과 자본주의 사이에 근본적인 모순이 있을 필요가 없다."라고 주장하며, 이러한 가정이 "급진적 학자와 비정부기구들이 제기하는, 관리하기 어려울 수 있는 심각한 모순이 존재하며 이는 완전히 다른 세계 질서를 요구한다는 주류 견해와는 극명한 대조를 이룬다."라고 인식한다.

이것이 포릿이 그의 책 나머지 부분에서 분석을 시작하는 지점이다. 『성장 자본주의의 종말』은 3부로 구성되어 있다. 1부에서 포릿은 인간의 복지와 환경보다 경제성장을 우선시하는 기존 자본주의 모델을 비판한다. 이는 그의 주장을 복잡하게 만드는 중요한 요소를 추가하는데, 포릿이 무제한의 자유시장 자본주의를 옹호하지 않는다는 점이 분명하기 때문이다. 2부에서 포릿은 '다섯 가지 자본 프레임워크'라는 개념을 소개한다. 그는 "오늘날 우리가 경험하는 특정 형태의 자본주의가 문제가 될 수 있지만, 자본주의 본질 자체에는 지속가능한 사회를 추구하는 것과 반드시 충돌하는 고정적이고 변하지 않는 요소는 없다."라는 가능성을 제기한다(Porritt, 2005: 111). 흔히 자본을 토지, 기계, 화폐와 같은 '자산'의 관점에서 생각하지만, 다섯 가지 자본 프레임워크는 이러한 자산의 범위를 자연자본, 인적 자본, 사회자본, 제조자본, 금융자본으로 확장한다.

기업가들이 현명하게 결합한 이 다섯 가지 형태의 자본은 현대 산업생산성의 필수 요소이다. 현대 기술의 발전에도 불구하고, 자연자본은 여전히 생물권의 기능을 유지하고 경제에 자원을 공급하며 폐기물을 처리하는 데 필요하다. 인적 자본은 제조자본을 창출하고 이를 효과적으로

운영할 수 있는 지식과 기술을 제공한다. 사회자본은 경제활동이 이루어질 수 있는 안정적인 환경과 조건을 제공하고, 개인이 훨씬 더 생산적으로 일할 수 있도록 하는 제도를 만든다. 금융자본은 이 전체 시스템이 지속적으로 작동할 수 있도록 윤활유 역할을 한다.

(Porritt, 2005: 114)

포릿의 책 2부에서는 이러한 각 자본에 초점을 맞추며, 그 자본들이 감소되지 않도록 생산되고 재생산될 수 있는 방법을 제안한다. 예를 들어, 제조자본의 경우 생체모방(biomimicry)과 요람에서 요람까지의 복지 창출과 같은 개념을 통해 기계, 건물, 인프라를 좀 더 지속가능한 방식으로 개발할 수 있는 방법이 논의된다. 이 모든 논의를 관통하는 주장(그리고 희망)은 지속가능한 경제를 이루기 위해 현대 자본주의의 작동 방식을 이론적으로 변형하는 것이 가능하다는 것이다. 이러한 생각은 '보다 아름다운 세상에서 보다 아름다운 삶'이라는 3부로 이어진다. 포릿은 변화의 과제를 해결하는 것이 왜 그렇게 어려운지에 대한 의문을 제기하며, "우리에게 불편하지만 만연한 **부정**(denial)의 현상으로 되돌아가게 한다."라고 말한다. 그는 환경 문제가 부각되던 20년 전에는 이러한 부정을 이해할 수 있었을지 모르지만, 이제는 정부 과학자, 독립 연구기관 및 국제기구에서 수집한 데이터가 "거의 동일한 이야기"를 말한다고 지적한다. 포릿에 따르면, 문제는 사람들이 이러한 데이터를 서로 다른 방식으로 해석한다는 점이며, 대부분은 "점점 더 글로벌화된 경제에서 무제한 성장을 통해 이루어진 기본적인 진보 모델이 여전히 타당하며, 시장을 통한 환경 교정 조치와 가난한 국가들의 빈곤을 해결하기 위한 일치된 노력이 필요할 뿐"이라고 생각한다(Porritt, 2005). 생태적 위기의 규모와 속도에 대한 부정, 심지어 진보적인 정치인들조차 재분배의 필요성을 인정하지 않으려는 태도(포릿은 지난 25년이 "극도로 반세금 시대"였다고 지적한다), 그리고 자원 갈등과 무기 및 안보 지출을 초래한 석유 의존의 영향을 고려하기 꺼리는 태도가 문제이다. 포릿이 인정했듯이, 이 모든 것이 '행복한 글로벌 전망'을 제시하지는 않는다. 부정에 맞서기 위해서는 다른 가치관과 접근 방식이 필요하며, 이 책의 마지막 장에서는 '측정 규정 바꾸기'(진보를 측정하는 새로운 방법 찾기), 지속가능성과 관련하여 기업의 우수성 추구, 개인이 단순한 소비자 이상의 역할을 하여 환경적·사회적 지속가능성에 대한 정치적 선택과 행동을 할 수 있도록 공공영역을 재활성화하는 것이 강조된다.

『성장 자본주의의 종말』을 마무리하면서, 포릿은 지속가능성과 자본주의가 반드시 함께 가는 것은 아니라고 거듭 강조한다. 지속가능성은 장기적인 관점을 가지고, 한계를 인식하며, 적은 자원으로 더 많은 것을 만들고, 자연 세계와 다시 관계를 맺는 것이다. 반면에 현대 자본주의는 단기적인 이익에만 관심이 있고, 한계를 인정하지 않거나 확장 가능한 것으로 보지 않으며, 과다 수익을 얻는 것을 의미하고, 자연 세계를 상품으로 간주한다. 이러한 형태의 자본주의는 개혁적 의제를 통해 변형되어야 하며, 이는 혁명이라기보다는 점진적인 변화를 통해 이루어져야 한다(일부는 이를 혁명적이라고 볼 수도 있다). 그렇게 되기 위해서는 시민과 소비자를 비롯한 모든 사람이 참여해야 한다.

> […] 시민으로서도, 소비자로서도 다른 수준의 참여가 필요하며, 모든 지점에서 부정을 직면하고, 느리고 영혼을 갉아먹는 대체 소비주의에 맞서 싸우며, 오늘날 너무나 강력한 '나는 소비한다, 고로 나는 존재한다'는 사고방식과 생활양식을 극복하려는 더 큰 의지가 필요하다.
>
> (Porritt, 2005: 309)

하나뿐인 지구에 꼭 필요한 비판지리교육학

『성장 자본주의의 종말』은 지속가능성에 대한 논쟁에서 영향력 있는 목소리를 낸 중요한 저작이다. 포릿은 1980년대 초반 녹색운동의 선두 주자로 생태당(나중에 녹색당이 되었다)에서 두 차례의 선거 강령과 영향력 있는 저서인 『녹색을 보다(Seeing green)』(1984)를 저술했다. 이 책에서 그는 녹색경제성장이라는 아이디어는 논리적으로 불가능하며, 지속적으로 천연자원을 늘려 가며 사용하는 산업주의 문화에 급진적인 변화가 필요하다고 명확히 주장했다. 하지만 포릿은 생각을 바꾼 것으로 보인다. 1990년대에 그는 싱크탱크인 포럼포더퓨처(Forum for the Future)의 공동 창립자로서, '지속가능한 삶으로의 변화를 가속화하고, 모든 일에 긍정적이고 해결 중심적인 접근 방식을 취한다'는 것을 사명으로 삼았다. 이러한 변화를 읽어 내는 한 가지 방법은 녹색운동이 '성장'하여 정치적 주류로 받아들여지고 확립되는 과정을 반영한다고 보는 것이다. 하지만 데이비드 밀러와 윌리엄 디난(David Miller and William Dinan)은 자본주의가 지속가능한 발전을 실현할 수 있다는 포릿의 새로 생긴 신념이 수십 년에 걸친 행동에 대한 성찰의 결과로는 보지 않는다고 지적한다.

> 이튼 칼리지 출신의 포릿은 녹색당 활동가였지만, 이제는 대기업들이 비판자들을 포섭하기 위해 사용하는 많은 엘리트 네트워크에 영입된 인물이다.
>
> (Miller and Dinan, 2008: 94)

영국왕립학회(Royal Society, 영국학사원) 의장인 로드 메이(Lord May), TV 명사인 조너선 딤블비(Jonathan Dimbleby)*, 데이비드 퍼트넘 경(Lord David Puttnam)**, 앵글로아메리칸(Anglo American plc)의 회장인 마크 무디스튜어

트(Mark Moody-Stuart) 등은『성장 자본주의의 종말』에 추천사를 보냈으며, 이러한 모습은 포릿이 이 '엘리트 네트워크'와 긴밀히 관계되어 있음을 반영하는 것이다. 그들의 평가는 포릿의 분석이 혁명적이지 않다는 점, 특히 자본주의가 해결책이라는 주장, 기업이 중심 역할을 해야 한다는 점, 그리고 그가 '현실주의자'라는 점 등을 강조하고 있다.

포릿의 입장과 영국 정부가 채택한 입장은 생태적 근대화 담론을 수용한 것이다. 이는 너무 많은 환경 규제, 세금, 비용이 산업의 경쟁력을 약화시키고 경제성장 둔화, 실업, 자본 도피로 이어진다는 전통적인 견해에 도전한다. 이 주장의 핵심은 '더 친환경적인 성장'을 추구함으로써 경제성장과 환경 악화를 분리할 수 있다는 생각이다. 더 친환경적인 성장이란 에너지와 자원의 사용을 줄이고, 폐기물을 적게 배출하며, 생산방식과 제품 디자인에서 지속적인 기술 혁신을 추구하는 경제성장을 의미한다. 이는 '녹색혁명'으로 불릴 차세대 산업혁명에 대한 아이디어에 반영되어 있으며, '자연자본'과 생태효율성(eco-efficiency)의 시대를 열어 갈 것이다. 로마클럽 보고서인『팩터 포(Factor four)』(Weizsacker et al., 1997)는 자원 사용을 절반으로 줄이면 부는 두 배가 될 것이라고 주장했으며, 최근 후속 보고서인『팩터 파이브(Factor five)』(Weizsacker et al., 2009)는 이러한 맥락을 이어 가면서도 지속가능한 웰빙과 행복이라는 개념을 통합하고 있다. 이 개념은『성장 자본주의의 종말』에서도 중요한 요소로 등장한다.

포릿의 주장이 지리교육 분야에 시사하는 바는 무엇일까? 초기에는 환경교육에 집중하던 지리학자들이 이제는 지속가능한 발전을 위한 교육에 기여할 수 있다는 생각에 좀 더 익숙해졌다. 지속가능한 발전은 환경적·경제적·사

---

* 역자주: 정치평론가 겸 방송인
** 역자주: 영화 '킬링필드' 제작자

하나뿐인 지구에 꼭 필요한 비판지리교육학

회적 측면이라는 세 가지 축을 다룬다. 지난 20년 동안 모범 실천 사례는 환경 재난에 대한 비관적인 예언을 제시하는 것에서 벗어나, 지속가능한 발전을 촉진할 수 있는 실천적 접근에 초점을 맞추어 왔다. 이러한 접근법은 지역과 글로벌 이슈를 연결하려는 노력을 반영하며, 이를 다른 말로 표현하면 '실제로 존재하는 지속가능성'을 강조하는 것이다. 그러나 학교에서 지속가능한 발전을 위한 교육이 이루어지는 방식에는 몇 가지 어려움이 있다. 이는 『성장 자본주의의 종말』을 읽으면 더욱 악화될 수 있다. 예를 들어, 지속가능한 발전은 평소와 다름없지만 단순히 '더 친환경적'이고 '더 공정한' 방식이라고 보는 관점이 있다. 재활용에 대한 강조는 더 많은 소비를 정당화하는 것처럼 보이기 때문에 문제가 있으며, 개인이 더 환경적으로 의식 있는 행동을 할 수 있는 방법에 초점을 맞추는 경향이 있다. 이러한 접근은 학생들에게 현재의 방식에 대해 비판적으로 생각하도록 요구할 수 있지만, 그 비판적 사고의 한계는 명확하다. 지속가능한 발전을 위한 교육에서 비판적 사고의 한계는, 포릿이 이 주제에 관해 간략하게 설명하는 대목에서 분명히 드러난다. 이 절의 대부분(약 5페이지)은 영국의 상황이 미국보다 훨씬 건강하다는 점을 강조하는 데 초점을 맞춘다. 미국에서는 창조론 교육을 선호하는 이들이 과학교육 (지속가능성을 이해하는 기초)에 도전하고 있기 때문이다. 포릿은 영국 상황에 대해 낙관적이고, 많은 '똑똑한' 비정부기구들이 교육과정 소재와 자료를 제공하며, 생태학교 및 놀이터 재생과 같은 실질적인 활동을 하고 있다고 언급한다. 포릿은 지속가능한 발전을 위한 교육을 실시하는 데 있어 두 가지 사안이 대두되고 있다고 강조한다. 첫째는 우리 자녀들이 **실제로** 살아 있는 지구의 시민이 되기 위해 공부하고 경험하는 데 필요한 공간과 자금을 확보하는 것이 힘들다는 것이다. 둘째는 지구에 사는 사람들은 지구에 대한 책임을 통감해야 하며, 설계, 건설, 관리와 거래를 하는 데 이웃 공동체를 인식해야 한다는 것이다(Porritt, 2005: 310, 강조 추가). 대부분의 학교에서 지속가능한 발전을 위한 교육의 현황에 대해 상당히 낭만적인 시각을 가지고 있다는 점을 잠시 무시하더라도, 특히 우려되는 것은 현재의 방식에 대안이 있을 수 있다는 생각에 대한 비판적 분석이 부족하다는 점이다.

많은 이들은 지속가능한 발전에 대한 비판적 입장이 교육적 접근 방식의 핵심이어야 하며, 단순히 좋은 '환경 시민'이 되는 훈련으로 그쳐서는 안 된다고 본다. 교실에서 이러한 활동을 가능하게 하려면, 지리교사들은『성장 자본주의의 종말』에서 제공하는 틀을 넘어 다른 아이디어와 자료를 찾아야 한다.

이러한 비판에도 불구하고『성장 자본주의의 종말』은 중요한 업적을 남겼다. 이 책의 가장 중요한 공헌 중 하나는 자본주의가 산업주의나 서구의 생활양식에 대한 막연한 개념이 아니라, 환경 위기를 초래하는 체제의 이름이라는 인식을 심어 준 것이다. 자본주의는 부의 생산, 분배, 소비가 이루어지는 사회적·역사적으로 생산된 체제이다. 포릿은 자본주의가 다르게 조직될 수 있다는 중요한 도전을 제기하며, 이는 교육에서 환경 문제를 논의하는 기초가 된다. 문제는 포릿의 주장이 이 문제에 관한 유일한 해석이 아니라는 점이다. 그가 정치적 변방에서 자본주의를 '유일한 게임'이라고 보는 입장으로 변화했듯이, 이와 다른 방향으로 이동한 사람들의 예도 있으며[6], 자본주의가 천연자원을 보호하고 보존하는 방식으로 스스로를 개혁할 수 있다는 생각에 도전하는 강력한 지적 논거도 존재한다. 대표적으로 조엘 코벨(Joel Kovel)의『자연의 적(The enemy of nature)』(2007)이 있다.

조녀선 포릿의 책은 지속가능한 발전의 논의에 중요한 기여를 하고 있으며, 이는 지리교사들에게도 시사하는 바가 크다. 그의 핵심은 환경 문제를 야기하는 경제체제, 즉 자본주의의 본질에 맞추어져 있다. 이 주장을 받아들인다면, 학생들에게 이 경제체제에 관한 이해를 제공하지 않고는 더 이상 학교에서 지리를 가르칠 수 없게 된다. 지리교사들이 직면하는 주요 질문은 포릿이 제시한 개혁 가능성에 대한 낙관적 평가가 어느 정도로 현실적인가 하는 점이다. 학생들이 환경 문제의 해결책을 논의해야 하는 지리 수업을 계획할 때 자본주의를 어떻게 제시하는가는 매우 중요하다.

자본주의의 문제점

조엘 코벨(2007)의 『자연의 적』은 생태 위기와 자본주의의 본질 사이의 관계를 설명하는 중요한 저작으로, 포릿의 책과 함께 읽으면 유용하게 활용할 수 있다. 코벨의 주장은 자본주의가 자연을 파괴하는 경향을 내재하고 있다는 것이다. 이는 자본이 축적되어 건조 환경, 기술, 노동력 등 생산수단을 구매하는 데 사용되며, 생산 과정을 통해 잉여가치나 이윤의 형태로 가치가 더해지는 자본축적 메커니즘과 관련이 있다. 자본주의의 경쟁적 특성은 이러한 자본의 흐름을 멈출 수 없으며, 그렇지 않으면 자본축적의 위기가 발생한다는 것이다[데이비드 하비의 『자본이라는 수수께끼(The enigma of capital)』(2010)에서 강력하게 주장한 내용이다]. 현재 이 '생산의 쳇바퀴(treadmill of production)'가 환경에 미치는 영향에 대한 인식이 점점 더 커지고 있다. 이와 같은 맥락에서는 마르크스의 『자본』의 영향을 받아 제임스 오코너(James O'Connor, 1998)가 제시한 자본주의의 제2차 모순에 관한 개념이 유용하다. 제1차 모순은 과잉생산에 따른 것이다. 경제 확장기에 자본가들은 이윤을 창출하기 위해 생산량을 늘린다. 그러나 엄격하게 규제된 노동임금, 공격적인 마케팅, 경쟁 심화로 인해 이러한 생산량을 실현하는 데에는 한계가 있다. 이로 인해 가격과 수익이 하락하고 노동자가 해고되는 현실화 위기가 발생한다. 요컨대 자본주의에는 위기를 초래하는 경향이 내재되어 있다. 제2차 모순은 자본주의가 (거의 문자 그대로) 스스로의 생산 조건을 약화시키는 것과 관련이 있다. 이러한 조건에는 환경이 포함된다. 생산량을 늘리기 위해 하천을 오염시키고, 원료를 추출하며 소비하는 등 말 그대로 환경이 소모된다. 그 결과 비용이 증가하고, 환경 정화의 필요성이 대두된다. 전후(戰後) 산업 자본주의의 급속한 확장에 환경 사용의 실제 비용이 인정되었다면, 자본주의의 성장률은 훨씬 낮았을 것이라는 주장이 제기될 수 있다. 지난 40년 동안 제2차 모순에 대한 인식이 높아졌지만, 주류 정치사상은 여전히 시장이 환경 문제의 '해결책(fix)'을 제공할 수 있다고 낙관하고 있다.*

이번 절에서 논의한 학자들(코벨, 오코너, 하비)은 자본주의가 환경 위기를 해결하기 위해 개혁될 수 있다는 포릿의 견해에 반대한다. 이들은 자본주의적 이윤 축적이 환경을 남용하게 만든다는 점에서 포릿과 견해를 공유하지만, 이 이윤 축적 동기('자본주의적 필연성')가 자본주의 사회의 핵심이라고 주장한다. 이윤이 창출되지 않으면 체제는 붕괴된다. 이윤을 실현하기 위해 생산을 확대해야 한다는 당위성 때문에 자연은 부를 실현하는 데 사용되는 상품으로 여겨진다. 땅속에 석유가 있다면 이윤을 창출할 수 있기 때문에 채굴될 것이다. 여러 지리교사들은 이러한 아이디어를 다루는 데 익숙하지 않지만, 이는 환경과 관련된 지리학 내에서 상당한 논쟁의 중심에 놓여 있으며, 이 책의 전반에 걸쳐 이 주제를 다루고자 한다.

● 탐구 질문

1. 이번 절에서는 환경 문제가 자본주의 경제체제의 본질과 관련해서만 이해

---

* 역자주: 자본주의 사회에서 자연과 자본축적 관계를 조명한 연구는 다음과 같다. 최병두, 2009, 자연의 신자유주의화: (1) 자연과 자본축적 간 관계, 마르크스주의 연구, 6(1), 10-56; 최병두, 2019, 자본에 의한 자연의 포섭과 그 한계, 대한지리학회지, 54(1), 111-133.

될 수 있다고 주장하는 학자들의 글을 소개했습니다. 학생들은 학교 지리에서 이 경제체제에 대해 무엇을(만약 있다면) 배우고 있나요?

2. 지리 교과서의 색인을 살펴보세요. '자본주의', '정치', '산업화'와 같은 용어가 언급되어 있나요? 이것은 학교 지리가 경제와 환경의 관계를 어떻게 다루는지에 대해 무엇을 시사할까요?

진보를 재정의하기

코벨과 하비와 같은 마르크스주의 연구자들에 대한 비판 중 하나는 그들이 자본주의 체제를 지나치게 역동적이고 창의적이며 유연하게 묘사하여, 새로운 경제적·사회적 조직 방식을 개발하거나 환경과의 덜 착취적인 관계를 형성할 여지를 거의 제공하지 않는다는 점이다. 이 장의 마지막 절에서는 자본주의, 환경, 사회적 웰빙 간의 관계를 탐구하는 또 다른 입장을 살펴보고자 한다. 이 입장은 새로운 '좌파'를 형성하려는 연구자 및 사상가들과 관련이 있으며, 신경제재단(New Economics Foundation), 컴퍼스(Compass), 사운딩스(Soundings)*와 같은 조직과 연결되어 있다. 이들 조직은 1970년대와 1980년대에 제2차 세계대전 이후 합의가 무너지는 과정에서 일어난 획기적인 변화를 기반으로 발전해 왔다. 이를 통해 기존의 포디즘 경제와 사회가 점차적이고 부분적으로 포스트포디즘 사회로 대체되는 '새로운 시대'가 도래했다.

1970년대 후반에 등장한 신자유주의적 접근 방식에서 정부는 자유시장의 발전을 허용하고, 위험을 감수하는 기업가들에게 높은 임금과 낮은 세금을 통해 보상하며, 국가가 복지를 제공하는 것은 가장 필요하고 불운한 사람들에

---

* 역자주: 사운딩스는 1995년에 처음 출간된 신좌파 저널이다.

게만 한정되어야 한다는 믿음을 장려할 때 경제가 가장 성공적일 것이라고 가정했다. 일부 논평가들은 이로 인해 점점 더 불평등한 사회가 되었고, 가족과 공동체 생활은 더 높은 수준의 소비재와 서비스를 구매하기 위해 더 오랜 시간 일하게 되었다고 지적한다. 시간이 지남에 따라 이러한 접근 방식이 개인, 지역사회, 환경에 미치는 비용은 점점 더 분명해지고 있다. 이와 같은 입장은 『필배드 브리튼: 보다 살기 좋게 만드는 법(Feelbad Britain: how to make it better)』(2009)이라는 책의 서문에서 다음과 같이 요약한다.

> 신자유주의는 30년 동안, 그리고 그 후 신노동당이 복지국가의 핵심으로 확장시킴으로써, 연대, 신뢰, 시민권이 의존하고 한때 내재되어 있던 제도와 사회적 관계를 약화시켰다. 개인주의적 소비주의, 시대의 지배적 문화와 상식에 의해 사회적 구성원으로서의 소속감과 시민으로서의 정체성이 약화되었다.
>
> (Devine et al., 2009: 8)

이 분석은 문제의 근원이 경제적인 것, 즉 '고질적으로 팽창적인 자본주의의 동학(dynamic)'에 있다는 점을 시사하지만, 그렇다고 해서 '대안이 없다'는 뜻은 아니다. 사회적 관계를 해체하고 과로를 유발하며 개인주의를 조장하는 현재의 신자유주의는 정치적 산물이기 때문에 변화에 적응할 수 있다는 것이 이들의 주장이다. 이 그룹의 저작들은 가족과 공동체의 유대감을 회복하고, '탈자폐적(post-autistic)' 경제학*을 발전시키며, '대안적 쾌락주의(alterna-

---

* 역자주: 탈자폐적 경제학은 다원주의에 기반을 두고 있다. 경제학에서의 다원주의 또한 다양한 견해들 사이에 비판적 토론과 관용적 의사소통을 중요시한다. 탈자폐적 경제학에서는 주류 경제학과 비주류 경제학을 모두 비판한다. 탈자폐적 경제학과 경제학에서의 다원주의는, 안현효, 2013, 탈자폐경제학과 대안적 경제교육 교육과정, 경제교육연구, 20(1), 67-89 논문을 참조하면

tive hedonism)'와 환경 비판으로 나아가는 데 초점을 맞추고 있다. 이들의 주장에 따르면, 이러한 발전은 물질주의와 대중문화의 이점만으로는 좋은 삶을 지속하기에 충분하지 않다는 것을 갈수록 분명히 보여 주는 '불쾌한 영국(feelbad Britain)' 상태로 이어졌다. 케이트 소퍼(Kate Soper, 2009)는 이 책에서 대안적 쾌락주의라는 개념을 새로운 정치적 상상력으로 발전시켰다. 그녀는 사람들이 현대의 삶, 업무 방식, 그리고 인간관계가 오히려 즐거움이나 성취를 방해할 수 있다는 것을 점점 더 인식하고 있다고 주장한다. 이와 관련해 여러 사례를 제시한다. 예를 들어, 도시와 교외에 사는 사람들은 완전한 고요를 경험할 수 없으며, 맑은 밤하늘을 보는 일이 극히 드물다. 보행자는 신호등에 의해 끊임없이 방해를 받고, 자동차의 소음, 먼지, 냄새에 시달린다. 버스와 기차를 이용하는 여행자들은 부족한 재정과 민영화로 인한 불편함과 스트레스를 겪게 된다. 그러나 소퍼는 아주 천천히, 우리는 상품과 서비스의 과도한 소비에 의존하지 않는 즐거움을 추구하는 대안적 쾌락주의의 출현을 목도하고 있다고 주장한다. 예를 들어, 피크닉을 가거나, 집에서 크럼블*로 구워 먹을 블랙베리를 수확하거나, 산책 혹은 자전거를 타거나, 마을 시장에서 현지 식품을 구매하는 행위 등은 빠르게 변화하는 자본주의의 속도에 휘둘리지 않는 삶을 엿볼 수 있게 한다. 물론 이러한 즐거움 자체가 현재로서는 '느리게 사는' 여유가 있는 사회계층의 전유물이라고 생각할 수도 있지만, 대안적 쾌락주의라는 개념은 포스트소비주의의 즐거움이나 성취감을 추구하는 것이다. 『필배드 브리튼』의 또 다른 저자인 지리학자 노엘 캐스트리(Noel Castree, 2009)는 환경이 정치적 이슈로서 사회의 주류 사고에 편입되었지만,

———————————

도움이 된다.

* 역자주: 크럼블은 과일에 밀가루, 버터, 설탕을 섞은 반죽을 씌운 뒤 오븐에 구워, 보통 뜨겁게 상에 내는 디저트를 말한다.

기업 이익은 '친환경'으로 전환하여 이익을 얻는 경우를 제외하고는 환경 문제에 완전히 저항하는 경향이 있다고 주장한다.

> 일반 영국 시민들은 해외에서 휴가를 보내고, 수입 상품을 더 많이 소비하며, 부유하고 유명한 사람들의 생활양식을 동경하는 동시에, 힘들게 번 돈을 '친환경적인' 방식으로 소비하도록 강요받는다.
>
> (Castree, 2009: 226)

그는 정부가 채택한 환경주의가 기술 중심적이고 철저하게 신자유주의적인 '문제와 해결책'이라는 프레임에 갇혀 있다고 주장한다.

> 우리 정치 지도자들은 이윤을 창출하는 '청정기술'과 시장규제를 받는 인간 행동이 결합하면 '지속가능한 발전'을 실현할 수 있다고 믿고 있다.
>
> (Castree, 2009)

그럼에도 캐스트리는 환경 의식의 발전에 희망적인 징후들이 있다고 주장한다. 첫째, 다양한 환경 문제가 실제로 존재하고, 이를 친환경 극단주의자들의 환상으로 치부할 수 없다는 인식이 강해지고 있다는 점이다. 둘째, 환경이 특별한 관심사가 아니라 사람들이 삶을 살아가는 모든 측면과 관련되어 있다는 인식이 확산되고 있다는 점이다. 셋째, 환경 문제가 먼 타인과 미래 세대와 관련이 있다는 인식이 널리 퍼지고 있다는 점이다. 마지막으로, 최근 환경 의식의 발전으로 사회정의와 사회복지 측면을 환경 의제에 포함시킨다. 동시에 캐스트리는 환경에 대한 관심의 발전을 가로막는 몇 가지 중요한 장벽이 있다고 인정한다. 여기에는 경제성장 개념에 대한 광범위한 믿음, 타인과의 소속감과 연대를 저해하는 개인주의 윤리, 정치체제에 대한 신뢰 상실, 정치 문제에의 참여를 방해하는 정보 및 엔터테인먼트 세계의 일상적 지배, 그리고 이와 관련된 낮은 수준의 정치적 문해력 등이 포함된다. 이러한 모든 요소는 학생들이 경제, 사회, 자연 간의 관계를 둘러싼 중요한 정치적 이슈를 이해하고 참여하는 데 도움이 되는 지리교육의 필요성을 시사한다.

이 절에서 논의된 관점은 경제체제로서 자본주의가 상당한 사회적·환경적 비용을 초래한다는 점에서 포릿과 코벨의 분석과 공통점을 가진다. 이 관점의 주요 발전은 이러한 문제가 자본주의의 특정 조직 방식, 즉 신자유주의로 인해 더욱 심화된다는 것이다. 이는 다수의 사람들을 희생시켜 개인의 부를 축적하게 만든다. 환경적 관점에서, 더 높은 소비수준과 상품회전율(예: 휴대전화를 고장날 때까지 사용하는 대신 매년 최신 모델로 교체하는 것)을 통해 이윤을 창출하려는 동기는 자연 시스템과 자원에 더 큰 압박을 가하게 되었다. 『필배드 브리튼』의 저자들은 더 엄격하게 관리되고, 생산과 소비의 비용과 이익을 재분배하려는 덜 강력한 형태의 자본주의의 가능성을 지적한다. 그들의 건강, 웰빙, 생활양식, 환경에 대한 초점은 학교에서 가르치는 지리 수업과 직접적인 관련이 있다.

● 탐구 질문

1. 학교는 학생들에게 '대안적 쾌락주의'에 관해 배우고 실천할 수 있는 기회를 어느 정도로 제공하나요? 어떻게 대안적 쾌락주의를 가르칠 수 있을까요?

이 장은 책의 나머지 부분을 구성하는 배경을 설정한다. 나는 앞으로 10년 동안 학교와 교육을 점령하게 될 지속가능성에 대한 아이디어 전쟁이 벌어질 것이라고 주장한다. 실제로 직면해야 할 환경 문제가 존재하기 때문에, 현재의 '친환경' 학교 운동은 앞으로 더 강화될 것이다. 이미 학교들은 친환경적으로 변할 것을 촉구받고 있으며, 학교 교장들에게는 지속가능한 환경 리더십의 연수 과정이 제공되고 있다. 친환경 소비문화와 적극적인 환경시민성이 학교에서 점점 더 뚜렷해지고 있다(최근 한 학교를 방문했을 때 "바보가 되지 말고 멋지게 행동하세요: 재활용하세요"라고 적힌 대형 포스터가 나를 맞이했다). 지금까지 살펴본 바와 같이 현재로서는 개인의 실천과 가치관의 변화가 차이를 만들 수 있다는 환경적 사고에 관한 접근 방식이 대부분이다. 이러한 발전은 학교교육의 친환경화가 도덕적이고 정치적인 의제를 반영한다는 주장과 맞물려 논쟁이 될 것이다. 또한 가까운 미래에 소비 감소와 개인의 자유에 대한 제한이 요구될 가능성이 커짐에 따라 반발이 일어날 것이라는 예상도 있다. 이 책에서 보여 주듯이, 지리 교과의 내용은 사회와 자연 간의 관계를 중심으로 다루기 때문에, 지리교사는 이러한 발전에 필연적으로 관여하게 될 것이다.

이 장에서 논의된 관점들은 환경 문제와 경제 및 사회 변화 간의 관계에 관한 모든 논의를 포괄하지 않는다(사실 우리는 그저 수박 겉핥기를 한 것에 불과하다). 나는 현대 지리교육 분야에서 수행되어야 하는 광범위한 영역을 설명하기 위해 경제, 근대성, 환경 변화에 관한 몇 가지 입장을 강조하고자 했다. 지리 수업에서 기후변화, 삼림 벌채, 관광, 도시화, 경제개발 문제를 별개의 주제로 연구하는 경우가 너무 많다. 이 접근법은 각각의 문제가 사회에서 어떻게 조직되어 지리적 패턴과 프로세스(즉 공간)를 만들어 내는지에 관한 더 큰 질문들과 분리된다는 점에서 위험하다. 그 결과 많은 학생이 사회와 자연 간의 관계에 대한 근본적인 질문을 해결하지 못하고 지리 과목을 이수하게 되고, 정치경제학에 대한 기초적인 이해도 갖추지 못한 상태로 졸업하게 된다.

● 탐구 질문

1. 여러분이 재직 중인 중고등학교의 지리 수업이나 대학의 지리학과에서 가르치는 '빅 아이디어'는 무엇인가요? 이 장에서는 다루지는 않았지만, 학교 지리에서 다루어야 한다고 생각하는 다른 빅 아이디어나 관점이 있나요?

지속가능한 발전을 위한
환경지리학에서 환경교육까지

도입

2장에서는 지난 40년 동안 학교교육과정에서 환경에 대한 관심이 어떻게 등장했는지 살펴보고자 한다. 이는 매우 중요한 변화로 평가할 수 있다. 존 포스터(John Forster)의 『지속가능성 신기루(The sustainability mirage)』(2009)에 따르면, 역사적으로 볼 때 약 40년 이내에 친환경 문제에 관련한 공감대가 형성된 것은 중요한 성과라고 말한다. 학교 내에서 지속가능한 발전을 위한 교육의 중요성에 대한 인식이 높아진 것도 마찬가지이다. 한때 소수의 '친환경 교사'들의 전유물로 여겨졌던 환경 문제가, 이제는 교육부에서 지속가능한 발전과 지속가능한 학교를 위한 교육에 대해 일상적으로 논의할 정도에 이르렀다(물론 학업성취도 향상과 같은 다른 교육 우선순위에 비해 얼마나 중요한지 의심할 수도 있지만). 이 장은 환경교육이 교육 정책에서 중요한 위치를 차지하게 된 과정을, 특히 학교 지리가 이러한 문제에 어떻게 대응했는지를 중심으로 설명하고자 한다. 주요 주장은 전후 시기 학교 지리가 아이들이 성장하는 농촌과 도시 환경의 변화에 점점 더 대응하게 되었다는 것이다. 지리교사들은 학생들이 변화된 건조 환경과 지역사회를 이해할 수 있도록 돕고자 했으며, 나는 이를 '환경지리학'이라고 부른다. 그러나 1980년대에는 이러한 지역 환경에 대한 관심이 더 글로벌한 관점으로 대체되었다. 1990년대부터는 환경 근대화에 대한 추진력과 함께, 지속가능한 발전을 위한 교육이 교육과정의 일부분으로 자리 잡게 되었다.

기원

영국 환경교육의 발전에 관한 설명에서 키스 휠러(Keith Wheeler, 1975)는 환경교육의 '창시자'로 패트릭 게디스(Patric Geddes)를 소개한다. 게디스는 스코틀랜드 에든버러 대학교의 식물학 교수이고, 19세기 후반 산업화의 여파로 도시와 마을이 급성장하면서 사회질서에 대한 우려가 확산되던 시기를 연구했다. 게디스는 학교와 대학 설립 방식에 불만을 품고 있었고, 영국 전역으로 퍼져나가는 도시 교외 지역의 압도적인 성장에 경악했다. 1889년 그는 자신의 철학을 반영하기 위해 에든버러 로열마일(Royal Mile)에 독특한 교육기관인 전망탑(the Outlook Tower)을 세웠다. 그는 자신이 살고 있는 환경의 깊은 현실을 접한 아이들이 더 잘 배울 수 있을 뿐만 아니라, 주변 환경에 대한 창의적인 태도를 기를 수 있다고 주장했다. 휠러에 따르면, 게디스는 마을과 도시를 아름답고 기능적으로 살기 좋은 곳으로 만들어야만 인간의 삶이 번영할 수 있다고 믿었다. 환경은 장소, 직업, 사람 사이의 상호작용에서 비롯된다.

게디스의 사상은 20세기 전반의 교육 발전에 영향을 미친 진보주의와 일맥

상통한다. 진보주의 교육에는 여러 흐름이 있지만, 중요한 것은 아이들이 자신의 환경을 탐구하면서 자유롭게 성장할 수 있어야 한다는 점이다(Dod-dington and Hilton, 2007). 휠러는 골드스미스 칼리지에서 근무하는 교사들인 컨스와 플레처(Cons and Fletcher)가 쓴 『학교에서의 실제(Actuality in school)』(1938)를 환경교육의 기초 텍스트 중 하나로 언급한다. 이 책은 런던의 혼잡한 도시 뉴크로스 지역에서 수행된 교육 실험을 다루었다. 책 속에는 어린이들이 동네를 탐험하는 것이 포함되었으며, 동네 탐험은 "사회교육의 어떤 실천적 가능성에 대한 다소 흥미로운 모험"으로 간주할 수 있다고 주장했다(Cons and Fletcher, 1938). 실제로 학생들이 체험한 직업은 우체부, 소방관, 청소부 등 주요 인물들의 역할이었다. 이 접근 방식은 학교와 교실 너머의 세상을 연결하고자 했다.

> 우리가 교육에 현실성이 부족하다고 말할 때, 이는 분명 다음과 같은 의미일 것이다. 교실 문은 닫혀 있고, 창문은 세상을 바라보고 있으며, 많은 학교 교실에서 일어나는 일과 현실 세계의 분주한 활동 사이에는 거의 관계가 없다.
>
> (Cons and Fletcher, 1938: 2)

아이들이 사는 세상에 대한 호기심은 학습의 중요한 동기이다.

> 따라서 그들의 사회적 환경은 우편 서비스, 항공 운송, 도로 운송과 같은 특정한 역동적인 주제를 선택할 수 있는 기초를 제공한다. 이러한 주제가 가까운 환경에서 시작해 우리나라의 다른 지역과 세계 다른 지역, 그리고 그들의 진화적 발전을 이해하기 위해 시간의 흐름을 거슬러 올라

가는 연관성으로 이어진다면, 우리는 학교에서 지리교육과 역사교육을
위한 새로운 기초를 닦게 된다.

(Cons and Fletcher, 1938: 7-8)

로이 로(Roy Lowe)가 『진보 교육의 사망(The death of progressive education)』
(2007)에서 기록한 것처럼, 영국의 교육정책은 진보 교육과 전통 교육 방식
사이를 오가며 변화해 왔다. 실제로 전후 대부분의 시기 동안 학교에서는 환
경에 관해 생각하고 연구하는 '보수적인' 방식이 지배적이었다. 『학교에서의
실제』는 도시 환경에서 학습의 기회를 활용하려는 초기 시도로 간주될 수 있
지만, 대부분의 환경 연구는 아름다운 시골 명소로의 여유로운 탐방을 통해
자연 조사 등을 수행하는 것이었다. 휠러는 이러한 전통이 답사교육위원회
(Field Studies Council)와 같은 단체의 활동에 반영되어 있다고 말한다. 이들
단체에서는 현장 생물학과 자연지리학 연구를 전파하는 '중요하지만 논란의
여지가 없는' 현장 조사 방법을 수행했다. 또한 휠러는 1970년대 중반에 이르
러 불확실한 세상에서 자라나는 학생들에게 제공되는 교육에 비판이 제기되
었고, 환경 연구에 대한 이러한 접근 방식은 점점 더 시대에 뒤떨어지고 보수
적이라는 평가를 받았다고 설명한다.

[…] 환경 교사들은 촌락에 대한 예리한 안목을 키웠을지 모르지만, 최
근까지도 자신들의 학생 대다수가 살고 있는 도시 및 기술 세계의 문제
에는 놀랄 만큼 눈이 멀어 있었다.

(Weeler, 1975: 5)

휠러가 기록한 것처럼, 1960년대 중반부터 정치적 성향이 없는 자연주의 실

천에 기반한 환경 연구의 전통은 환경교육의 더 정치적이고 헌신적인 활동주의로부터 점점 더 도전을 받게 되었다. 그러나 다음 절에서 전개되는 논쟁에서 알 수 있듯이, 환경교육의 정치적 성격은 다면적이었으며 철학과 실천에서 큰 변화와 갈등을 초래했다.

초기 학교 환경 연구는 아동들에게 지역사회를 소개하려는 관심에서 비롯되었으며, 특히 제한된 (일반적으로 도시) 환경에서 벗어나 문화적으로 가치 있는 자연 경관을 경험하게 하는 것이 중요한 요소였다. 이 전통은 특히 그림처럼 아름답고 환경적으로 중요한 장소에 세워진 답사교육위원회 지원센터를 통해 지금도 계속되고 있다. 1970년대 초반부터 이러한 접근 방식은 더 정치적으로 자각된 환경교육의 도전에 직면하게 되었다.

환경의 정치화

이 절에서는 전후 영국의 익숙한 경관에서 일어난 급격한 변화에 대응하여 등장한 '환경지리'의 형성을 다룬다(이는 Wheeler and Weites, 1976을 따른 용어이다). 기존 경관이 급속하고 영구적으로 변화하는 사회에서 지리교육 분야는 경관 변화의 정치와 이러한 변화에 수반되는 상실감과 혼란감 등 주관적인 감정을 다루지 않으면, 학생들의 삶과 관련성이 부족하고 시대착오적으로 보일 위험이 있었다. 해리슨(Harrison, 2009)은 이 '신(新)지리학'의 몇 가지 측면을 다음과 같이 요약한다.

낮이든 밤이든 공중에서 바라본 영국의 지표면은 1951년에서 1970년 사이 눈에 띄게 변했다. 기존 패턴 위에 새로운 들판 모양과 집약적 농업으로 인한 수로(水路)의 변화가 겹쳐졌다. 새로운 고속도로망이 형성되

고 있었고, 신도시와 대학이 미개발지에 생겨나고 있었으며, 주거 지역의
지리(housing geography)도 격변의 시기를 맞고 있었다.

(Harrison, 2009: 123)

이와 같은 변화는 급속히 근대화되는 촌락에서 산다는 것의 의미에 중요
한 변화를 가져왔고, 그 대응으로 환경에 대한 관심이 늘어났다. 전쟁 기간
에 이러한 관심은 '도시화의 잠식'에 맞서 촌락의 편의 시설을 보존하고자 하
는 사람들이 가장 강하게 표출했다. 이들 단체에는 영국의 왕립조류보호협
회(Royal Society for the Protection of Birds)와 영국촌락보호위원회(Council for
the Protection of Rural England, CPRE: 현재는 영국촌락보호캠페인이다)가 포함되
었다. 이러한 유형의 환경 정치를 비판적으로 보는 시각이 있을 수 있다. 예
를 들어, 데이비드 페퍼(David Pepper, 1984)는 이들 단체를 도시를 떠나 촌락
으로 이주해 살기를 원하는 사람들의 결과물로 간주한다. 이 새로운 이주자
들은 환경운동의 선봉에 서서 '자신의 부와 시간, 뚜렷한 소신을 CPRE, 내셔
널트러스트(National Trust), 공항 반대 모임과 같은 단체에 제공'하고 있다. 마
찬가지로 휠러는 CPRE를 농업의 쇠퇴를 걱정하며 사라져 가는 전원생활 양
식에 대해 애정을 쏟는 향수를 자극하는 미학 운동으로 풍자한다. 이들은 '이
상한 자연주의자들, 중산층 농촌 사람들, 좌파적 전원 철학자들'로 구성된 집
단으로 묘사된다. 『잉글랜드와 문어(England and the octopus)』와 『영국과 야
수(Britain and the beast)』(Williams-Ellis, 1928, 1937)와 같은 책에서 영국은 농
촌이고, 야수는 도시 침입자였다. 사람들에게 농촌을 어떻게 감상하고, 적절
하게 행동하는 방법에 관한 교육이 필요했다. 조드(C. E. M. Joad)는 『영국과
야수』에서 다음과 같이 말했다.

이 교육이 무엇이어야 하는지는 솔직히 말하기 쉽지 않다. 하지만 몇 가지 단계는 분명하다. 모든 학교에서 농촌에 대한 지식을 가르치고, 지역에 대한 인식을 사회적 예절만큼이나 신중하게 가르쳐야 한다.

(Wheeler에서 재인용, 1975: 6)

조드는『조드의 자서전: 논쟁적인 삶(The Book of Joad: a belligerent autobi-ography)』(1935)에서 런던에서 남해안으로 떠난 여정을 묘사한다. '촌락의 공포'라는 제목으로 리본 개발*, 절벽 위의 방갈로, 시끄러운 방문객과 자동차에 대해 맹렬하게 비판한다. 이것이 도시 개발 확대와 자동차의 폐해를 우려하는 입장을 대변한다면, 동시에 도시 노동계급이 영국 촌락에서 점점 더 눈에 띄는 존재로 나타나는 것에 대한 불만을 담고 있었다.

그러나 이러한 계급 기반의 배타성과 촌락을 보존하려는 노력은 1945년 이후 등장한 '새로운 영국(New Britain)'과 발맞추지 못했다. 휠러(1975)가 "사회주의에 대한 열정이 영국을 사로잡았다."라고 말한 것은 과장된 표현이지만, 전후에 높은 수준의 국가 지출과 투자가 이루어지면서 슬럼가 철거, 신도시의 성장, 교외화, 새로운 쇼핑센터 및 산업단지 등의 형태로 건조 환경이 변모한 것은 사실이다. 이와 같은 재건의 지리(geographies of reconstruction)는 개발을 질서 있게 관리하기 위한 일련의 법률에 의해 뒷받침되었다[예: 1947년「도시 및 촌락 계획법(Town and Country Planning Act)」, 1949년 자연보호위원회(Nature Conservancy Council) 설립, 1947년「국립공원법(National Parks Act)」은 모두 질서 있게 관리하기 위한 지리적 개발의 틀을 마련했다].

---

* 역자주: 리본 개발은 인간 정착지에서 방사되는 통신 경로를 따라 주택을 짓는 것을 말한다. 그 결과 선형 정착지는 토지 사용 지도와 항공 사진에서 명확하게 볼 수 있으며, 도시와 촌락에 특별한 특성을 부여한다.

이 재건의 지리는 영국 경제와 문화의 광범위한 발전과 분리될 수 없다. 역사학자 도미닉 샌드브룩(Dominic Sandbrook)은 『이렇게 좋았던 적은 일찍이 없었다(Never had it so good)』(2005)에서 1950년대에 빅토리아 시대부터 시작된 장기적인 소비 발전이 결실을 맺었으며, 광범위한 빈곤과 경제 불황에도 불구하고 1920년대와 1930년대에도 부유층의 주머니는 계속 불어나고 있었다고 주장한다. 도널리(Donnelly, 2005)는 1957년 해럴드 맥밀런 보수당 총리가 영국 국민에게 "이렇게 좋은 시절은 없었다"고 말했을 때, 많은 사람에게 다음과 같은 현실을 묘사한 것이라고 말한다.

> 호황을 누리는 경제, 치솟는 주식시장 가치, 낮은 실업률, 다양한 소비자 선택권, 개선된 복지 서비스는 새로운 번영의 시대를 정의하는 특징이었다.
>
> (Donnelly, 2005: 23)

이 새로운 번영의 시대에는 자연환경과 인문환경의 광범위한 변화가 동반되었다. 1960년대 초반부터 소비주의의 수준과 현대 디자인 및 문화와 관련된 사유화된 생활양식이 몇 가지 우려를 불러일으키고 있다는 사실이 분명해졌다. 계획된 도심 재개발, 현대식 아파트 단지 건설, 새로운 교외 지역 개발은 '모두 어디에 속해 있는가'라는 의미에 대한 위기를 불러일으켰다. 역사학자 로버트 콜스(Robert Colls, 2002)에 따르면, 재건축과 개조는 필요했지만, 많은 사람이 잃어버린 것은 바로 '소속감'이었다.

> 사람들은 재개발의 형태에 따라 낮에는 도심의 혼잡을 경험하고, 저녁에는 외곽 주거 지역으로 분산되는 것을 경험하면서 큰 변화, 즉 쇠퇴를

느꼈다.

(Colls, 2002: 345)

교외화, 공간 분절화, 도심 재개발 정책은 '도시 생활의 많은 실질적 요소가 사라졌다'는 것을 의미했다. 콜스는 『영국의 케임브리지 도시 역사(The Cambridge urban history of Britain)』를 인용하며, 30년이 채 되지 않은 기간에 "오랫동안 [도시에] 장소감, 물리적 일관성, 개별적인 공동체 정체성을 부여했던 공공 및 민간 건물, 대로와 뒷골목의 혼합인 팔림프세스트(Palimpsest)*의 많은 부분이 침식"되었다고 말한다(Colls, 2002: 346에서 재인용). 콜스는 이렇게 덧붙인다.

  공동체와 혈통에 의해 헌법에 맹세한 국민에게 이는 받아들이기 힘든 일이었다. 노인들은 자신이 살았다는 증거가 거의 없는 땅에서 살아가고 있었다. 그들이 태어난 집, 유아차를 밀던 뒷골목, 춤을 추던 강당, 뛰놀던 거리는 사라졌거나 곧 사라질 예정이었다.

(Colls, 2002: 346)

도시 환경을 관리하려는 계획가들이 내린 결정이 사람들의 삶에 미치는 영향에 대한 인식이 커지면서 중요한 발전들이 촉발되었다. 1964년 뷰캐넌(Buchanan)의 보고서 「도시 교통(Traffic in towns)」은 개인 모빌리티 증가가

---

* 역자주: 팔림프세스트라는 단어는 원래 양피지 위에 글자가 여러 겹 겹쳐서 보이는 것을 말한다. 종이가 발명되기 전 양피지에 글을 쓰던 시절에는 귀한 양피지를 재활용하기 위해 이미 쓴 글자를 지우고 그 위에 다시 글자를 써서, 이전의 글자들 위로 새로이 쓴 글자가 중첩되어 보이는 일이 흔했다. 이런 뜻의 단어가 건축에서는 오래된 역사적 흔적이 현재의 공간에 영향을 미치는 것을 은유적으로 설명할 때 사용되고 있다.

도시 형태에 미치는 영향에 관한 개요를 제공하고, 지속적인 교통량 증가에도 불구하고 도시가 과연 살기 좋은 곳이 될 수 있을지에 대한 의문을 제기했다. 또한 익숙한 도시 경관이 현대식 건물로 대체되고 있다는 인식도 퍼지고 있었다. 이러한 발전이 한 장소에 거주하는 의미에 미친 영향을 과소평가해서는 안 된다. 건조 환경의 역사가들은, 영국 사회에는 현대식 건물과 환경에 대한 반작용으로 반도시성(anti-urbanism)이 강하게 자리 잡고 있었다고 말한다. 이는 제럴드 버크(Gerald Burke)와 같은 건축평론가들의 글에도 반영되어 있다.

> 우리는 좋은 마을 경관을 보면 알 수 있을까? 우리는 건물과 공간의 형태와 규모를 감탄하며 바라보는가? 우리는 예상치 못한 변화의 발생, 익숙한 건물의 상실, 칙칙한 건물의 증가, 그리고 한때는 비교적 평온하게 걷던 거리와 골목에서 우리를 내몰아 버리는 교통의 소음, 먼지, 위험을 불만스러워하는가? 우리 집에 대한 자부심이 우리 도시까지 이어지고 있는가?
>
> (Burke, 1976: 1)

동시에 도시 생활의 압박에 대한 인간의 반응을 이해하기 위해 환경심리학 분야가 등장했다(Mercer, 1975).

이 절에서는 전통적 경관에서 현대적 경관으로의 전환을 학생들이 이해할 수 있도록 도와주는 환경교육 접근 방식의 발전을 위한 맥락을 설정했다. 경관의 물리적 변화(종종 급격한 변화), 새로운 주거 방식, 현대적 교통수단은 모두 이러한 새로운 지리에 어떻게 대응하고 평가할 것인지에 의문을 제기했다. 다음 절에서는 이러한 변화를 학생들이 이해하도록 돕는 하나의 방법으로 교육이 어떻게 활용되었는지를 다룰 것이다.

개발에 대한 교육적 대응

전후 개발과 관련된 격변에 대한 문화적 대응은 교육 분야에서도 나타났으며, 특히 학교 지리교육에서 두드러졌다. 이 절에서는 이러한 대응 중 일부를 간략하게 살펴보려고 한다.

1950년대 초반에 교육학자 데니스 톰프슨(Denys Thompson)[7]은 『당신의 영국, 그리고 그것을 지키는 방법(Your England–and how to defend it)』이라는 팸플릿을 출판했다. 이 제목은 조지 오웰(George Orwell)이 1941년에 쓴 「영국, 당신의 영국(England, your England)」을 인용한 것으로, "지금 이 글을 쓰고 있는 동안 대단히 문명화된 인간들이 내 머리 위로 날아다니며 나를 죽이려 하고 있다."라는 말로 시작된다. 톰프슨의 저서에도 한 문명이 파괴되는 과정에 있다는 의미가 담겨 있다.

> 우리 농촌 풍경은 세계에서 가장 훌륭하다. 다양한 아름다운 경치와 높은 수확량의 작물을 자랑한다. […] 40년 이상 동안 도시는 나무처럼 나이테를 이루며 성장하는 대신 촉수를 농촌으로 뻗어 왔다. 여러 마을이 개성을 잃고 교외로 변했으며, 농촌 자체는 주차장, 광고판, 방갈로, 비행장 및 군사시설로 가득 차 있어 좋은 농지를 잠식하고, 눈살을 찌푸리게 만든다. […] 수 세기의 노력을 통해 이루어진 아름답고 비옥한 농촌과 그 안의 도시와 마을들이 파괴되고 있다. 우리 모두는 이를 위해 무언가를 해야 한다.
>
> (Thompson, 1952: 3)

이 팸플릿은 인간 경관의 변천에 관한 그림 안내서이다. 이 안내서는 1800년 이전의 '유기적 공동체'의 이미지로 시작한다. 이 시기의 건축물들은 현지 재료로 만들어져 주변 경관과 조화를 이루고 있다. 그다음에는 빽빽하게 들어선 노동자들의 주택이 줄지어 있는 산업화된 모습을 담은 사진으로 이어진다. 과시적인 건물, 시끄러운 교통, 무질서하고 설계가 잘못된 거리 가구들이 묘사된다('이것은 에든버러이지만, 셰필드와 같은 산업도시는 더 심각하다'). 도시는 과도한 광고로 훼손되고, 시골은 리본 개발과 우회 도로로 인해 흉물로 변해버렸다. 안내서의 마지막 페이지에는 캡션이 없는 흑백사진들이 연이어 등장하며, 독자는 각 사진이 왜 포함되었는지, 그리고 자신의 호불호가 갈리는 이유를 생각해 보도록 초대받는다.

이 안내서에는 교육적 의도가 담겨 있다. 독자는 경관을 읽도록 유도되고, 이전의 예시와 설명을 모델로 삼아 비판적 의식을 기를 수 있도록 안내된다. 이것은 1955년에 출간된 윌리엄 조지 호스킨스(W. G. Hoskins)의 『잉글랜드 풍경의 형성(The making of the English landscape)』의 영향을 받은 광범위한 문화 형성의 일환이었다. 호스킨스 연구의 중심에는 특정한 경관 관점이 있었다. 이 경관을 바라보는 방식은 영국 낭만주의의 한 형태에 뿌리를 두고 있으며, 땅에 대해 배우는 가장 좋은 방법은 나가서 신발에 흙을 묻히는 것이라고 가정하는 경험주의에 기반을 두고 있다.

하지만 톰프슨의 팸플릿은 단순히 이상적인 과거를 현재의 불완전한 현실보다 선호하며 농촌 공동체의 상실을 애도하는 내용에 그치지 않는다. 이 글에는 현대와의 더 복잡한 관계가 담겨 있다. 여기에는 고밀도 인구라는 지리적 사실에 의해 형성된 질서 있는 지리에 대한 강한 선호가 드러난다. 톰프슨은 개발 자체에 반대하지 않지만, 도시는 '살기 좋고 매력적인 진짜 도시'로 개발되어야 하며, 농촌은 '농업과 우리의 마음과 몸을 재충전하기 위한' 살아 있는 건강한 공간으로 유지되어야 한다고 주장한다.

> 농촌은 초라한 건물로 점철되거나, 철조망으로 파괴되거나, 도시의 무분
> 별한 확장이나 군사시설로 인해 괴사되어서는 안 된다. 우리가 원한다면
> 이 모든 것이 충분히 가능하다.
>
> (Thompson, 1952: 30)

톰프슨의 저서 서문은 건축평론가인 이안 네언(Ian Nairn)이 썼다. 네언은 다
음과 같이 기록한다.

> 이 책이 매우 능숙하게 설명하는 주제는 단순히 교육과정의 하나의 항
> 목이 아니라, 여러분이 걷는 모든 곳에서 함께하는 것이다. 여러분은 단
> 순히 지나치는 배경으로만 보지 않고, 자신이 서 있는 거리를 하나의 장
> 면으로 바라보기만 해도 그것을 이해하기 시작할 수 있다. 장소들은 이
> 름이 아니라 살아 있는 존재가 될 것이다. 역설적이게도 그 과정에서 여
> 러분 자신이 더 살아 있음을 느끼게 될 것이다.
>
> (Thompson, 1952: 1에서 재인용)

네언은 1964년 『당신의 잉글랜드는 다시 찾아온다』(Your England revisited)를
출간했다. 그는 톰프슨에게 경의를 표했다. 이 책의 구조와 접근 방식은 비
슷하다. 흑백사진 시리즈와 함께 경관에서 적절한 것과 부적절한 것을 설명
하고 성찰을 유도하는 캡션이 담겨 있었다. 네언의 메시지는 의도치 않게 경
관이 부적절한 간판과 디자인으로 뒤섞여 엉망이 되어 가고 있다는 것이었
다. 이러한 개발이 '선한 의도의 결과로 나타난 서브토피아(subtopias of good

intentions)'로 발전하고 있다는 것이 그의 주장이다. 이는 선의로 시작된 개발이 결국 경관을 훼손하고 질 낮은 환경을 초래할 수 있음을 비판적으로 보여준다.

조 모런(Joe Moran, 2007)은 네언과 같은 작가들이 평범한 경관에서 일어나고 있는 변화에 사람들이 주목하도록 하려는 시도가 대부분 무시되었다고 주장한다. 많은 사람이 주택의 가용성에 더 관심을 가졌고, 새로운 도로망이 제공하는 여가 기회를 반갑게 여겼기 때문이다. 여기서 주목할 중요한 점은 근대적 발전과 관련된 경관 변화의 경험은 많은 사람에게 강렬하게 다가왔으며, 이에 대한 논평이나 논의가 없지 않았다는 것이다. 결과적으로, 이러한 변화를 평가하도록 돕기 위해 지리교육과정과 학습 접근 방식을 개발하려는 시도가 이루어졌다.

이 접근 방식의 가장 좋은 예는 휠러와 웨이츠(Wheeler and Waites, 1976)의 『환경지리학: 교사를 위한 핸드북(Environmental geography: a handbook for teachers)』에서 찾을 수 있다. 이 책은 '위험에 처한 거주지에서 성장하는 젊은 세대에게 현대적 환경 철학을 제공'하려는 시도였다. 환경지리학에 대한 시각적 접근법에 관한 장에서 휠러는 다음과 같이 말했다.

아마도 역사상 우리 시대만큼 농촌과 도시를 막론하고 경관의 시각적 가치를 보존하는 데 관심이 많았던 시대는 없었을 것이다. 하지만 역설적이게도 시각적으로 보았을 때 환경 악화가 그 어느 때보다 더 빠르게, 더 대규모로 진행되고 있는 시기이기도 하다. 그 이유는 여러 가지가 있겠지만, 확실히 많은 해악은 상당히 풍요로운 시기에 급증하는 인구가 요구하는 여가 및 도시산업적 필요로 인해 발생했다. 그 결과 한편으로 토지와 건물의 미적 가치 및 편의성을 중시하는 가치와, 다른 한편으로 사람들의 사회적·경제적 필요 사이에 갈등이 발생하게 되었다.

(Wheeler and Waites, 1976: 46)

지리 교과는 오랫동안 경관 연구에 관심을 가져왔다.

실제로 이 과목(지리)은 청소년들에게 자연과 문화 경관의 진화와 관련된 과정에 대한 통찰력을 제공하기 위해 노력한 유일한 교과목이다.

(Wheeler and Waites, 1976: 46)

초기의 지리학자들은 주로 농촌 지역의 물리적 경관에 관심을 갖고 학생들이 농촌 경관에 대한 안목을 키울 수 있도록 돕는 데 주력했다. 하지만 지리교사의 임무는 학생들이 자신이 살고 있는 환경을 이해하도록 돕는 것이었다(그리고 더 중요한 것은 오늘날 우리 학생들이 도시산업 현장에 관한 안목도 키울 수 있게 해야 한다는 것이다). 이 책은 교사들이 이러한 시각적 또는 미학적 접근을 실천할 수 있는 실질적인 방법을 제공하며, 가장 중요한 것은 이와 같은 학습이 현대 기술과 생활양식을 어떻게 다룰 것인지에 관련한 논의의 질을 높이는 데 기여할 수 있다는 점이다.

학생들이 자신의 주변 환경의 시각적 기준을 보고 평가하도록 교육하려는 시도는 교사가 가치판단이라는 어려운 영역으로 들어가는 것이다. 이로 인해 지리 교과는 이전보다 더 담론적인 과목이 되어, 학생들이 사실을 흡수하는 것뿐만 아니라 의견을 표현할 수 있게 된다. […] 환경의 미래 진화에 직면한 문제들은 단지 정량적 기법만으로 해결될 수 없으며, 궁극적으로는 사회가 원하는 환경 유형에 관한 의견 합의에 의존할 수

하나뿐인 지구에 꼭 필요한 비판지리교육학

밖에 없다. 국립공원 내 채굴, 자동차 규제, 도심 개발과 같은 문제에 대한 논쟁은 전적으로 '좋은 환경'에 대해 우리가 얼마나 가치를 두는가에 달려 있다. 사적 풍요와 공공의 시각적 황폐함 사이의 선택은 교실과 현장학습에서 제기되어야 하며, 우리가 어떻게 선택하느냐는 궁극적으로 미래 세대의 환경적 '문해력(literacy)'에 달려 있을 것이다.

(Wheeler and Waites, 1976: 61)

환경 연구에 대한 이러한 접근 방식에서 가장 중요한 출판물은 아마도 콜린 워드(Colin Ward)의 『도시의 아이들(The child in the city)』(1978)일 것이다. 이 책은 도시가 어린이와 청소년에게 얼마나 살기 좋은 공간이 되거나 아닌지를 보여 주었다.

이러한 발전과 지리교사들의 관계는 그리 간단하지 않다. 환경 연구는 그다지 학문에 관심이 없어 보이는 학생들이 배우는 과목으로 여겨지는 반면, 열심히 공부하는 학생들은 학문적 특성에 입각한 분야에 집중하도록 권장하는 경향이 있었다. 대학의 지리학이 정량적 접근법과 공간 분석에 의해 '혁명'을 맞이하게 되면서, 일부 학교의 지리교사들은 '인간과 대지'의 관계에 대한 관심을 버리고 대신 공간 분석 기법을 채택하기 시작했다. 문제 해결 학습과 주제 기반 탐구를 개발하려는 시도가 있었지만, 학교에 도입된 새로운 지리학은 "우리가 살고 있는 환경이 직면한 시급한 문제와는 거의 무관한 통계 연습을 제공하는 것"이었다(Wheeler, 1975). 그 결과 지리교사들은 분열되었다. 이 문제가 얼마나 중요했는지는 마이클 스톰(Michael Storm, 1973)이 쓴 글 서문에서 그 단서를 볼 수 있다. 이 글은 지리교사들을 위한 독서 자료에 담긴 것으로, 지역사회와 지역에 대한 학생들의 태도를 탐구하는 주제 기반 접근 방식을 다루고 있다.

스톰이 채택한 접근 방식은 많은 사람에게 지리적이지 않다는 인상을 줄 수 있다. 당신은 동의하는가? 그것이 중요한가? 참여는 학생과 연구 대상 사이의 정서적 연결을 의미한다. 이것이 해당 문제를 논의하는 데 합리성의 포기로 이어질 가능성을 논의하라.

(Storm, 1973: 303)

이 절에서는 제2차 세계대전 이후 자연환경과 인문환경에 일어난 변화에 대한 교육적 대응을 살펴보았다. 데니스 톰프슨이나 이안 네언과 같은 문화평론가들은 이러한 변화를 무시하지 않았으며, 아이들이 자신의 동네를 이해하도록 배우는 진보주의 교육의 영향을 받아 학교 지리가 좋은 경관을 구성하는 것이 무엇인지를 논의할 수 있는 중요한 무대가 되었다고 주장했다.

전환점으로서의 1970년대

1970년대는 환경과 교육에 관한 논쟁에서 중요한 전환점이었다. 화이트헤드(Whitehead)는 『벽에 쓴 글(The writing on the wall)』(1985)에서 다음과 같이 언급했다.

갑자기 크고 단조로운 것만으로는 충분하지 않았다. 1970년대에는 규모가 오히려 단점으로 여겨졌다. 가족과 인구의 규모, 도시의 '종합 개발' 확산과 고속도로 네트워크, 합병된 대기업과 그린벨트 농장 등이 그 예이다. 많은 새로운 활동가에게 […] 지역사회가 원거리의 계획 관료제에 맞서 스스로를 재확립해야 하고, 소규모 기업이 다국적기업에 맞서야 하며, 건강하고 자연스러운 것이 합성적이고 인공적인 것에 맞서야 한다는

하나뿐인 지구에 꼭 필요한 비판지리교육학

요구가 있었다. 그것이 빵, 맥주 또는 표백된 송아지고기에 관한 것이든
마찬가지이다.

(Whitehead, 1985: 239)

1970년대에는 강력한 생태운동의 성장을 목격한 시기였다. 1970년에 지구
의벗이 설립되었고, 1974년에는 생태당(나중에 녹색당이 되었다)이 창당되었
다. 환경에 관한 관심의 증가는 '산업사회의 욕망에 대한 깊은 반발'이었고,
'급진적인 젊은 세대'가 생태운동의 주요 지지층을 형성했다. 화이트헤드는
다음과 같이 말했다.

> 이들은 대안문화 서점과 건강식품 협동조합을 운영하고, 도심 개발업자
> 와 원자력발전소에 대한 주민들의 저항을 조직했다.

(Whitehead, 1985: 240)

천연자원과 재생 불가능한 자원에 대한 수요가 해마다 증가하면서, 생태주
의의 메시지는 전 연령층(여전히 중산층이 주를 이루지만)에서 폭넓은 지지를 얻
었다. 이 시기에는 현재 초기 환경문학의 고전으로 여겨지는 책들이 출판되
기도 했다. 에얼릭과 에얼릭(Ehrlich and Ehrlich, 1968)이 쓴 『인구 폭탄(The
population bomb)』, 메도스 등(Meadows et al., 1972)의 『성장의 한계(The limits
to growth)』, 환경 저널 『이콜로지스트(The Ecologist)』의 『생존을 위한 청사
진(A Blueprint for survival)』(1972), 슈마허(Schumacher, 1973)의 『작은 것이 아
름답다(Small is beautiful)』 등이 있다. 이러한 맥락에서 환경부(1972)는 스톡
홀름에서 열린 유엔인간환경회의(UNCHE)를 위한 보고서를 작성했다. 「당신
은 어떻게 살기를 원하는가?(How do you want to live?)」라는 제목의 이 보고

서는 부유함의 도전에 따라 드러나고 있는 불안감을 포착한 문서였다. 이 보고서의 어조는 신중했으며, 인간이 환경에 가하는 요구를 관리하기 위한 수단으로서 계획 과정에 주목하고 있다. 영국인들이 살고 있는 환경의 유형에 중점을 두고, 교통, 편의 시설, 여가 압력, 주택 품질, 계획 시스템에 대한 갈등을 다루는 논의로 가득했다. 필립 라킨(Philip Larkin)이 특별히 의뢰받아 쓴 시(詩)「계속해, 계속해(Going, going…)」가 보고서의 서문에 담겨 있다. 이 보고서는 미래를 위한 자원 제공 문제에 직면한 한 사회의 대표적인 요약본이다. 하지만 이러한 문제들이 자유주의적이고, 문제 해결 중심의 민주주의의 범위를 벗어나는 것은 아니라고 제시되었다. 이 시점에서 과학에 대한 맹목적이고 무비판적인 수용은 감소하고 있었다.

이러한 과학과 민주주의에 대한 신뢰는 학교교육과정에 환경교육을 도입하려는 초기 움직임에서 분명하게 드러났다. 1965년 킬 대학교에서 열린 콘퍼런스에서 환경교육은 "환경에 대한 이해의 중요성 때문만이 아니라, 과학적 문해력을 갖춘 국가의 출현을 돕는 엄청난 교육적 잠재력 때문에 모든 시민 교육의 필수적인 부분이 되어야 한다"는 데 합의했다(Christian, 1966).

이는 중요한 발전이었으며, 경제적·사회적 근대화에 대한 주장의 맥락에서 바라보아야 한다. 경제성장을 촉진하기 위해서는 과학적 문해력이 필요했고, 환경 의식은 그중 하나의 측면이었다. 학교환경프로젝트위원회(The Schools Council Project Environment)는 환경교육에 관한 균형 잡힌 접근 방식을 주장했다. 프로젝트는 다음과 같이 언급했다.

우리는 엄청난 대중의 관심이 환경에 집중되는 시대에 살고 있다. 환경 위기에 대해 이야기하는 것은 흔한 일이며, 이와 관련된 출판물도 넘쳐 나고 있다.

(Project Environment, 1975: 1)

이 프로젝트는 현재 진행되고 있는 대부분의 활동에서 새로운 것은 없다고 지적했다. 새로운 것은 학교가 사람들의 환경에 대한 관심과 책임감을 키우는 데 역할을 해야 한다는 사회의 요구였다. 이러한 요구는 학교가 청소년들에게 보다 적실성이 있고 현실적인 교육을 제공하고자 하는 시점에 나온 것이었다.

특히 곧 성인 세계로 진입할 학생들은 과거에 얽매이지 않고, 더 미래지향적이며, 앞으로 그들이 직면하게 될 삶과 문제를 해결하는 데 도움이 되는 학교 공부를 요구한다. 고학년 학생들 사이에서 불만과 환멸이 커지고 있으며, 학교에서는 이러한 상황을 직시하고 '현대사회에 맞는 교육'을 제공해야 한다는 인식이 높아지고 있다(한 교장의 말처럼). 환경 문제와 삶의 질에 대한 위협은 현재 학교에 다니는 학생들의 일생 동안 중요해질 수 있는 문제이며, 그들에게 의미 있는 교육은 세상에서 자신의 위치를 설명하고 미래의 도전에 대비할 수 있도록 도움을 주어야 한다는 것이다.

(Project Environment, 1975: 2-3)

이 절에서는 전후 시기 영국의 근대화와 관련된 산업 및 도시 변화의 조건이, 농촌 중심의 지역 연구를 넘어 빠르게 변화하는 세상에서 성장하는 학생들의 삶과 관련된 도시 문제를 다루려는 교육적 대응을 불러일으켰다고 주장했다. 이는 전통적인 지리교육 분야의 범위를 넓힌 것이었다. 그러나 정작 지리교육계의 모든 사람에게 좋은 평가를 받지 못했다. 일부에게는 지나치게 정치적인 것으로 보였고, 다른 이들에게는 학문적 깊이가 부족하다고 여겨졌다. 그러나 이는 인간과 장소에 초점을 맞춘 환경지리학의 일환이었다고 볼 수 있다.

학교가 문제가 된다

> 20세기 후반에 환경주의가 강력한 사회적 힘으로 부상한 것은 단순히 환경 피해의 심각성이나 그러한 피해에 대한 과학적 이해의 깊이로만 설명할 수 없다. 지금 우리가 환경 문제라고 부르는 것은 항상 존재해 왔지만, 당시에는 그렇게 인식되지 않았다. 환경 문제는 엄격하게 제한된 사회적·경제적 실천의 맥락에서 적절히 다루어지는 개별적인 문제로 여겨졌을 수도 있다. 또는 단순히 인간 활동이 자연에 미치는 영향, **기술**의 불가피하고 예측할 수 없는 부작용으로만 여겨져 전혀 문제로 인식되지 않았을 수도 있다. 심지어 인간 활동으로 인한 것이라고 여겨지지 않는 경우도 많았다. 이것들을 '환경 위기'의 측면으로 이해하기 위해서는 먼저 일관된 담론으로서 환경이라는 개념이 구축되어야 했다.
>
> (Szerszynski, 2005: 84-85)

지금까지 이 장에서는 지리교사가 학생들이 거주하는 지역의 경관과 환경 변화에 대한 대응책을 개발했다고 주장했다. 이는 학생들이 지리적 변화의 측면을 이해하도록 돕기 위한 도시 기반 환경교육의 일환이었다. 여기서 환경은 특정한 방식으로 정의되었다. 그러나 브로니슬라브 체르친스키(Broni-slaw Szerszynski)의 주장처럼, '환경 문제'가 존재한다고 말하는 것과 이것이 '환경 위기'에 해당한다고 말하는 것은 별개의 문제이다. 체르친스키는 1970

년대 초반부터 홍수나 습지 범람과 같은 특정 환경 사건이 더 광범위한 환경 위기의 예시 또는 상징으로 여겨지게 되었다고 말한다.

이 절에서는 이러한 글로벌 환경 의식의 출현에 관해 논의하고, 이것이 환경 교육에 대한 논쟁에 어떻게 영향을 미쳤는지 살펴보고자 한다. 1960년대 중후반부터 1970년대 초반까지 서구 사회는 주로 젊은 중산층을 중심으로 다양한 측면에서 문화적·정치적 실험이 폭발적으로 증가했다. 이 시기의 주요 요소는 다음과 같다.

- 동양 신비주의에 대한 폭발적인 관심
- 향정신성(또는 정신 변화) 약물의 광범위한 사용
- 개인적인 경험과 사회관계를 탐구할 수 있는 새로운 사회적 공간(팝 페스티벌, 코뮌 등)의 창출
- 정치적 급진주의의 성장

이 모든 발전에 공통된 것은 전후 사회의 안일한 태도에 대한 반작용이었다. 당시 사회는 물질적 소비와 순응 외에는 어떠한 동기를 부여하는 이데올로기도 없었고, 과시적 소비라는 새로운 '종교' 외에는 그 어떤 가치도 제시하지 못했다. 1960년대 세대는 순응적이고 도구적이며 관료화된 세상에 맞서 모호하지만 강력한 해방이라는 개념을 발전시키고자 했다. 이 해방은 부분적으로는 가정(home)과 '제3세계'에서 억압받는 소수자에 대한 것이었지만, 현대 산업화 사회에서 억압받는다고 느껴지는 인간 존재의 측면을 해방하는 것이기도 했다.

이 문화혁명에는 여러 가지 측면이 있었다. 첫째, 많은 젊은 세대가 사적 영역과 공적 영역의 가치 불일치에 대해 우려했다. 사적 영역에서는 친밀감, 개

방성, 자기표현, 돌봄의 가치가 중요했으며, 이는 개인을 신성하고 고유한 존재로 여기는 자녀 양육 방식의 변화와도 관련이 있었다. 이는 개인의 욕망과 쾌락주의를 강조하는 소비문화에서도 나타났다. 이와 같은 가치관은 공적 영역에서 합리적이고 규율 있는 행동과 경쟁적 성취를 강조하는 규범과 대조되었다. 그 결과 전후 베이비붐 세대는 사적 영역과 공적 영역의 가치 사이에서 갈등을 경험했다. 둘째, 이러한 사적 가치를 발전시키는 데 기여한 다른 사회적 변화들이 있었다. 예를 들어, 전후의 풍요로움은 더 많은 개인이 자신의 삶에서 더 큰 성취를 기대할 수 있게 했다. 고등교육의 대폭적인 확대는 비판적 사고와 자유주의적 가치의 일반화로 이어졌다. 노동시간의 단축으로 정체성에 더 많은 관심을 기울이게 되었고, 복지 전문가나 대학 강사와 같은 '표현하는 직업'의 등장이 감수성과 대인관계의 가치를 높이는 데 기여했다. 마지막으로, 대중매체와 관광업의 발달은 특정 지역의 정체성을 약화시켰다. 이는 개인이 전 지구적 또는 우주적 의미에서 자신을 찾을 수 있는 글로벌 관점의 발달로 이어졌고, 인권의 보편적 개념에 대한 관심을 촉진하는 데 기여했다.

이러한 변화는 환경주의의 발전에 결정적인 역할을 했다. 조직적인 측면에서는 대규모 시위, 공동 의사결정 과정, 재생된 농촌 공동체라는 개념은 환경운동에 의해 발전된 조직 방식이었다. 그러나 환경운동이 본격적으로 등장하기 시작한 것은 1960년대 후반이었다. 1950년대부터 생태학이 발전하고, 1960년대에 고등교육이 급속히 확대되었으며, 대중매체에서 자연에 대한 관심이 재조명되면서 대중들 사이에 생태 사상에 관한 관심이 증가했다. 레이철 카슨(Rachel Carson, 1962)과 배리 코모너(Barry Commoner, 1970) 같은 작가들은 산업적 관행이 자연 질서를 위협한다고 예언적인 비판을 했다. 1960년대 말까지 이 '운동'은 베트남전쟁 반대 평화운동, 제2물결 페미니즘, 환경주

하나뿐인 지구에 꼭 필요한 비판지리교육학

의 등을 포함한 수많은 사회운동으로 분화되었다. 환경주의는 1967년 토리 캐니언(Torrey Canyon) 유조선 좌초 사고와 같은 극적인 미디어 이미지로 인해 더욱 큰 반향을 불러일으켰다.

이와 같은 문제들은 본질적으로 '환경 문제'로 자명하게 인식되었던 것은 아니었다. 점점 더 다양한 이슈와 연결될 수 있는 새로운 환경 담론을 개발하는 것이 환경운동의 과제였다. 이 담론의 모델은 본질적으로 근대 산업사회, 즉 체제가 '병들었고', 사람들에게 만족스러운 미래를 제공하는 것은 물론 생존을 위해서는 급진적인 방향 전환이 필요하다는 것이었다. 그 중심에는 메시지와 이미지의 전달자로서 대중매체의 영향력이 커지고 있다는 점이 있었다. 환경단체들은 석유 플랫폼이나 원자력발전소의 이미지, 특정 상징적인 종(種)의 이미지를 통해 근대 기술 사회에 대한 광범위한 비판과 연결점을 만들 수 있었다. 초기 환경운동은 『성장의 한계』, 『생존을 위한 청사진』과 같은 영향력 있는 보고서가 뒷받침하는 임박한 생태적·사회적 붕괴의 메시지로 묵시적이었지만, 생태적 상호의존성과 자연과의 조화에 기반한 사회적 비전을 제시하는 유토피아적인 성격을 띠기도 했다.

이러한 생각들은 환경교육 내의 논의에 큰 영향을 미쳐 환경이 점점 더 글로벌 이슈로 자리 잡게 되었다. 예를 들어, 요크 대학교 글로벌 교육센터의 영향력 있는 글로벌 임팩트 프로젝트(Global Impact project)는 서구적 사고방식의 해로운 영향에 대한 극명한 결론에 도달했다.

서구에서 우리는 세계를 이해하는 데 과학을 주된 도구로 사용해 왔다. 이는 지난 세기까지 세계를 부분별로 해체하여 이해하려는 접근이었다. 그러나 이 접근은 각 부분이 어떻게 상호작용하여 생명을 유지하고 진화하는지에 대한 질문에 답을 하지 못한다. 이제 다양한 학문 분야에서 개별 부분보다는 전체 시스템에 초점을 맞추는 관점의 전환이 일어나고 있다. 인간 가족이든 열대우림이든, 시스템은 개별 요소 간의 관계를 통해서만 이해될 수 있다. 즉 시스템 전체에 걸쳐 에너지, 물질, 정보의 끊임없는 흐름을 살펴보아야만 한다.

(Greig, Pike and Selby, 1987: 4)

이 '새로운 시대'의 환경철학은 『지구의 권리: 마치 지구가 진정으로 중요한 것처럼 교육하기(Earthrights: education as if the planet really mattered)』(Greig et al., 1987)와 같은 환경교육의 중요한 출판물에 영향을 미쳤다. 이 책은 1980년대의 환경에 관한 교육과 학습이 다음과 같은 특징을 가졌다고 언급했다.

- 지역 환경이 지구 생태계에 얽혀 있다는 인식
- 인간과 자연 시스템이 무수히 많은 방식으로 상호작용하며 인간 활동의 일부가 환경에 영향을 미치지 않는 부분이 없고, 그 반대의 경우도 마찬가지라는 인식
- 환경과 관계를 맺는 방법에 관해 다른 문화, 특히 원주민으로부터 환경과의 관계에 대해 배울 수 있는 점에 대한 새로운 인식
- 환경 친화적인 가치관, 태도 및 기술의 개발에 중점을 둠

(Greig, Pike and Selby, 1987: 26)

프리초프 카프라(Fritjof Capra)의 『새로운 과학과 문명의 전환(The turning point)』(1982)과 매릴린 퍼거슨(Marilyn Ferguson)의 『의식혁명(The Aquarian conspiracy)』(1980)과 같은 출판물의 영향을 많이 받은 1980년대와 1990년대

초반에는 교사들이 자신을 '글로벌 교사'로 정체성을 갖는 것이 드문 일이 아니었다. 이러한 교사 정체성의 일부는 기존의 교육과정이 분절되어, 학생들이 전체적인 연관성보다는 개별 요소들을 따로 보는 경향을 조장한다는 비판에 기반했다. 카프라(1983)는 파이크와 셀비(Pike and Selby, 1988)가 내용에 동조하여 인용한 구절에서 다음과 같이 말했다.

> 우리 자신, 우리 환경, 우리 사회 내의 이러한 모든 분절된 부분들이 실제로 별개라는 믿음은 현재의 사회적·생태적·문화적 위기의 근본적인 이유로 볼 수 있다. 이 믿음은 우리를 자연으로부터, 그리고 우리의 동료 인간들로부터 소외시켜 왔다. 이로 인해 천연자원의 불공평한 분배가 발생하여 경제적·정치적 혼란이 야기되었고, 자발적이든 제도화되었든 폭력이 점점 더 확산되었으며, 삶이 신체적으로나 정신적으로 건강하지 않은, 추악하고 오염된 환경이 만들어졌다.
>
> (Capra, 1983: 28, Pike and Selby, 1988: 25에서 재인용)

이러한 관점에서 환경교육자들은 특정 자연 지역을 보호하는 것보다는, 근대 산업 문화의 더욱 심각한 문제를 상징하는 자연 파괴에 대해 더 많이 우려했다. 이들의 교육은 개별 장소와 종보다는 현대사회의 환경을 체계적으로 손상시키는 것으로 여겨지는 실천들을 비판하는 데 중점을 두었다.

이전 절에서 설명한 환경지리학은 자유주의적 자본주의가 야기한 무계획적 개발에 대한 반작용으로, 합리적이고 계획된 사회의 아이디어에 중심을 두었다. 근대의 자연보호는 인간 활동이 중앙집중식으로 합리적 통제하에 있어야 한다는 생각에 많은 영향을 받았다. 경관의 미적 가치와 경제적 가치를 균형 잡으려는 노력, 자동차를 통한 개인의 모빌리티와 도시의 걷기 좋은 환경을 조화시키려는 목표 등은 인간 환경을 합리화하고 계획하려는 이러한 목적의 연장선으로 볼 수 있다. 이는 합리적인 토지이용 계획과 근대의 질서 있는 개발에 대한 지리교사들의 관심에 반영되었다. 이러한 관점에서 환경 교육은 산업 근대화의 경향을 바로잡는 역할을 했다. 이 세계관의 중요한 부분은 과학이 인간의 조건을 개선할 수 있는 수단이라는 믿음이었다.

1970년대에 발전한 환경지리학의 유형과는 중요한 차별점을 나타내는 또 다른 중요한 환경 사상이 있다. 이 사상에서는 특정 환경에 대한 위협이 자연 자체에 대한 보편적인 위협의 상징으로 여겨졌다(예를 들어, 숲을 벌채하는 것은 지구 환경에 대한 위협으로 표현되었다). 이는 세계시민성이나 자연과의 일체감 같은 아이디어의 문화적 공명이 커져 가는 길을 닦은 문화적 변화와 연결되었다. 다시 말해, '환경 위기'가 구성되었으며, 이는 점점 더 학교에서 지리교사들의 수업에 영향을 미치거나, 적어도 환경 문제를 가르치는 의미에 관한 논의의 틀을 형성하게 되었다.

체르친스키의 주장은 환경 문제의 스케일과 환경적 우려가 직접적으로 연결되지 않는다는 점을 강조하며 중요한 시사점을 제공한다. 이는 환경 위기에 대한 아이디어들이 어떻게 구성되는지를 면밀히 살펴볼 필요가 있음을 시사한다. 1980년대에 환경교육자들은 환경을 전 지구적인 문제로 인식하는 데 성공했다. 따라서 브라질 아마존의 열대우림 벌채는 더 이상 국가나 지역의 환경 문제가 아니라 지구 환경 위기의 상징으로 여겨졌다. 또한 이러한 형태의 글로벌 환경주의는 인간과 자연의 관계를 이해하는 특정한 방법을 제시했는데, 이는 개인과 지구의 전체론(holism)과 통합에 관한 사상에 기반한 것이었다. 물론 이러한 관계를 표현하는 다른 방법도 있다. 이전 장에서 살펴본 것처럼, 지리학자들은 환경 문제의 원인으로 자본주의 경제체제를 강조하는 경향이 있다. 글로벌 교육 관점은 환경 문제를 다루는 교수·학습에 중요한 영향을 미쳤다. 지리와 역사 같은 교과는 교육과정에서 환경 문제를 기계적으로 구분하기가 어렵고, 매우 밀접하게 관련된다고 보는 경향이 있기 때문이다.

생태근대론자의 딜레마

학교교육과정에서 주변적이던 환경교육은 점차 그 위상과 인지도를 높여 가고 있다. 1980년대는 환경에 대한 관심이 높아진 시기였다. 경제적·사회적·정치적으로 커다란 변화를 겪었던 10년 동안 원자력발전, 석탄 채굴로 인한 사회적·환경적 비용, 농업의 집약화와 서식지 파괴에 대한 문제가 대두되었다. 또한 전 지구적으로는 사막화와 열대우림 벌채, 오존층 파괴, 그리고 나중에는 지구온난화 문제가 집중적으로 거론되었다. 마거릿 대처 총리는 1987년 왕립학회 연설에서 환경 문제를 언급하고, 이 문제를 공론화했다. 영국 정부는 1990년『우리의 공동 유산(Our common inheritance)』이라는 제목의 환경백서를 최초로 발간했다. 1992년 리우데자네이루에서 열린 지구정상회의(Earth Summit)는 환경에 관한 국제 협력의 이정표였기 때문에 의미 있는 사건이었다. 이 정상회의에서 합의된 지속가능성 행동 전략인 의제 21에 따라 각국 정부는 지속가능한 발전 계획을 수립하기로 약속했다. 기존의 환경 대책을 재포장한 것으로 널리 알려져 있지만, 이 정상회의는『지속가능발전: 영국 전략(Sustainable development: the UK strategy)』(1994)의 발간으로 이어졌다. 이는 보수당 정부의 환경 문제에 대한 사고 전환을 어느 정도 반영한 것으로, 정부가 개발의 한계를 설정하고 환경 규제를 시행할 필요성을 더 크게 인식하게 되었음을 보여 준다. 그러나 동시에 정부가 시민들에게 무엇을 해야 하고 어떻게 행동해야 하는지 지시하는 것은 적절하지 않다는 입장도 유지되었다. 그럼에도 영국의 지속가능한 발전에 대한 약속은 환경에 관한 중요한 결정을 내리는 데 기여한 것으로 볼 수 있다.

1997년 신노동당 정부의 출범은 환경 근대화 프로젝트의 강화, 즉 사회 전반의 친환경화를 위한 신호탄이었다. 이는 학교에서 환경교육을 위한 정당한 자리를 제공했지만, 보다 급진적이거나 '매우 진한 녹색(deep green)' 입장인 많은 환경교육자가 이것이 사실상 '기존 방식 유지'를 의미하는 약한 형태의 지속가능성에 기반하고 있다고 우려했다. 이러한 우려는 셀비(Selby)가 『녹색 개척자(Green frontiers)』에서 현재의 학교교육 모델이 환경적 사고와 어떻게 상충되는지를 설명하는 장에서 잘 드러난다.

> 학교는 여전히 기계론적 사고방식의 보루로 남아 있다. 대부분의 교육과정은 여전히 깔끔한 구획과 개별 과목으로 나뉘어 있으며, 대부분의 교사는 각 교실이나 과목 환경에서 학습자가 접하는 내용 간의 상호 관계를 탐구하기 위해 기껏해야 형식적인 노력을 기울이고 있다. 과학과 인문학을 구분하는 교육과정은 기계론에서 물려받은 인간/자연의 분리를 고착화하고 강화한다. 성적으로 인한 차별은 당연하게 여겨진다. 협력학습이 아닌 개별화되고 경쟁적인 학습이 교육과정에서 계속 지배적인 역할을 하고 있다. 대부분의 과목에서 주제나 문제를 개별 구성 요소로 분해함으로써 특정 지식과 실제 이해가 가능하다는 주장이 지속적으로 강조된다. 설명은 연속적인 원인과 결과의 사건 또는 관계의 관점에서 다루어진다. 대부분의 학교는 지역사회와 환경을 풍부한 잠재력을 가진 학습 맥락으로 간주하지 않고 무시하는 경우가 많다.
>
> (Selby, 2008: 252)

이 인용문은 단편적이고 기계적인 지식 접근 방식을 가진 학교교육과정이 '환경 의식'을 계발하는 데 필요한 총체적인 이해를 적극적으로 방해한다는 관점을 나타낸다.

제임스 그레이-도널드와 데이비드 셀비(James Gray-Donald and David Selby)는 『녹색 개척자』의 서문에서 환경교육을 '주류' 교육으로 받아들이려는 최근의 움직임에 의구심을 제기했다. 이들은 교육계의 주류로 인정받기 위해 여러 지지자들이 '전일적 인간, 전일적 지구(whole person, whole planet)' 입장을 받아들이는 것을 주저하고 있다고 말한다. 대신에 학습 자료는 학습 접근 방식의 진정한 다양성을 제공하지 못하며, 특별한 경우를 제외하고는 주류 학습의 인지적인 측면, 교실 중심의 단일 문화에서 거의 벗어나지 못한다고 지적한다.

> 과학이 여전히 우세한 접근 방식이며, 그 결과 대부분의 환경교육자들이 사회정의, 평화 및 문화 문제에 실질적으로 참여하는 것을 꺼리게 만든다. 환경교육자들이 말하는 지속가능한 발전을 위한 교육은 대부분 경제성장의 원칙(종종 글로벌 경쟁력의 언어로 포장된다)을 암묵적으로 받아들이고, 세계시장이 생물권에 가하는 폭력을 무시하면서도 이를 받아들인다. 지속가능한 발전을 위한 교육에 대한 해석도 인간 중심적이며, 자연을 '자연자본' 또는 '자연 서비스'라는 자원 관련 용어로 설명한다.
>
> (Gray-Donald and Selby, 2008: 4)

이 절에서는 일부 환경교육자들이 선호하는 글로벌 환경교육 유형과, 신노동당 정부의 환경 근대화를 수용한 보다 기술 중심적인 지속가능성 교육 사이에 상당한 긴장이 존재한다고 주장한다. 전자는 교육의 변화를 추구하는 반면, 후자는 학생들의 인식을 높이고 현재의 경제와 사회의 지속을 기본적으로 수용하는 환경시민성을 함양하고자 한다. 이러한 논쟁에서 지리학이 어떤 기여를 할 수 있는지에 관한 질문이 3장에서 다루어질 주제이다.

맺음말

이 장에서는 환경 주제가 학교 지리 과목에 통합된 중요한 방식들을 살펴보았다. 초기에는 환경 문제들이 지역 환경의 변화에 대한 대응으로 등장했고, 이는 환경지리학의 발전으로 이어졌다. 이는 학생들의 지역사회 참여를 증진시키려는 움직임과 자연스럽게 매우 잘 맞아떨어졌다. 1980년대 이후로는 사막화나 열대우림 벌채와 같은 사례들이 더 광범위한 환경 위기를 대표하는 방식으로, 환경 문제들이 주로 글로벌 환경의 관점에서 다루어지게 되었다. 중요한 문제는 지리와 같은 교과들이 생태 문제의 이해를 돕는지 아니면 방해하는지 여부이다. 일부 평론가들에 따르면, 학교교육의 구조와 메커니즘 자체가 문제의 일부로 간주되며, 이를 통해 단편적이고 부분적인 이해를 초래한다고 한다. 『하나뿐인 지구에 꼭 필요한 비판지리교육학(Teaching geography as if the planet matters)』이라는 이 책의 제목에 걸맞게, 지리학이 환경 이해에 기여할 수 있는 방법을 명확히 하는 것이 중요하며, 3장에서 이 내용을 집중적으로 다루고자 한다.

3장

지리학, 사회, 자연 – 변화하는 관점

지리 학습은 장소에 대한 관심과 호기심을 자극한다. 지리는 청소년들이 복잡하고 역동적으로 변화하는 세상을 이해하는 데 도움이 된다. 지리학은 장소가 어디에 있는지, 장소와 경관이 어떻게 형성되는지, 인간과 환경이 어떻게 상호작용하는지, 다양한 경제, 사회, 환경이 어떻게 상호 연결되는지를 설명한다. 학생들은 자신의 경험을 바탕으로 개인에서 전 세계에 이르기까지 모든 스케일에서의 장소를 탐구한다.

(National Curriculum, 2008)

이 장은 지리 교과의 목적에 대한 국가교육과정의 내용으로 시작한다. 특히 "인간과 환경이 어떻게 상호작용하는지, 다양한 경제, 사회, 환경이 어떻게 상호 연결되는지"와 관련된 부분이 흥미롭다. 이 말은 1887년 해퍼드 매킨

더(Halford Mackinder)가 왕립지리학회에서 한 연설에서 지리학이 "자연과학과 인문학을 분리하는 가장 큰 간극을 해소할 수 있다."라고 주장한 것을 떠올리게 한다. 지리학 분야에 장소와 공간 등 몇 가지 중요한 개념이 추가되었지만 인간과 환경이라는 주제는 지속되고 있으며, 지리학을 '통합'하려는 시도가 계속되고 있다(예: Matthews and Herbert, 2004). 인간과 환경 또는 사회와 자연 간의 관계에 초점을 맞춘 이 분야를 환경지리학이라고 명명할 수 있다. 『환경지리학 입문(A companion to environmental geography』(Castree et al., 2009)의 저자들은 환경지리학을 다양한 주제와 접근법을 포함하고 역사학, 사회학, 경제학, 정치학, 지구시스템과학, 생태학 등 다양한 학문 및 연구 분야와 연관된 광범위한 분야로 보고 있다. 환경지리학이라는 이름 아래에는 다양한 주제, 접근 방식, 개념 및 실천이 있지만, 이 모든 것이 다음과 같은 공통점을 지닌다.

- 사회와 자연의 어떤 측면을 개별적으로 연구하는 것이 아니라 상호 연관된 관점에서 관련지어 연구한다.
- 이러한 사회-자연 관계의 특성, 목적, 의미, 적절한 관리에 관심이 있다.
- 사회-자연 상호 관계에 대한 지식을 생산하는 것을 자신의 연구 분야로 삼는 전문가에 의해 이루어진다.
- 고차적 사고와 탐구에서 파생되고, 난해하며, 어느 정도의 권위를 지닌 학문적 담론의 특징을 가지고 있다.
- 인간-환경 관계의 실제에 대해 우리에게 무언가를 말한다고 주장하고, 이런 의미에서 지리학이 세계의 물질성에 관한 실용적인 학문이라는 생각을 이어 간다.

하나뿐인 지구에 꼭 필요한 비판지리교육학

- 지적으로 개방적이며, 다른 학문 및 연구 분야와 창의적인 연결을 만들 준비가 되어 있다.

이 책은 환경지리학의 연구 결과가 학교교육과정 계획과 주제에 대한 교육의 기초를 형성해야 한다는 신념에 기반을 두고 있다. 물론 환경지리학의 어떤 측면을 선택하고 가르칠 것인지에 관해 중요한 결정을 내려야 한다. 이와 같은 결정은 다양한 기준에 따라 이루어지며, 특히 교육학 문제와 관련된 기준이 중요하다. 그러나 현재 학교에서는 이러한 지식에 대한 체계적인 연구의 중요성을 경시하려는 사람들도 있다는 점을 깨달아야 한다. 이와 같은 논리에 따르면, 학교에서 지속가능한 발전을 위한 교육을 가르치려는 움직임을 지리, 과학, 역사와 같은 교과목의 영역 밖에 있다고 해석한다. 지속가능한 발전을 위한 교육을 환경시민성과 관련된 일련의 활동으로만 간주하는 것은 아주 쉽게 찾아볼 수 있다. 이에 반해 이 책은 교과목에는 환경 실천의 기초가 되는 필수 지식, 개념, 이해가 포함되어 있다고 주장한다.

이 장의 목적은 지리학이 인간과 환경 또는 사회와 자연 간의 관계를 어떻게 다루어 왔는지에 관한 기초적인 설명을 독자들에게 제공하는 것이다. 이를 위해 지리학이 인간과 환경의 관계를 이해하는 데 기여한 독특한 공헌에 관해 간략하게 살펴보고자 한다. 지리학자들이 시간이 지남에 따라 인간과 환경의 관계에 대해 더 복잡하고 세밀한 이해를 발전시켜 왔음을 설명한다. 이러한 발전에 대한 지식이 학교 지리에서 무엇을 가르칠지 선택하는 데 기초를 마련해 준다. 이 연구가 전부는 아니며, 독자들은 필립스와 미그날(Phillips and Mignall, 2000), 캐스트리(Castree, 2005), 로빈스 등(Robbins et al., 2010)의 저작에서 더 자세한 논의를 찾아볼 수 있다. 그러나 여기에 제시된 내용은 이 책의 나머지 부분에서 활용되고 발전될 것이다.

초기 발달

지리와 같은 교과의 역사는 사회의 특성 변화와 밀접하게 연관되어 있지만, 그렇다고 사회의 특성만으로 완전히 결정되는 것은 아니다. 존 허클(John Huckle, 1986)은 다음과 같이 주장했다.

> 지리는 자본이 인간과 자연을 점점 더 착취하는 것을 촉진하고 정당화하는 데 적합한 과목으로서 학교교육과정에서 그 자리를 차지했다. 19세기 후반에 지리학이 부활하고, 20세기 초반에 학교에서 지리가 급속히 성장하게 된 것은 자연-사회 관계의 통합을 강조하는 환경주의의 한 형태와 교육과정 계획의 틀로서 자연지역을 채택한 덕분이었다.
>
> (Huckle, 1986: 9)

초기의 여러 지리학 연구는 지리학을 자연과 문화를 통합적으로 연구하는 학문으로 정립하고자 시도했다. 이와 관련하여 영향력 있는 인물 중 하나는 앤드루 존 허버트슨(Andrew John Herbertson, 1865~1915)으로, 그는 1899년 해퍼드 매킨더에 의해 옥스퍼드 대학교 교수로 초빙되었다. 허버트슨의 『인간, 노동, 인문지리학개론(Man and his work, an introduction to human geography)』(1899)에서는 자연환경이 인간 사회에 미치는 영향을 강조했다. 이 책의 첫 문단은 다음과 같다.

> 이 세계는 인간의 거처이다. 지구의 자연적 특징, 기후, 식생, 동물에 대해 우리가 배우는 모든 것은 실질적으로 중요하다. 왜냐하면 이들이 인류를 지금의 모습으로 만든 요소들이기 때문이다. 어떤 지역에서는 인

하나뿐인 지구에 꼭 필요한 비판지리교육학

간을 모험적이고 진보적으로 만들지만, 다른 지역에서는 나태하고 뒤처진 모습으로 만들기도 한다.

(Herbertson and Herbertson, 1899: 1)

이것은 최근 지리학자들이 '도덕적 기후 결정론'이라고 부르는 것의 한 사례이다. 허버트슨은 "기후만큼 다양한 인종의 역사에 큰 영향을 미치는 것은 없다."라고 주장했다. 예를 들어, 열대기후 지역의 울창한 숲과 풍부한 초목은 삶을 지나치게 쉽게 만들었고, 기후는 '활기를 불어넣는' 동시에 '사회발전이 시작되는 공동 목적의 협동'을 자극할 만한 요소가 거의 없도록 만들기도 했다. 북극 지역의 삶은 험난한 투쟁이며, 이 지역 원주민들은 '희망과 에너지를 불러일으킬 만한 것이 거의 없고 무기력하며 기계적인 인내로 되돌아간다'고 한다. 온화한 기후를 누리는 곳에서는 삶이 희망을 꺾을 만큼 어렵지도 않고, '무계획적인 태도'를 부추길 만큼 쉽지도 않으며, 희망과 에너지와 함께 신중함과 절약이 행복하게 조화를 이루고 있다.

이 논쟁들이 중요한 이유는 인간과 환경 간의 관계에 대해 광범위하고 포괄적인 설명을 제공하고자 한 시도로, 지리 교과를 학문적이고 중요한 과목으로 자리 잡게 하는 데 기여했기 때문이다. 학교에서는 방대한 사실과 설명을 지역별 체계로 조직화함으로써 교육과정의 구조화가 더 쉬워졌다. 이러한 생각과 인종 및 제국주의 이데올로기 사이에는 명확한 연관성이 있었으며, 지리학도 이에 연루되었다고 할 수 있다(Marsden, 1996). 그러나 20세기가 진행되면서 지리적 결정론에서 지리적 가능론으로 전환되었다. 따라서 허버트슨은 후기 저서에서 폴 비달 드 라 블라슈(Paul Vidal de la Blache)가 주도한 프랑스 지역지리학파와 관련된 환경가능론의 주장에 확신을 갖게 되었다. '원시 사회'에 대한 심층적인 연구를 통해 인간과 환경 간의 복잡한 관계를 강조했다. 1911년 미국의 인류학자 프랜츠 보애스(Franz Boas)는 『초기 인류의 정신(The mind of primitive man)』을 출판했다. 그 책에서는 유사한 조건에서 살지만 매우 다른 특징을 보이는 여러 집단의 사례를 제시하면서, 인간과 환경의 단순한 관계에 대해 반박한다. 예를 들어, 시베리아 북동부의 에스키모와 척지족(Chuchki)은 북극 환경을 공유하지만, 전자는 사냥과 낚시로 생활하고 후자는 순록 사육을 기반으로 경제를 유지한다.

제2차 세계대전 이후, 학문으로서의 지리학은 과학적 전환을 맞이했다. 이는 리처드 하트숀(Richard Hartshorne)과 프레드 K. 셰퍼(Fred K. Schaefer) 사이의 널리 알려진 논쟁에서 잘 드러난다. 하트숀의 『지리학의 본질(The nature of geography)』(1939)은 지리학자들이 과거의 방식으로 돌아갈 것을 촉구했다. 일반적인 과정과 패턴을 연구하는 다른 학문에 비해, 지리학은 특수하고 독특한 것을 연구하고, '지역 차(areal differentiation)'에 초점을 맞추어야 한다고 강조했다. 셰퍼(Schaefer, 1953)는 지리학이 공간 과학이어야 한다고 주장하며, 이에 대해 이의를 제기했다. "지리학은 지구 표면의 특정 현상의 공간 분포를 지배하는 법칙의 공식화와 관련된 것으로 생각해야 한다."라고 주장했다. 셰퍼는 '과학'의 의미가 무엇인지를 깨닫는 것에 관심을 가졌다. 셰퍼에 따르면, 과학은 신중한 경험적 관찰을 기반으로 하고, 설명을 목표로 하며, 현상의 행동에 대한 일반 법칙을 규명하는 데 관심이 있다. 1950년대와 1960년대에는 '공간 과학'으로서의 지리학이라는 개념이 영향력을 얻게 되었다. 공간 과학으로서의 지리학은 체계적 접근을 강조하며, 다양한 현상을 분리하여 연구했다. 자연지리학에서는 경관 형성에 대한 광범위한 진화론적 설명(W. M. 데이비스의 연구와 관련)에서 '프로세스 연구'에 중점을 두는 방향으로 전환되었다.[8] 1960년대에 인문지리학은 공간 과학으로서의 지리학 개념을 채택했다. 인간의 패턴과 과정은 자연과학의 방법을 사용하여 연구할 수 있

하나뿐인 지구에 꼭 필요한 비판지리교육학

다고 가정했고, 그 결과 '신지리학'의 영향으로 개발된 지리 과목은 자연과학에서 파생된 모델과 이론에 중점을 두게 되었다. 공간 과학으로서의 지리학이 자연에 관한 문제에 미친 영향은 환경이 물리적 용어로 정의되었고, 이는 바로 자연지리학의 영역이 되었다는 점이다.

가치중립적 과학에 대한 도전

1960년대 후반에는 인구 증가, 경제성장, 대량소비가 천연자원의 가용성과 생태계의 보전에 심각한 영향을 미친다는 것이 명백해졌다. 또한 서구 과학이 가치중립적이고 비이데올로기적인 방법으로 작동된다는 생각은 점점 더 도전받기 시작했다. 급진적인 과학운동은 과학이 객관적이고 중립적이기는커녕 오히려 기업국가(corporate state)의 이익을 지지하는 경향이 있다는 점을 입증하려고 했다.

그 결과 1970년대 후반에 이르러 여러 지리학자들이 환경 문제와 환경 문제를 형성하고 만들어 내는 사회를 분리할 수 있다는 관념에 의문을 제기하기 시작했다. 예를 들어, 자연재해의 영향은 경제발전 수준이나 빈곤과 같은 사회적 요인과 관련이 있고, 기근과 세계 기아는 단순히 가뭄의 결과로만 설명할 수 없으며, 사막화 과정은 오로지 기후변화의 결과가 아니라는 것이 분명해졌다. 이러한 방식으로 사회가 환경 프로세스에 관여하고 있다는 것이 널리 인정되었다. 이 시기의 지리학자들은 폴 로빈스(Paul Robbins, 2004)가 '비정치생태학(apolitical ecologies)'이라고 부르는 일련의 이론을 비판하고 거부하게 되었다. 로빈스가 제시한 비정치생태학 중 첫 번째는 '생태 희소성과 성장의 한계'이다. 이는 사회적/생태적 위기의 핵심적 원인이 인구 증가에 있으며, 앞으로도 계속될 것이라는 주장이다. 두 번째는 근대화(modernisation)로,

전 세계의 생태 문제와 위기는 관리, 착취, 보존이라는 근대적인 기법의 부적절한 채택과 실행의 결과라는 견해를 담고 있다.[9] 이에 반대하여 인간과 환경의 관계에 대한 지리적 사고는 정치생태학이라는 간학문적 분야의 관점에 의해 형성되었다. 로빈슨은 다음과 같이 요약한다.

> 비판으로서의 정치생태학은 기업, 정부, 국제기구가 주도하는 환경에 접근하는 방식의 결함을 폭로하고자 애쓴다. 특히 지역 주민, 소외계층, 취약층 인구의 관점에서 정책과 시장 상황의 바람직하지 않은 영향을 입증하려 노력한다. 이는 특정 사회적·환경적 조건을 '탈자연화(denaturalize)'하여 그것이 권력의 우발적 결과임을 보여 주고, 필연적인 것이 아님을 밝히려 한다.
>
> (Robbins, 2004: 12)

이러한 접근 방식의 예는 데이비드 하비의 초기 연구(David Harvey, 1974)에서 찾아볼 수 있는데, 그는 인구와 자원 간의 관계에 대한 신맬서스주의 관점의 과학적 중립성을 비판했다.* 또한 닐 스미스(Neil Smith, 1984)는 자연이 사회적 관계의 현실을 숨기기 위한 이데올로기로 사용된다고 주장하고, 케네스 휴잇(Kenneth Hewitt, 1983)은 자연재해가 단순히 재앙적인 자연의 결과로만 이해될 수 없으며 사회구조와 밀접한 관련이 있다는 것을 보여 주고자 했다. 지리학에서 이러한 접근 방식은 '사회적 자연'이라는 용어로 요약되고, 이는 자연을 그것을 형성하는 사회와 분리할 수 없다는 점을 강조한다. 사회적

---

* 역자주: 데이비드 하비는 지리학계의 구루(Guru)이다. 그만큼 연구가 깊고 방대하여 지리학 전공자들도 면밀히 이해하기 어렵다. 데이비드 하비에 입문하고 싶은 독자는 다음 책을 참조하면 좋다. 최병두, 2016, 데이비드 하비, 커뮤니케이션북스; 김창현, 2024, 시공간 압축, 푸른길.

자연이라는 개념은 자연을 객관적으로 정의하고 연구할 수 있는 '저 밖에(out there)' 존재한다는 주장에 도전한다. 그 대신 자연에 대한 지식은 사회와 관련 없이 얻을 수 없다. 이는 인문지리학자들이 사회와 자연의 관계를 이해하

『우리가 소비하는 것』

자연의 사회적 생산에 대한 이론이 지리교육에 어떻게 영향을 미칠 수 있는지 보여 주는 사례는, 환경 문제를 글로벌 경제에서 차지하는 위치와 연관시키려는 존 허클(John Huckle, 1988~1993)의 『우리가 소비하는 것(What we consume)』에서 찾아볼 수 있다. 브라질을 다루는 단원에서는 경제개발이 열대우림 생태계에 미치는 영향에 초점을 맞춘다. 이러한 활동의 출발점은 열대우림이 지구 생태계의 중요한 부분이고, 귀중한 경제자원을 제공하며, 생물다양성의 독특한 원천이고, 원주민의 삶의 터전이라는 것이다. 문제는 소규모 농부와 대규모 목장주들이 열대우림을 개척하면서 발생하는 삼림 벌채이다. 숲을 개간하면 폭우로 인해 여러 가지 영양분을 포함하는 바이오매스와 얇은 토양이 쉽게 유실되기 때문에 생태적인 문제로 이어진다. 토양 비옥도가 매우 빠르게 저하되고, 농부들은 이주를 해야만 한다. 정치생태학적 이해의 관건은 이 프로세스를 만들어 낸 것이 인간의 탐욕이나 어리석음이라는 생각을 넘어서는 것이다. 특히 소규모 농부의 활동에 대한 비난은 적절하지 않다. 더 복잡한 이해는 브라질 국가의 경제 위기와 수출 지향 경제를 발전시켜 해결해야만 하는 상황과 관련된다. 이러한 의미에서 아마존 열대우림은 외국 다국적기업의 광산, 목재, 목축업에 투자하는 장소가 되었다. 또한 브라질 일부 지역의 심각한 사회적 불평등과 토지 부족으로 인한 사회적 위기는 열대우림의 식민지화가 빈곤과 토지 부족에 대한 해결책이라는 생각으로 이어졌다. 이는 대규모 도로 건설과 이주 계획으로 촉진되었다. 이 모든 프로세스에는 승자와 패자가 존재하며, 환경 문제로 시작된 것은 사실 불평등하고 불공정한 글로벌 경제 질서와 관련된 것으로 더 정확하게 이해해야 한다.

이러한 발전은 환경이 단순히 과학과 기술로 해결할 수 있는 문제가 아니라, 근본적으로 그리고 철저히 사회적·정치적 문제라는 점을 보여 주는 데 중요한 역할을 했다. 환경 문제는 정치경제적·생태적 특성을 동시에 지닌 것으로 다루어져야 한다.

는 데 지배적인 입장이 되었지만, 이 입장에도 논쟁은 여전히 존재한다.

이러한 관념은 1970년대와 1980년대에 학교 지리교육에 영향을 미쳤다. 지리교사들은 전 지구적 문제를 신의 행위로 이해하거나, 저개발국의 경제발전 수준을 순전히 내부 조건이나 특성의 결과로만 설명할 수 있다는 생각을 거부했다. 이 과정에서 지리교사들은 인간과 환경 간의 관계를 연구하는 지리학자들의 통찰력을 활용했다. 환경 문제에 관한 다양한 글을 정리한 팀 오리어던(Tim O'riordan)의 『환경주의(Environmentalism)』(1976)가 영향력 있는 설명 중 하나였다. 그는 환경 이데올로기를 두 가지 관점으로 제시했다. 첫 번째 관점은 기술중심주의(technocentrism)로, 증가하는 환경 문제로 인해 환경 관리 및 계획에 더 많은 관심이 필요하며, 환경과학의 통찰력을 기존의 의사결정 과정에 통합할 수 있다면 큰 사회적·경제적 변화 없이도 환경 위험을 피할 수 있다고 가정한다. 오리어던은 이러한 기술중심주의를 두 가지로 세분화했다. 첫 번째는 '풍요론적 낙관주의(Cornucopian)'로, 현 상태를 유지하는 접근 방식을 취하며, 환경적 한계에 대한 논의는 본질적으로 공포를 조장하는 것에 불과하다고 주장한다. 두 번째는 '환경관리주의자(accommodators)'로, 인간 활동이 환경에 미치는 영향을 줄이기 위해 경제적·입법적·기술적 수단을 활용할 필요성을 인식하는 입장이다. 두 번째 관점은 생태중심주의(ecocentrism)로, 인간의 환경 착취에 대한 잠재적 한계를 인식하고, 이러한 한계 내에서 대안적인 형태의 경제발전을 주장한다. 다시 생태중심주의는 두 가지 이데올로기로 나뉘었다. 첫 번째는 심층생태주의(deep ecology) 혹은 가이아주의(Gaianism)*로, 인류에게 자연의 본질적인 중요성을 인정하

---

* 역자주: 1970년대 초반 영국의 과학자 제임스 러브록(James E. Lovelock)은 '가이아이론'에서 지구를 생물과 무생물이 서로에게 영향을 미치는 생명체로 보면서, 지구가 생물에 의해 조절되는 하나의 유기체임을 강조했다. 하지만 그는 30년 만에 자신의 이론을 대폭 수정했다. 인간이 저지른 환경오염과 생태계 파괴로 지구는 회복 불가능하다는 것이다. 이렇게 가다가는 인류가

고, 자연은 인간의 필요와 관계없이 존중되어야 하는 고유한 권리를 가지고 있다고 주장한다. 두 번째는 자급자족(self-relaince) 혹은 '소프트 테크놀로지(soft technology)'로, 대안적인 형태의 기술을 기반으로 소규모 자립 공동체를 만들어야 한다고 주장한다. 이러한 차이점에도 불구하고 생태중심주의 접근 방식은 대규모 현대 기술과 이에 수반되는 엘리트주의적 전문 지식과 중앙 정부 당국에 대한 불신을 공유한다.

지리학자인 데이비드 페퍼(David Pepper)는 1980년대 중반과 1990년대 초반에 『현대환경론(The roots of modern environmentalism)』(1984)에서 이와 같은 일련의 환경 이데올로기 관념을 더욱 발전시켰다. 이러한 관념은 지리교사들을 위해 존 허클이 도입하여 발전시켰다. 그는 오리어턴의 주장을 발전시켜 환경교육을 환경에 대한 교육(education about the environment), 환경을 통한 교육(education through the environment), 환경을 위한 교육(education for the environment)이라는 세 가지 유형으로 구분했다.*

1980년대 중반에 쓴 글에서 허클은 "생태운동과 새로운 지리 수업이 동시에 등장"했다고 언급했고, 대다수의 지리교사들에게 "공간 분석과 관련된 개념과 기술(technique)이 생태학이나 환경 정치와 관련된 것보다 교육과정 내에서 더 큰 관심을 받았다."라고 지적했다(Huckle, 1983). 공간 과학으로서 지리학의 영향력이 약해지고 환경 문제가 학교 지리에서 자리를 잡으면서, 여러

살아갈 수 없을 것이라며 기존의 주장을 뒤집었다. 지구의 자정능력을 과신한 나머지 과다한 이산화탄소 배출과 오존층 파괴 등 심각한 환경오염을 저질러 온 인간의 능력을 과소평가했음을 인정한 셈이다. 지구가 살아 있는 생명체라는 가이아이론의 종말은 지구의 생명이 다해 가고 있다는 경고의 목소리임이 분명하다. 전국지리교사연합회, 2011, 살아있는 지리교과서1: 자연지리, 239쪽, 휴머니스트; 제임스 러브록 저, 홍욱희 역, 2004, 가이아: 살아 있는 생명체로서의 지구, 갈라파고스.

* 역자주: 서태열, 2003, 지구촌 시대의 '환경을 위한 교육'의 개념적 모형의 재정립, 한국지리환경교육학회지, 11(1), 1-12; 서태열, 2005, 현대 환경주의의 유형과 그 교육적 함의, 지리교육논집, 49, 186-202를 참조하면 환경교육과 환경주의에 대해 더 잘 이해할 수 있다.

지리 수업에서 지리학자가 환경 지식을 이용하여 기존 경제 및 사회 체제를 개혁하고 더 잘 관리할 수 있다고 가정하는 기술중심주의 이데올로기를 반영했다.

사회-자연 관계에 대해 학교 지리교육이 기술중심주의 접근 방식에 집착하면서, 1970년대와 1980년대에 학교에서 발전한 '급진적인' 접근 방식과 불편한 관계를 맺게 되었다. 이 시기에는 기존 교과목의 신성함에 도전하는 일련의 '수식어가 붙는 연구(adjectival studies)'가 등장했다. 평화학, 글로벌 교육, 개발교육, 환경교육과 같은 새로운 과목들은 과거의 교과목에 부분적으로 뿌리를 두고 있다. 기존 교과목은 사회적으로 배타적이었고, 개인과 사회가 직면한 중요한 문제를 제대로 다루지 못한다는 비판을 받았다. 이러한 비판이 새로운 과목의 탄생에 영향을 미쳤다. 평화학, 글로벌 교육, 환경교육 등은 모두 현대 서구 사회의 방향을 비판하는 광범위한 사회운동의 교육적 표현이었다. 보리스 프랭클(Boris Frankel, 1987)은 '탈산업화 유토피아(post-industrial utopians)'라는 개념을 연구하였으며, 그 내용은 다음과 같다.

> 지난 20년 동안 비인간적인 관료주의, 제3세계 민중 착취, 군비경쟁, 위험한 신기술, 안전하지 않은 제품, 비합리적인 보건, 교육 및 교통 시스템, 환경을 파괴하는 경제성장, 기아가 만연한 세계에서 애그리비즈니스(agribusiness)의 추악한 현실에 대한 인도적 대안에 초점을 맞춘 운동, 정당, 저널, 개별 캠페인이 크게 성장했다.
>
> (Frankel, 1987: 6-7)

1970년대 후반부터 지리교육학자들은 지리교육이 얼마나 유해한 태도와 가치관에 기반하고 있는지에 관한 논쟁에 참여했다. 이는 교과서에서 제공되는 재현의 유형, 대안적 또는 '반체제적' 지리학의 개발, 전통적인 지리교육 과정의 인종주의, 성차별, 민족중심주의에 도전하는 자료의 생산에 기반을 두고 있었다. 이러한 접근 방식의 예는 존 피엔과 롭 거버(John Fien and Rob Gerber)가 편집한 『보다 나은 세상을 위한 지리교육(Teaching geography for a better world)』(1988)에서 찾아볼 수 있다. 이 책의 전반적인 목표는 다음 글에서 확인할 수 있다.

> 보다 나은 세상을 위해 지리를 가르친다는 것은 일반적으로 보수적인 교육 접근법의 이데올로기에 도전하고, 특히 지리교육의 목표, 내용, 교수·학습 자료 및 방법을 재고하기 위한 의식적인 결정을 내리는 것을 포함한다. 또한 학교를 통해 선의의 개인을 교육하여, 미래의 유능하고 적극적인 시민으로 성장시킴으로써 사회를 개선하려는 자유주의-진보주의 교육 이데올로기의 여러 측면에 도전하는 것이기도 하다.
>
> (Fien and Gerber, 1988: 7-8)

피엔과 거버는 자유주의-진보주의 교육 이데올로기가 사회, 환경, 경제 문제를 일으키는 데 개인의 역할과 이를 해결할 수 있는 개인의 능력을 지나치게 강조한다고 설명한다.

『보다 나은 세상을 위한 지리교육』은 1970년대와 1980년대의 경제, 사회, 환경 위기에서 비롯되고 이에 대응하는 교육 담론의 한 형태를 대표하는 것으로 널리 알려졌다. 이 시기에 점점 더 글로벌화된 경제는 선진국의 엘리트들에게 부의 집중을 가져왔고, 자유 시장이 '낙수효과'를 통해 발전을 이끌 것이라는 학교 지리에서 제시하는 발전 모델에 도전장을 내밀었다. 제2물결 페미니즘(second-wave feminism)이 등장하고 토착민의 권리를 인정하려는 움직임이 커지면서, 누구의 지리를 가르치고 있는지에 대한 의문이 제기되었다. 또한 일련의 환경 문제에 관한 인식이 높아짐에 따라, 천연자원의 개발과 합리적 관리를 통한 경제성장이 지속될 수 있다는 가정에 도전하게 되었다. 이러한 맥락에서 피엔과 거버의 책(1988)에서 각 장은 학교에서 가르치는 내용이 정치적 관점에서 결코 중립적이지 않다는 점을 명확히 했다.

자연의 사회적 구성

1970년대와 1980년대 자연의 사회적 생산에 관한 논쟁의 가장 중요한 결과 중 하나는 환경 문제 또는 인간과 환경의 관계에 대한 지리적 지식이 가치중립적이라는 주장을 더 이상 무비판적으로 받아들일 수 없다는 것이었다. 헨더슨과 워터스톤(Henderson and Waterstone, 2009)의 주장을 요약하면 다음과 같다.

> 이제는 매우 합리적이고 명백해 보이는 기본 개념은 모든 지식이 특정한 역사적·지리적 상황에 필연적으로 위치한 행위자들에 의해 생산된다는 것이며, 이러한 환경은 지식 생산 수단과 생산된 지식의 유형 모두에 중요한 (종종 인식되지 않는) 영향을 미친다는 것이다.
>
> (Henderson and Waterstone, 2009: 9)

이에 관한 좋은 예로, 학교와 대학에서 연구하고 가르치는 지리적 지식이 대부분 남성의 산물이라는 점을 지적한 페미니스트 지리학자들의 연구가 있다. 잰 멍크와 수전 핸슨(Jan Monk and Susan Hanson, 1982)은 "인문지리학에서 인간의 절반을 배제하는 것"을 피해야 한다고 경고했다. 학교 지리에서 인간과 환경에 관한 이러한 가르침의 함의는 중요한데, 기존 학교 지리에서는 대부분 다양한 유형의 인간들을 구분할 필요가 없다고 가정했기 때문이다. 페미니스트 지리학자들은 장소, 공간, 환경에 대한 여성의 경험에 주목할 필요가 있다고 지적했고, 1993년 지리학자 조니 시거(Joni Seager)는 지구 환경 위기와 함께 페미니즘 용어를 사용한 『어스 폴리스: 페미니스트 관점으로 본 지구 환경 위기(Earth follies: coming to feminist terms with the global environmental crisis)』라는 책을 출간했다. 환경 문제에 대한 페미니스트의 지리적 분석이 필요하다는 이유를 설명하면서, 시거는 자신이 지리학을 공부하면서 느꼈던 몇 가지 중요한 문제를 다음과 같이 제기했다.

> 지리학자로서 물리학과 사회과학을 모두 공부한 덕분에 환경 문제를 물리적 형태로 개념화할 수 있었다. 즉 나는 환경 문제를 물리적 시스템이 스트레스를 받는 문제로 이해하게 되었다.
>
> (Seager, 1993: 2)

시거는 환경 문제에 관한 대중매체의 재현이나 지리학자로서의 전문적 훈련은 기름 유출, 오존층 파괴, 열대우림 벌채와 같은 환경 문제의 배후에 있는 '행위자, 제도, 과정에 대해 질문을 던지도록 장려'하지 않는다고 지적한다.

> 그러나 환경 위기는 단순히 물리적 생태계의 위기가 아니다. 환경 위기의 진짜 이야기는 권력과 이익, 정치적 다툼에 대한 것이고, 환경 파괴의 조건을 만드는 제도적 장치 및 환경, 관료적 제도와 문화적 관습에 관한 이야기이다.
>
> (Seager, 1993: 3)

이 출발점에서 시거는 물리적 시스템을 착취하고 남용하려는 이념, 제도, 실천을 탐구한다. 페미니스트로서 그녀는 가부장제가 남성 엘리트의 이익을 보호하고 재생산하는 구조적 시스템으로서 군대, 비즈니스 엘리트, 그리고 생태학적 권위의 형성과 어떻게 연결되어 있는지에 주목하며, 여성들의 목소리와 경험이 무시되거나 배제되는 방식을 비판한다. 시거는 환경이 일상생활의 평범함을 넘어서는 별개의 영역이 아니라는 중요한 통찰력으로『어스 폴리스』를 마무리한다.

> [⋯] 일상의 평범함을 뛰어넘었다. 대신에 우리의 환경 문제를 형성하는 권력과 통제 관계는 남성과 여성, 그들과 제도 사이의 일상적이고 평범한 관계의 연장선상에 있다.
>
> (Seager, 1993: 282)

이는 학교 지리교육의 관점에서 환경 문제를 가르칠 때 학생들의 일상적인 경험에서 시작해야 한다는 것을 시사한다. 다양한 지리적 지식과 관점이 존재한다는 생각은 1990년대에 인문지리학에서 이른바 포스트모더니즘적 전환이 이루어지면서, 지리학자들이 자연과 사회의 관계를 개념화하는 방식에 영향을 미친 것과 맞닿아 있다. 간단히 말해, 포스트모던 지리학은 독립적으로 연구하고 조사할 수 있는 '실제' 환경이 저 밖에 존재한다는 개념 자체에 도전했다. 우리가 자연으로 보는 것은 우리 사회에 의해 형성된 것이며, 자연은 사회적 구성물로 보아야 한다.[10] 지리학자들이 자연을 이해하는 방식에서 재현(representation)과 내러티브(narrative)의 개념은 점점 더 중요해지고 있다. 이 개념은 윌리엄 크로논(William Cronon)의 연구에서 살펴볼 수 있다. 『언커먼 그라운드(Uncommon ground)』(1996)는 자연이 사회적 구성물이라는

하나뿐인 지구에 꼭 필요한 비판지리교육학

개념을 발전시키는 데 중요한 이정표로 여겨진다. 캔디스 슬레이터(Candace Slater)의 『뒤엉킨 에덴(Entangled Edens)』(2003)은 삼림 벌채와 종 보존과 같이 시적이지 않은 것처럼 보이는 문제를 더 잘 이해하는 데 도움이 되는 단어와 이미지를 체계적으로 조사하는 '아마존 중심 시학'에 대한 연구이다. 환경에 대한 언어는 중요하다. 슬레이터의 주장처럼, '세계의 허파'로 상상되는 것은 '세계의 심장'과는 다른 반응을 불러일으키며, 뒤엉킨 정글이 아닌 에덴으로 여겨지는 것이다. 그녀는 이러한 재현의 역사를 추적한다.

이것은 정치생태학이 환경 파괴의 설명 요인으로서 전능한 자본주의에 우선적으로 초점을 맞추고, 환경 변화에 대한 '거대 서사(grand stories)' 또는 메타내러티브(metanarrative)를 강조하는 경향을 비판하는 탈구조주의(post-structuralism) 사상의 발전과 밀접한 관련이 있다. 환경 정설(environmental orthodoxies)이 발전하는 방식을 탐구하는 두 가지 연구 사례로는 스토트와 설리번(Stott and Sullivan)의 『정치생태학: 과학, 신화 그리고 권력(Political ecology: science, myth and power)』(2003)과 포사이스(Forsyth)의 『비판적 정치생태학(Critical political ecology)』(2003)이 있다. 스토트와 설리번은 환경 문제의 범위와 원인에 대한 과학적 증거가 거의 없거나 이러한 서술과 모순되는 증거가 있을 수 있음에도 불구하고, 환경 문제의 범위와 원인에 관한 강력한 생각이 발전하고 우위를 점한다고 주장한다. 이러한 내러티브는 '헤게모니 신화'의 형태를 취하며, 그 기원은 북반구, 중산층, 백인, 앵글로색슨족, 남성으로 보인다. 이는 다음과 같이 중요한 질문으로 이어진다.

- 환경 내러티브를 누가 결정할까?
- 그러한 내러티브는 국제 관계 담론 속에서 어떻게 통용될 수 있을까?
- 어떤 대안이 있을까?

스토트와 설리번(2003)이 선호하는 접근 방식은 열대우림이 '세계의 생물학적 경이'이고, 열대우림 벌채는 '나쁜' 일이며, 열대우림이 파괴되면 우리 모두가 고통받을 것이라는 허클의 분석에 이의를 제기할 수 있는 근거가 된다. 실제로 스토트(2001)는 '열대우림'은 경관을 보고 해석하는 특정 방식의 결과물인 발명품이라고 주장한다. 그는 "열대우림은 북반구 선진국으로부터 남반구 저개발국, 국가와 국가, 사람과 사람에 따라 다양한 가치를 지니고 있다."라고 지적한다. 어떤 사람들에게 열대우림은 저개발과 낮은 발전 수준의 징표이지만, 다른 사람들에게는 지구 전체의 생태와 생존에 필수적인 존재이다. 중요한 질문은 다음과 같다. 변화하는 세상에서 열대우림에 관한 의사결정을 내릴 때 누구의 가치가 더 중요할까?

이 질문에 대한 답으로, 스토트와 설리번(2003)은 1980년대 중반 이후 열대우림 파괴에 관한 현대의 우려가 북반구 중산층의 가치와 관심에 의해 주도되고 있다고 제시한다. 이들은 열대우림 보존을 글로벌 안정 의제의 핵심 요소로 보고, 이 의제에 동의한 후 자신들의 주장을 강화하기 위해 과학적 신화를 만들기 시작했다고 주장한다. 이러한 신화는 현재 패러다임의 '작은 녹색 거짓말'이다. 이 신화의 이면에 있는 근본적인 목표는 우리가 단순히 열대우림을 원하거나 좋아하는 것이 아니라, 정말로 필요하다고 믿게 만드는 것이다.

- 열대우림은 지구상에서 가장 복잡한 생태계가 아니다. 복잡성을 어떻게 정의하느냐에 따라 이 타이틀을 차지하기 위한 수많은 경쟁자가 있다.
- 열대우림은 수백만 년 된 것이 아니다. 화석 기록에 따르면, 현재 '열대우림'의 대부분은 마지막 빙하기가 절정에 달했을 때 가뭄과 화재, 추위를 겪은 1만 8,000년 전 이후로 형성되었음을 분명히 알 수 있다.
- 캐노피(canopy) 아래의 식물 다양성은 실제로 매우 낮다.

하나뿐인 지구에 꼭 필요한 비판지리교육학

- 열대우림은 세계의 허파가 아니다. 실제로 대부분의 열대우림은 분해 과정으로 인해 산소를 배출하는 양만큼, 심지어는 내놓는 산소보다 더 많은 산소를 소모하는 경향이 있다.
- 열대우림은 토양침식을 방지하는 데 필수적인 것으로 묘사된다. 어떤 경우에는 사실일 수 있지만 그렇지 않은 경우도 있으며, 초원 생태계가 토양침식을 방지하는 데 더 효과적일 수도 있다.

(Moore et al., 1996)

무어 등은 이 '작은 녹색 거짓말 행렬'이 열대우림의 본질적인 정치생태학과 관련된 세 가지 주요 목적을 가지고 있다고 주장한다.

- 남반구 저개발국의 자원 지배권을 유지하려는 북반구 선진국의 욕망
- 남반구 저개발국에서의 생태적·경제적 변화가 북반구 선진국의 정치적 안정을 저해할지 모른다는 우려
- 현재 패러다임이 의제로 채택하고 있는 문제에 관한 연구를 위해 지속적인 연구비를 확보하기 위한 과학자들의 '필사적인 노력'

글로벌 환경 변화는 현대의 우세한 친환경 패러다임 중 하나로, 현재의 과학적 의제를 창출하고 특정한 해결책을 요구한다. 그러나 모든 과학은 정치적 맥락 속에서 작동하며, 이러한 맥락을 해체할 필요가 있다. 이것이 정치생태학의 주제로, 다음과 같은 중요한 질문을 던진다. 누가 실제로 글로벌 환경 변화를 의제에 올렸는가? 왜 그렇게 했는가? 이 의제는 부자와 가난한 사람, 남반구와 북반구, 과학자와 일반인 모두가 동의하고 공유하는 것인가?

자연의 사회적 구성에 초점을 맞춘 이러한 주장에 관한 반응 중 하나는, 실

제로 존재하는 '진짜' 자연의 존재에 대한 의문을 제기함으로써 환경 회의론자와 기후변화 부정론자들이 환경 문제가 서구의 신화라고 주장하는 견해에 신빙성을 더해 줄 수 있다는 것이다. 자연의 사회적 구성론의 문제 중 하나는 '실제' 자연에 무슨 일이 일어나고 있는지에 대한 합의에 도달할 가능성을 부정하는 것처럼 보인다는 것이다.

> [사회적 자연] 주장은 실제로 우리를 무력하게 만들 수 있다. 왜냐하면 그것이 명백히 우리가 자연에 대해 적절하게 행동하는 것을 방해하기 때문이다. 예를 들어, '지구온난화'가 단순히 대기과학자들이 연구비를 많이 확보하기 위해 만들어 낸 신화에 불과하다면, 우리는 온실가스의 '실제' 영향을 결코 알 수 없기 때문에, 대기를 오염시켜도 괜찮다는 결론에 이를 수 있다.
>
> (Castree and Braun, 2001: 16-17).

그러나 이는 대부분 사회적 자연 관점에서 연구하면서도 자신들의 분석에서 물질성과 정치적 성격을 신중히 고려하는 지리학자들의 연구를 정당하게 평가하지 못한다.

● 탐구 질문

1. 여러분이 학교에서 환경 문제를 가르칠 때 '거대 서사(grand narratives)'를 뒷받침하는 것이 있나요? 이러한 거대 서사를 해체한다는 것은 어떤 의미일까요?

동물지리학

자연과 사회를 다루는 최근 연구에서 또 다른 중요한 흐름은 동물지리학에 대한 관심의 대두이다.* 동물지리학에서는 지리학 연구가 동물과 비인간 세계의 행위 주체성(agency)을 무시하는 경향이 있다는 점을 강조한다. 이는 종들의 공존을 인정하는 새로운 정치의 발전과 연관되어 있다. 지리학에서 이러한 사상을 가장 쉽게 소개한 책 중 하나는 제니퍼 월치와 조디 에멜(Jennifer Wolch and Jody Emel)의 『동물지리학(Animal geographies)』(1998)이다. 이 책의 전제는 동물이 인간사의 구조에 없어서는 안 될 존재이며, 진보와 좋은 삶이라는 우리의 비전에 너무 얽매여 있어 우리는 동물을 온전하게 볼 수 없었다는 것이다(심지어 보려고조차 하지 않았다). 하지만 이제 인간의 실천은 동물계와 지구 환경 전체를 전례 없이 위협하고 있다. 이는 동물과 인간의 관계를 다시 생각해 볼 수 있고 필요한 공간을 만들어 냈다. 월치와 에멜은 지리학이 자연과 사회의 관계를 탐구한 오랜 전통을 가지고 있을 뿐만 아니라, 근대성과 사회 이론에 대한 대응으로 발전해 왔다고 지적한다. 이 책에서는 '공간과 장소 구성의 중심 주제로서 동물을 조명'한다. 이 책은 네 가지 주요 주제를 중심으로 구성되어 있다. 첫 번째는 동물의 행위 주체성과 인간의 아이덴티티가 어떻게 형성되고 상호의존적인지를 다룬다. 이는 동물과 인간이 어떻게 서로 밀접한 관계를 맺으며 살아가는지, 때때로 인간과 동물의 경계

---

* 역자주: 최근 지리학계에는 동물지리학에 관한 논의가 활발하다. 다만, 학문적 지리학 수준의 내용이 많다. 중·고등학생이 읽으면 좋을 동물지리에 관련해서는 남종영 작가의 저서가 적절하다. 남종영, 2022, 안녕하세요, 비인간동물님들!, 북트리거; 남종영, 2022, 동물권력, 북트리거; 남종영, 2024, 다정한 거인, 곰출판.
지리교사들이 쓴 동물지리 교양서도 있다. 한준호 외, 2024, 생태시민을 위한 동물지리와 환경이야기, 롤러코스터.

가 어떻게 사회적·정치적으로 규정되는지를 살펴본다. 이러한 동물-인간 관계는 더 넓은 동물 신체의 정치경제 안에 위치한다. 마지막으로, 이러한 모든 관계는 윤리적 관점에서 검토의 대상이 된다.

이러한 분석은 사회 이론에서 '동물적 순간(animal moment)'이 발생한 이유에 흥미롭고 유익한 통찰을 제공하며, 이는 경제적 문제 및 발전과 밀접하게 연결되어 있다.

> 지난 20년 동안 동물 경제는 더욱 집약적이면서 동시에 광범위해졌다. 동물의 생명 하나하나에서 더 커다란 이윤이 창출되는 반면, 동물 기반 산업의 범위는 개발도상국 대부분을 포함할 정도로 커졌다.
>
> (Wolch and Emel, 1998: 2)

여기에는 경제 글로벌화 과정과 이에 따른 세계 식단의 변화, 경제개발과 서식지 파괴, 야생동물 거래, 생명공학산업의 출현과 동물의 유전자조작 등이 구체적으로 포함된다. 이러한 경제발전은 인간의 동물 이용에 대한 다음과 같은 의문을 제기했다.

> 대규모 환경 파괴와 종의 멸종 위협, 경제의 글로벌화에 따른 수십억 마리의 동물 상품화로 인해 동물을 둘러싼 정치가 격동하고 있다.
>
> (Wolch and Emel, 1998: 8)

이러한 동물 정치는 다양하고 복잡하다. 자연보호, 야생 및 야생동물 보호, 개별 동물이 고통받아서는 안 된다는 생각에 기반한 동물 복지를 향한 움직임이 있다. 이와 같은 유형의 정치는 점점 더 사람들이 먹는 음식의 종류와

하나뿐인 지구에 꼭 필요한 비판지리교육학

생산 조건에 관한 논쟁과 연결되고 있다.

동물 정치는 서구의 근대성 비판을 중심으로 한 사회 이론의 발전과 연관될 수 있다. 역사적 시기로서의 서구 근대는 과학, 기계 기술, 산업 생산 방식의 급속한 발전으로 인해 전례 없는 생활수준, 무생물에 대한 의존, 국민국가의 정치체제, 대규모 관료제의 부상으로 이어졌다. 1970년대에 이르러 근대성의 유산과 근대주의적 지식 형식은 심각한 공격을 받았다. 비평가들은 근대성의 성과가 인종, 계급, 젠더 지배, 식민주의와 제국주의, 인간중심주의, 자연 파괴에 기반을 두고 있다고 주장했다. 이는 '문화적 전환', 주체의 탈중심화, 이원론 비판, 서구 진보에 대한 근대적 신화의 폭로 등에 반영되어 있다. 우리는 이러한 우려의 정치적 성격에 주목해야 한다. 분명히 동물이 윤리적·도덕적 관심사에서 배제되어 온 방식을 지적하는 분석은 이를 바로잡고자 한다. 월치와 에멜은 "우리의 정치 프로젝트는 다양한 형태의 공유 공간을 만드는 것"이라고 말한다.

> 감정적 참여의 장벽이 약화되고 물질적·문화적 자원을 둘러싼 경쟁이 치열해지며, 글로벌 자본주의가 확대됨에 따라, 어떤 형태로든 사회적·경제적·생태적 균형을 유지하기 위해서는 민주적 의사소통과 의사결정이 절대적으로 필요하다. 우리에게 21세기를 위한 진보적 정치 구축은 비판적 분석과 함께 포용적이고, 배려하며, 민주적인 캠페인에 대한 헌신을 결합하여 인간과 동물을 모두 포괄할 수 있는 정의(正義)를 추구하는 것을 의미한다.
>
> (Wolch and Emel, 1998)

● 탐구 질문

1. 여러분이 학교에서 가르치는 수업계획서, 강의계획서를 분석해 보세요. 동물의 비가시성을 얼마나 반영하고 있을까요? 동물의 중요성을 반영한 지리를 가르친다는 것은 무엇을 의미할까요?

탈자연

마지막으로, 이 절에서는 지리적 사고를 특징짓는 사회−자연 이원론에 문제를 제기하는 캐스트리(Castree, 2005)가 '포스트−자연(post−nature)' 지리라고 부르는 지리학의 발전에 관해 언급한다. 이러한 접근 방식의 좋은 예는 화이트와 윌버트(White and Wilbert)의 『테크노네이처(Technonatures)』(2009)라는 책에서 찾을 수 있다. 이 책은 강력한 힘을 가진 대립과 구별(유기농 대 합성물, 인간 대 동물 또는 기계, 자연 대 기술 등)을 중심으로 구성된 비판적 담론이 최근 들어 유지되기 어려워졌을 뿐만 아니라 정치적으로도 훨씬 덜 바람직해졌다는 암묵적 인식에서 출발한다. 우리의 삶은 점점 더 자연과 기술의 복잡한 혼합물로 변해 가고 있다(자동차를 생각해 보자). '테크노네이처'라는 용어는 이러한 복잡성에 주목하며 고안되었다. 이는 레이먼드 윌리엄스(Raymond Wil-liams)가 『키워드(Keywords)』(1976)에서 '자연', '문화', '기술'과 같은 단어는 사회 변화에 따라 그 의미가 변화한다고 주장한 것과 관련이 있다. 따라서 '테크노네이처'라는 용어는 자연을 더 이상 사회적·기술적 실천과 무관한 공간으로 볼 수 없다는 것을 의미한다. 또한 이는 자연이 인간화되는 정도를 의미하며, 브라운과 캐스트리(Braun and Castree)와 관련된 사회적 자연이라는 개념의 발전을 나타낸다. 따라서 테크노네이처는 '현대의 자연 정치에 대해 생각하기 위한 조직적인 신화이자 은유'이며, 점점 더 다양한 목소리를 강조한다.

우리는 다양한 사회적 자연을 갈수록 더 많이 경험하고 있으며, 우리 세계에 대한 지식은 이러한 사회적 자연 내에서 점점 더 기술적으로 매개되고, 생산되고, 실행되고, 논쟁되고 있다. 더욱이 다양한 사람들이 자신이 더 다양한 사물과 얽혀 있는 것을 발견하거나 인식하고 있다.

(White and Wilbert, 2009: 6)

쉽게 이해할 수 있도록 간단한 사례를 들어 보겠다. 나는 최근 영국 남서부에 있는 콤마틴 야생동물과 공룡공원(Combe Martin Wildlife and Dinosaur Park)[11]이라는 관광 명소를 방문했다. 이곳에서 당황스러운 경험을 했다. 이 공원은 한적한 계곡 옆에 위치하며, 경제적으로 불안정한 농업 용도로 사용되던 과거의 모습에서 벗어나 다각화된 형태를 보여 준다. 이 산비탈에서 이전에 볼 수 있었던 동물들은 더 이국적인 종들로 대체되었다. 이곳에는 사자, 캥거루, 원숭이, 바다사자, 늑대 등이 있다. 이 공원은 다양한 보존 프로젝트에 참여하고 있다. 공원 입구에서는 '실물 크기'의 기계 공룡들이 매시간 살아 움직이며 포효하는 모습을 볼 수 있다. 영화 '쥐라기공원'을 연상시키는 이 공룡들은 쇠사슬에 묶여 있다. 아이러니하게도 이는 전체 야생동물 공원에 대한 비판을 암시하는데, 우리가 돈을 내고 관람하는 동물들도 영화에서 공룡이 겪는 것과 같은 포획, 운송, 전시의 과정을 겪었기 때문이다. 따라서 인간이 경제적 가치를 추출하기 위해 자연을 착취하는 것이 '당연한 대가'를 받을 수 있느냐는 문제를 제기한다. 여러 면에서 야생동물과 공룡공원은 자연이 '축적 전략(accumulation strategy)'으로 이용되는 방식에 대한 닐 스미스(Neil Smith, 2007)의 논의를 보여 주는 사례이다. 스미스는 1980년대와 1990년대부터 새로운 '생태적 상품들'이 엄청나게 많이 시장에 등장했다고 지적한다. 아이러니하게도 이 상품들은 1960년대 환경운동의 성공 덕분에 존재할 수 있었다. 이러한 상품들은 자연을 기호로 여기는 개념에 의존하여 그 교환가치를 형성한다.

> 녹색 자본주의는 자본주의의 자연 착취가 환경에 미치는 영향을 완화하는 수단으로 선전되기도 하고, 지속적인 착취를 위한 환경적 미사여구에 불과하다는 비판을 받기도 하지만, 이러한 명제의 진위가 무엇이든 '녹색 자본주의'의 의미는 훨씬 더 심오하다. 그것은 생태적 상품화, 시장화, 금융화를 위한 주요 전략이 되었으며, 이는 자연으로의 자본의 침투 즉, 자본에 의한 자연의 포섭을 급격히 심화시킨다.
>
> (Smith, 2007: 17)

● 탐구 질문

1. 여러분은 '테크노네이처'라는 용어를 무엇이라고 생각하나요? 수업에 활용할 수 있는 테크노네이처의 사례가 있을까요?

맺음말

지리학자들이 사회와 자연의 관계에 관한 지식과 이해를 어떻게 발전시켜 왔는지를 다룬 이 논의는 학교교육과정 계획에 중요한 시사점을 준다. 특히 이는 '지리적 사고'가 교사들이 학생들의 지식을 심화시키고, 이러한 문제에 대한 이해를 넓히는 데 사용할 수 있는 일련의 틀과 관점을 제공한다고 제안한다.

마지막으로, 현재 학교 지리에서 인간-환경 또는 사회-자연의 문제를 다루는 방식을 요약하면 유용할 것이다. 첫째, 과학의 방법과 접근법을 사용하여 객관적으로 연구할 수 있는 물리적 세계 또는 자연이 존재한다고 가정하는 자연지리학이 있다. 이는 학생들이 특정 지형과 환경을 형성하는 프로세스에 대해 배우는 학교 지리에서 잘 드러난다. 오늘날 지리 수업에서 자연지리학이 광범위한 인문적 맥락의 고려 없이, 자연적 프로세스가 발생한다고 가정하는 경우는 거의 없다. 이러한 방식으로 인간은 자연환경에 영향을 미치는 것으로 간주되며, 종종 물리적 시스템을 파괴하는 방식으로 영향을 미친다. 사회와 자연 간의 갈등이 심화되는 이유는 일반적으로 인구 증가와 생활 수준 향상으로 인한 자원 사용 증가에 대한 욕구로 설명된다(예를 들어, 해안가에 살고 싶은 욕망은 해안 시스템의 변형으로 이어진다). 하지만 이러한 유형의 환경지리학에서는 사회를 형성하는 프로세스보다는 자연환경에서 작동하는 프로세스에 훨씬 더 중점을 두는 경향이 있다. 이로 인해 사회의 작동 방식에 관해 지나치게 단순화된 진술이 나오기 쉽다(예를 들어, 학생들은 열대우림 생태계의 작동 방식에 대해서는 여러 상황을 고려하여 비교적 복잡하게 이해할 수 있지만, 브라질 사회가 숲에 압력을 가하는 방식에 대해서는 제한적으로만 이해하게 될 것이다).

이 장에서 논의된 학문적 지리학의 사회와 자연의 관계에 관한 접근은 여러 인문지리학자들이 지속가능한 발전과 관련된 합의 정치(consensus politics)에 대해 거부감을 가지는 이유를 제시한다. 이는 지속가능한 발전이 지나치게 단순한 진보와 종결의 이야기를 낳기 때문이다. 이어지는 2부에서는 자연재해, 인구, 자원, 음식, 도시, 경제, 기후변화, 교통 등 일반적으로 가르치는 지리적 주제에 대해 살펴보고자 한다.

여러분은 학생들이 환경을 생각하는 시민으로서 행동하는 방법보다, 지리학
자들이 사회와 자연의 관계를 이해하는 방법을 배우는 것이 더 중요하다는
주장에 관해 어떻게 생각하나요?

2부

주제

4장

피할 수 없는 생태학?

도입

대부분의 지리학자들은 양심에 거리낌 없이 자신의 연구를 하는 것처럼 보인다. 연구할 때 지리학자의 자화상은 좋은 일을 하는 사람으로 보인다. 지리학자들 사이의 논의에 귀를 기울이면, 다른 사람들보다 더 잘 알고, 따라서 자신을 위해 결정을 내리기보다 다른 사람을 위해 더 나은 결정을 내릴 수 있는 선의를 가진 관료의 관점에서 논의가 전개될 가능성이 높다.

(Harvey, 1974: 22)*

---

* 역자주: 실증주의와 논쟁하던 과정에서의 논문이다. 적실성이 높다(relevant)는 말은 어떤 공공정책이 현실에 적합한 것인가를 염두에 두고 했다. 현실을 개선하기 위한 공공정책은 무엇이냐는 질문을 두고, 실증주의자들과 비판주의적 입장에서 내세운 공공정책의 유형이 다르다는 점을 강조하려고 했다. 실증주의가 내세운 것은 중산층 이상에게 도움이 되는 공공정책이고, 하층민에게 도움이 되지 않는다는 점을 하비는 비판하려고 했다.

1974년, 데이비드 하비(David Harvey)는 「어떤 유형의 공공정책을 위한 어떤 유형의 지리학인가?(What kind of geography for what kind of public policy?)」라는 제목의 글을 썼다. 하비는 학문으로서의 지리학이 국가의 관심사에 어떻게 통합되었는지를 논의했다. 하비에 따르면, 1930~1970년대에 교육은 '국익'에 기여하는 인재를 양성하는 데 점점 더 초점을 맞추게 되었다. 예를 들어, 대학에서는 도시, 지역 및 환경 관리 분야에서 교육받은 지리학 전공자를 배출했다. 교육은 갈수록 기술 역량 훈련으로 여겨졌다. 이러한 경향은 하비가 선호하는 지리학자의 이미지로 제시한 선의를 가진 관료의 이미지와 모순되는 것처럼 보이지만, 지리학에서의 인간주의는 부의 창출에 필요한 대항마로 발전했다. 지리학에서 인간주의는 대학에서 번성하고 번영했으며, 하비는 인간주의가 위협받고 있다고 생각했지만, 도시 및 환경 관리 기술에 관한 관심이 지리학자들을 사회 개혁 및 복지와 관련된 다른 인간주의적 사상과 접촉하게 했다고 주장했다.

하비는 경제적 접근과 인간주의적 접근이라는 두 가지 흐름이 긴장 관계에 있지만, 개별 수준에서는 '사실'과 '가치'를 분리하는 전략을 통해 해결될 수 있다고 주장했다. 지리학이 과학이므로 사실과 모델에 관심이 있다면, 우리는 인간주의를 개인적인 의견으로 치부하여 지리학 외부에서는 표출할 수 있지만 내부에서는 표현할 수 없다. 그러나 하비는 이러한 접근 방식의 문제점은, 1960년대 후반부터 과학은 가치중립적이라는 생각이 이데올로기로서의 과학이라는 관점에 의해 도전을 받았다는 점이라고 지적했다. 즉 적실성이 높은 지리학(relevant geography)을 둘러싼 논쟁이 실제로 적실성이 아니라 무엇이 적실성이 높은 지리학이고, 누구에게 적실성이 높은가에 관한 것이냐는 질문으로 변모했다는 것을 의미한다. 지리학자들은 자본과 기업국가의 이익에 봉사해야 하는가, 아니면 다른 이익에 봉사해야 하는가? 다시 말해,

어떤 유형의 공공정책을 위한 어떤 유형의 지리학인가?

적실성(relevance)에 대한 문제는 오늘날 학교 지리 논의에서 강하게 나타난다. 교사와 교육과정 계획자는 일상적으로 학생들의 삶과 관련된 주제를 가르쳐야 한다고 말한다. 하비는 당시의 지리학이 강력한 집단(지배 엘리트)의 이익을 위해 시장경제를 관리할 수 있는, 기술적으로 효율적인 관료 체제를 만드는 데 기여했다고 주장했다. 따라서 그것은 엘리트 집단의 필요와 관련이 있었지만, 하비가 더 넓은 공공의 이익이라고 생각한 것과는 관련이 없었다. 예를 들어, 학생들에게 사회적 불의나 생태적 부조화에 대해 어떻게 해야 하는지 가르치지 않았으며, 이는 현재의 학교 지리가 누구와 관련이 있는지에 대한 의문을 제기한다.

1980년대에 소수의 지리교육학자들이 하비의 주장을 받아들여 학교 지리교육과정과 관련하여 탐구했다. 당시 어떤 일이 벌어지고 있었는지를 이해할 필요가 있다. 사회의 모든 집단이 전반적으로 부와 복지가 발전하고 있다고 가정했던 사회적 합의가 붕괴되고 있었다. 1976년 제임스 캘러헌 노동당 총리는 이른바 '대논쟁(Great Debate)'이라 불리는 취임 강연을 했다. 그는 그 강연에서 교육이 고용주의 요구를 충족시키지 못하고 있다고 주장했다. 그는 교육이 더 직업과 관련되고 직업 세계에 맞추어져야 한다고 주장했다. 게다가 사회는 더욱 폭력적이고 무질서한 곳으로 변해 가는 듯했다. 경건하지 않은 미디어 문화 앞에서 어른들의 권위가 약화되는 것처럼 보였고, '청소년의 위기'라는 말이 떠돌았다. 1970년대가 끝나고 1980년대가 시작되면서 경제 불황으로 인해 청년 실업률이 높아지고, 사회적 불평등이 급격히 증가했으며, 도심의 긴장과 환경 악화로 교사와 학교는 점점 더 자본의 요구에 맞는 교육과정을 개선하라는 요구를 받았다. 교육은 더 직업적이고 기본 기술에 초점을 맞추어야 했다. 일부 지리교사들, 특히 대도시에서 가르치는 교사들은 학교 지리교육이 분열된 사회에서 자라는 학생들의 삶과 동떨어져 있다고 느끼며 그 적실성에 의문을 제기했다. 그중 하나가 바로 생태적 이슈의 대두였다. 원자력발전, 집약농업, 공장 폐쇄 등은 예전 지리교육과정에서 다루기에는 한계가 있는 것처럼 보였다.

이 '급진적인' 지리교사들은 지리 수업이 현실을 중립적으로 재현한다는 생각에 도전했다. 예를 들어, 데이비드 페퍼(David Pepper)는 『현대환경론(The roots of modern environmentalism)』(1984)의 결론에서, 사회적·생태적으로 균형 잡힌 세상을 실현하기 위해서는 교육이 가장 큰 자원이라는 주장(1973년 녹색 경제학자 E. F. 슈마허의 제안*)에 반대했다. 대신에 하비의 주장에 동의하며, 페퍼는 교육이 자본주의 사회의 필요에 맞추어져 있으며 사회와 자연에 대한 이데올로기적 관점을 홍보한다고 강조했다.

페퍼에 따르면, 교육이 이렇게 하는 주요 방법 중 하나는 **생략**이다. 교육은 종종 비판적 인식을 촉진하고 새롭고 창의적인 방식으로 사고하는 능력을 장려하지 않기 때문에, 기술적인 방법을 강조하면서도 가치와 도덕성을 고려하는 것을 간과한다. 따라서 학생과 교사가 기존의 통념에 의문을 제기하는 것을 장려하지 않는다. 학교교육과정에서 경험주의 과학의 이념과 방법은 엄청난 영향을 미치며, 이는 사실과 가치를 분리하도록 조장한다. '사실'은 학자가 전문적으로 추구하는 정당한 대상인 반면, 가치는 여가 시간에나 나눌 개인적인 의견으로 치부되고 만다.

하지만 이데올로기 교육은 단순히 생략의 문제가 아니다. 또한 페퍼는 교육에서 가르치는 지배적인 사상은 사회의 강력한 자본주의 집단의 생각을 담고

---

* 역자주: 슈마허(E. F. Schumacher)는 교육이 인간의 대담하고 진취적이며 건설적인 행위를 유지하고 강화해 줄 뿐만 아니라, 자연에 대한 경외감 또한 가르쳐 주므로 가장 위대한 자원이라고 주장한다. 따라서 "좀 더 생태적·사회적으로 조화로운 최선의 길을 제시하는 가장 좋은 방법이 교육에 있다."라고 주장한다.

있다고 주장한다. 이 집단은 기업국가로 대표된다. 교육은 '국익'을 위해 무엇이 옳은지에 대한 정보를 개인에게 전달하는 데 이용된다. 기업국가와 마찬가지로 교육도 합리성과 효율성의 윤리가 지배하며, (1) 경쟁과 경제성장 강화, (2) 경제의 주기적 위기 관리, (3) 불만 무력화 또는 억제 등을 통해 기업국가의 이익을 증진하고자 한다. 이러한 과정은 사회의 사회적·정치적 조직에 대해 심도 있게 생각하는 것을 간과하거나 억제함으로써 이루어진다. 더 적극적으로는 자본주의 이데올로기를 지지하는 특정 가치를 가르치는 것일 수도 있다(예를 들어, 지리 수업에서는 학생들에게 기업가로서 공장의 최적 입지를 결정하도록 장려하거나, 기업이 오염을 줄이는 방법을 스스로 결정해야 한다고 가정한다).

교육과정의 내용뿐만 아니라 학습활동은 학생들이 직업 세계의 요구에 대비할 수 있도록 구성된다. 교육과정은 '전문가'에 의해 작성되고 상부에서 내려온다. 교과목은 세상을 능동적으로 읽고 쓰는 과정이 아니라, 합의된 지식을 전달하는 패키지 또는 상품으로 제시된다. 학습활동은 단편화되고 표준화되며 일상화되어 있다(일부에서는 대학교육에서도 이러한 현상이 점점 더 심해지고 있다고 주장한다). 외부에서 부과된 교육과정 목표는 표준화되고 단편화된 방식으로 수행되며, '지식'은 상품의 지위로 격하되어 다소 수동적인 학생들, 즉 '고객'에 의해 소비된다.

그 결과 대다수의 학생들은 교실과 지리 수업에서 많은 시간을 보내지만, 자신의 삶을 형성하는 사회적·정치적 힘에 대해 현실적으로 이해하지 못한 채 졸업하게 된다. 페퍼는 「왜 자연지리를 가르치는가?(Why teach physical geography?)」(1986)라는 제목의 후속 논문에서 런던위원회(London Board)의 A 레벨 시험 교수요목과 시험지를 분석했다. 비판적 질문이 장려되지 않기 때문에, 그 결과 자연지리 수업이 "기존 경제 및 정치 질서의 안정에 도움이 되는" 것이라고 주장했다. 또한 이 교육은 학생들이 사회에서 특정 역할을 배우고 적응하도록 장려하는 학습 모형을 기반으로 했다. 페퍼는 "여러분이 시험을 잘 보기 위해서는 단편적인 정보를 '벼락치기'하고, 그 정보가 속한 더 넓은 체계에 대한 이해 없이 무비판적으로 반복 학습해야 한다."라고 주장했다 (Pepper, 1986).

페퍼의 분석에 따르면, 자연지리 시험지는 학생들이 지식을 인간 사회와 문제의 맥락 안에서 이해할 수 있도록 허용하지 않았다. 자연환경은 인간 사회를 포함하는 시스템의 일부로 간주되지 않았다. 학생들은 종합적이기보다는 분석적으로, 전체론적이기보다는 환원주의적 사고를 하도록 권장되었다. 이 문제들은 하천의 유량과 퇴적물이 어떻게 관련되어 있는지, 또는 '해안선 발달의 5단계'와 같이 지식을 작은 정보 '조각'으로 나누었다. 이러한 조각들이 어떻게 서로 맞물려 있는지를 볼 여지가 거의 없었다. 페퍼의 결론은 다음과 같다.

> 여러분이 시험을 잘 보려면 전문적인 기능, 비판적 능력도 필요하지 않고, 종합적인 개요, '적실성'에 대한 지각 역량, 적용 또는 종합 능력, 무엇보다도 어떤 것에 대한 의견도 필요하지 않다. 단지 교과서 정보를 암기하고 기억하는 능력과, 그 책의 어느 페이지를 다시 읽어야 하는지 인식할 수 있는 능력만 있으면 된다.
>
> (Pepper, 1986: 64)

이러한 문제를 극복하고 적실성 있는 자연지리학을 발전시키기 위해, 페퍼는 자연지리학의 주제를 더 넓은 사회적 맥락과 연결할 수 있는 몇 가지 예시를 제공했다. 예를 들어, 토양 구조, 토성(土性), 공극률, 양이온교환 용량에 대한 지식은 현대 기업형 농업으로 인해 장기적으로 토양 비옥도가 손상되고 있으며, 이는 미래의 사막화를 초래할 수도 있기 때문에 중요하다. 페퍼는 지리학의 자연적 기초를 공부해야 한다고 주장하면서도, 사회적 목적이 없다면 자연지리학을 가르칠 정당성이 거의 없다고 주장한다. 페퍼가 논의한 런던위원회의 시험은 "사회경제적 맥락과 상당히 분리된 자연환경에 대한 무비판적, 원자론적, 기능적 접근 방식"을 조장했다(Pepper, 1986). 페퍼가 설명하는 자연지리는 의사결정이 이루어지는 사회적 맥락을 다루지 않는 과학 교육의 지배적인 모델에서 파생된 것이다. 이와 같은 유형의 교육은 '사실' 수집과 암기식 학습에 중점을 두어 학생들을 패러다임 자체의 탐구자가 아니라, 패러다임 내에서 문제풀이나 하는 사람으로 만든다.

이러한 점은 존 허클(John Huckle, 1983, 1985, 1986)의 여러 논문에서 더욱 발전되었다. 허클은 학교 지리가 기존의 경제 및 환경 관계를 정당화하는 역할을 한다고 주장했다. 그는 다음과 같이 경고했다.

> 생태 위기가 악화되고 있다. 최근 몇 년 동안 세계 및 영국의 보전전략을 포함한 일련의 국내외 보고서에서 이에 대해 경고하고 있다. 이 보고서들은 지구의 생명 유지 과정과 유전적 다양성에 대한 위협이 증가하고 있음을 문서화했으며, 보전과 생태적으로 지속가능한 발전에 관한 새로운 정책 이니셔티브를 촉구했다.
>
> (Huckle, 1986: 2)

허클은 이러한 발전에 대해 유물론적 분석을 채택하며, 인류의 역사는 기술을 이용해 자연에 대한 통제력을 높여 온 과정이라고 지적했다. 이와 같은 발전 과정에서 인간과 인간 사이의 관계(사회적 관계)는 물론 자연 세계와의 관계도 변화했다. 이는 환경 변화를 사회의 경제구조 변화와 밀접하게 연관 지

하나뿐인 지구에 꼭 필요한 비판지리교육학

어 이해해야 한다는 것을 의미한다. 자본주의 사회 관계는 자연에 대한 특정한 태도와 실천을 수반한다. 허클은 다음과 같이 설명한다.

> 자본주의 문화는 경쟁적이고, 강압적이며, 조작적이다. 이는 자연에 대해 기능적이고, 실용적이며, 부분적이고 단기적인 도구적 접근으로 이어진다.
>
> (Huckle, 1986: 5)

이 주장은 교육에 중요한 시사점을 준다. 환경 문제를 이해하려면 이를 생산하는 정치·경제 체제와 연관성을 이해하는 것이 필요하다는 것이다. 문제는 학교 지리가 이러한 이해를 방해하는 방식으로 발전해 왔다는 점이다.

> 학교 지리는 인간의 선택과 사회적 설명에서 관심을 돌림으로써 […] 분명히 자본을 지지하는 이데올로기로 작용한다. 이러한 역할은 경제적 결정론과 사회 변화에 대한 진보적 관점에 의해 강화된다. 자주 제시되는 이미지는 자연과 시장경제의 법칙에 종속된 인간과 사회의 모습이다. 진보는 더욱 발전된 기술을 사용하여 이러한 법칙에 점진적으로 적응함으로써 이루어진다. 그로 인한 비용과 불평등은 종종 제시되는 긍정적인 이미지에서 대부분 무시되며, 그러한 변화의 계획은 일반적으로 갈등, 인종차별, 성차별, 계급투쟁이 없는 합리적이고 합의된 활동으로 제시된다. 논란이 인정되는 경우에도 피상적으로 처리되는 경우가 많다. 학생들은 관련된 정치적 역사에 대한 분석 없이, 이슈에 대해 논의하거나 의견을 제시하도록 요구받는다.
>
> (Huckle, 1986: 9)

이것은 학교 지리에 대한 광범위하고 강력한 비판이었다. 허클은 개별 지리 교사를 비판하려는 것이 아니라, 지리학의 역사적 발전이 환경 문제의 원인을 이해하는 데 중심이 되는 정치 및 사회 이론의 주류로부터 지리학을 고립시켰다는 점을 지적한 것이었다. 그 결과 기근, 자연재해, 자원 위기와 관련된 환경 문제에 대한 지리 수업의 설명은 폴 로빈스(Paul Robbins)와 같은 지리학자들이 설명하는 '비정치생태학' 유형에 의존하는 경향이 있었다(3장 참조). 허클은 다음과 같이 주장했다.

학교에서 가르치는 아이디어도 일반적으로 사회 변화와 경제력에 관한 의심의 여지가 없는 관점을 기반으로 한다. 환경 문제에 대한 수업은 순전히 자연적인 원인을 탓하거나, 이를 인구 과잉, 자원 부족, 부적절한 기술, 과소비, 과잉생산과 같은 원인으로 인한 전 지구적 또는 보편적인 문제로 간주하는 경향이 있다. 이러한 모든 교육은 이데올로기적 역할을 수행한다. 그러나 그 문제가 발생하는 다양한 사회적 환경과 연관시키지 못하고, 기술, 소비, 생산이 경제적·정치적 힘에 의해 어떻게 구조화되는지 설명하지 못한다. 위기의 원인을 자연, 빈곤층 또는 부적절한 가치관 탓으로 돌리며 책임을 효과적으로 전가한다.

(Huckle, 1988: 64)

데이비드 하비, 데이비드 페퍼, 존 허클과 같은 학자들이 지리학과 자본주의 국가 간의 관계, 교육의 본질, 그리고 학교 지리에서 환경 위기를 어떻게 가르치고 있는지에 관한 우려를 다룬 논의는 단순히 역사적 빙종이 아니다. 이 글을 쓰는 2010년, 이러한 질문은 학교교육의 미래에 대한 논의의 중심이 되고 있다. 우리가 서로 연관된 두 가지 위기의 접점에 살고 있다는 사실은 점점 더 분명해지고 있다. 첫째, 1970년대부터 시작된 자본의 환경적 한계에 관한 인식이 서서히 부상하고 있었다. 둘째, 경제성장의 장기적 지속가능성에 대한 중대한 의문을 제기한 금융 위기가 더 빠르게 시작되고 있다는 점이다. 2010년『자본이라는 수수께끼: 자본주의 세계경제의 위기들』을 쓴 데이비드 하비 같은 유능한 학자들은 이 두 가지가 서로 연관되어 있다는 점을 분명히 하고 있다. 또한 학교 시험 성적이 크게 향상되면서 교육 수준이 높아진 것이 과연 교육받은 인구로 이어지는지에 대한 의구심도 공개적으로 제기되었다.

두 가지 사례를 살펴보자. 아인리와 앨런(Ainley and Allen)은 "학교, 단과대학, 종합대학의 학생과 교사 세대가 더 열심히 일하지만 반드시 더 많이 배우는 것은 아니다."라고 주장한다(Ainley and Allen, 2010). 지리학자 대니얼 돌링(Daniel Dorling)은 교육에서 엘리트주의의 귀환을 지적하는 증거를 검토하면서, "그들이 다니는 대학에서 상류층의 자녀를 가르친 사람들은 엘리트주의의 성장의 결과를 목격한다."라고 논평했다. "이 아이들은 A학점을 받을 수 있을 만큼 교육적으로 주입받았지만, 그 누구보다 천재적이지는 않다."라고 말한다(Dorling, 2010). 현대 자본주의 영국에서 학교교육의 질을 개선하려는 노력이 보다 '지적인' 사회로 쉽게 이어지지 않는다는 점을 감안할 때, 지리 수업에서 가르치는 내용을 더 면밀히 살펴볼 가치가 있어 보인다. 특히 학교 지리교육과정의 내용이 사회와 자연 간의 관계를 이데올로기적으로 제시하고 있는지 여부와 그 방법을 살펴보고자 한다.

● 탐구 질문

1. 학교 지리에서 '적실성'을 어떻게 정의할까요? 누구와 관련이 있나요? 어떤 목적인가요? 지리학이 지배 엘리트의 이익을 위해 봉사한다는 데이비

드 하비의 주장이 여전히 유효하다고 생각하나요?

2. 학교에서 가르치는 자연지리학에 대한 데이비드 페퍼의 비판에 비추어, 여러분의 수업과 강의에서 자연지리학의 내용과 접근 방식을 검토해 보세요. 페퍼의 주장이 어느 정도까지 여전히 타당하다고 생각하나요?

3. 페퍼는 사회적 목적이 없다면 자연지리를 가르칠 정당성이 없다고 주장했습니다. 다음 표를 작성하여 나열된 주제들이 어떻게 정당화될 수 있는지 설명해 보세요. 물리적 프로세스에 대한 지식이 누구에게 도움이 되는지 신중하게 생각해 보세요. 예를 들어, 세금으로 비용을 지불하는 하천이나 해안 지역의 홍수방지 계획은 부유한 부동산 소유자의 이익을 보호하는 데 도움이 될 수 있습니다.

주제	교육을 위한 정당화
날씨	
기후	
사면 형성과 프로세스	
토양 속성	
경관을 통한 물의 이동	
생태계	
생물군계	
해안 지형과 프로세스	
빙하와 주빙하	

평가요강 읽기

1980년대에 영향력 있는 지리 16-19프로젝트 A레벨 교수요목을 검토한 앤드루 세이어(Andrew Sayer, 1986)는 교수요목이 답답한 읽을거리가 된다고 언급했다. 교수요목은 교육에 대한 지침을 제공해야 하지만, 너무 제한적일 수는 없기 때문이다. 실제로 교수요목은 다소 단조롭고 무미건조한 문장으로 이어지는 경향이 있다. 그러나 세이어는 이러한 진술 아래에서 '지리에 대한 독특한 접근 방식'을 감지할 수 있다고 말했다. 다음 절에서는 환경 문제(자연재해 및 자원)와 관련된 두 가지 주제를 다루는 데 주목하면서 에덱셀(Edexcel)에서 제공하는 세 가지 스펙(두 가지 GCSE와 한 가지 AS/A2 레벨)을 읽고, 지리에 대한 독특한 접근 방식을 식별하고 지리교사들이 하나뿐인 지구에 꼭 필요한 지리 수업을 하는 것을 어느 정도 권장하는지 질문하려고 한다. 그러나 그전에, 나는 그 평가요강을 뒷받침하는 사회와 자연의 관계에 대한 관점을 간단히 살펴보고자 한다.

평가요강에는 사회와 자연에 관한 명확한 접근 방식이 있다. 그것은 인간에 의해 이용되고 영향을 받는 기존의 자연 세계가 존재한다고 전제하는 것이다. 이 두 요소는 분명히 분리되어 있다. 일반적으로 인간의 영향은 구분되지 않고, '우리'(인간)가 자원을 과도하게 착취하고 있다는 방식으로 표현된다. 어느 정도 규칙적으로 발생하는 것으로 보이는 유일한 구분은 '고소득' 국가와 '저소득' 국가 또는 서로 다른 발전 상태에 있는 국가 간의 구분이다. 다양한 관점이 존재한다는 것은 인정하지만, 실제 사회집단에 대한 관점은 결코 드러내지 않는다. 이는 인문지리학이 젠더, 민족성, 계급에 따라 사회집단 간에 존재하는 차이를 점점 더 많이 인식하고 있음에도 그러하다.

재해에 대한 해석

「글로벌 챌린지(Global Challenges)」는 에덱셀 AS 평가요강(Edexcel AS specification)에서 중요한 단원이다. 「글로벌 챌린지」는 '위험에 처한 세계(글로벌

재해와 기후변화)', '계속되는 글로벌화(글로벌화와 이주)'라는 두 단원으로 구성되어 있다. 이 단원의 개관에 따르면 다음과 같다.

이 단원에서는 여러 가지 헤드라인 글로벌 이슈의 의미, 원인, 영향을 탐구하는 문제가 출제된다. 학생들에게는 이러한 문제를 관리하려는 기존 시도를 평가할 기회를 제공하며, 21세기를 위한 해결책을 찾는 도전 과제를 제시한다. 그 스케일(scale)이 글로벌하기는 하지만, 학생들이 이 문제를 자신의 상황과 연관시켜 자신도 이러한 글로벌 챌린지에 대해 목소리를 내고 역할을 할 수 있다는 것을 인식해야 한다.

(www.edexcel.com)

이 단원을 읽으면서 가장 먼저 드는 생각은 '글로벌'의 스케일, 특히 '헤드라인 글로벌 이슈(headline global issues)'의 개념에 부여된 우선순위에 관한 것이다. 글로벌 이슈의 관점에서 생각하는 것이 상식적으로 보일 수 있지만, 과거에는 지리학자들이 국가나 지역 스케일에 초점을 맞추는 경향이 있었기 때문에, 사실 이것은 지리적 탐구 스케일에서 중요한 변화를 나타낸다. 지리교육에 대한 비판적 관점은 학교 지리에서 이러한 스케일 변화의 기원에 초점을 맞출 필요성을 시사한다.
론 존스턴과 피터 테일러(Ron Johnston and Peter Taylor)가 쓴 『위기 속의 세계?(A world in crisis?)』(1986)에서 유용한 단서를 찾을 수 있다. 이들은 1960년대 말에 전후 낙관주의가 '새로운 현실주의'로 대체된 것과 '국가 단위에서 글로벌 단위로 강조되는 지리적 스케일의 뚜렷한 변화'를 연관시킨다.

갑자기 위기는 모든 사람의 입에 오르내리는 단어가 되었고, 여기에 적

하나뿐인 지구에 꼭 필요한 비판지리교육학

용된 수식어(생태, 환경, 인구, 도시, 농촌, 부채, 식량, 에너지 등)는 너무 광범
위하여 전반적인 우울감을 불러일으켰다.

(Johnston and Taylor, 1986: 1-2)

따라서 「글로벌 챌린지」는 학교 지리에서 이러한 스케일 전환(scalar shift)이 논리적으로 확장된 결과로 읽힐 수 있다. 그러나 이 점에 관해서는 조금 더 논의가 필요하다. 특히 단원 개관은 특정 이슈 또는 과제가 어떻게 선정되었는지에 대한 단서를 제공하기 때문이다. 단원 개관에서 '헤드라인 글로벌 이슈'가 서술되어 있지만, 여기서는 재현의 문제를 지적할 수 있다. 이러한 글로벌 이슈에 대해 교사는 학생들이 신문을 읽거나 양질의 뉴스 프로그램을 시청할 때 접하기를 기대한다. 그러나 지리적 스케일에 관한 개념은 생각만큼 명확하지 않다. 실제로 지난 20년 동안 지리학자들은 스케일을 어떻게 이해해야 하는지 논쟁을 벌여 왔다. 앤드루 헤로드(Andrew Herod)는 『글로벌화의 지리들(Geographies of globalization)』(2009)에서 지리학자들이 스케일이라는 개념을 연구한 다양한 방식을 요약하고 있다.

- 스케일은 우리 마음 밖에 존재하지 않는다. 우리가 어떤 것을 국지적 또는 지역적이라고 말할 때, 우리는 우리 자신의 정신적 틀을 강요하는 것이다.
- 스케일은 우리가 세상을 이해하는 자연적 또는 논리 단위 혹은 그릇이다. 따라서 지리학자들이 지역적, 국가적, 글로벌 스케일에 대해 이야기하는 경향은 세상의 모습을 반영한다.
- 스케일은 사회적 산물이며, 단순히 정신적으로 강요되거나 논리적이고 자연스러운 방식으로 세계를 나누는 것이 아니라, 능동적으로 만

들어지는 것이다.

마지막으로, 마스턴 등(Marston et al., 2005)은 스케일이 세계를 위계적 관점에서 보는 것에 특권을 부여하고, 이는 하나의 스케일(일반적으로 글로벌)을 다른 스케일보다 우대하는 경향이 있기 때문에 스케일을 폐기해야 한다고 주장했다.

스케일에 대한 이러한 다양한 사고방식은 평가요강이 제공하는 세계관의 정치적 함의를 생각할 때 상당히 중요하다. 이와 같은 문제들이 세계가 더욱 글로벌화되는 실제 과정을 나타내는 것일까? 아니면 단순히 우리가 세계를 바라보는 관점의 변화일까? 전자라면, 이것이 능동적인 사회적 생산의 결과일까? 아니면 글로벌화를 경제발전의 자연스럽고 불가피한 결과로 보는 것일까? 캐스트리 등(Castree et al.)의 『노동의 공간들(Spaces of work)』(2003)에서는 '글로벌화'라는 용어 대신 '글로벌 자본주의'라는 용어를 사용함으로써 그 이면에 놓인 정치적 프로젝트를 강조하고 있다. 또한 마스턴 등에 따르면, 평가요강에 의해 학생들이 글로벌 관점에서 세상을 바라보는 것이 그들에게 권력의 위치를 부여하며, 그 위에서 다른 사람들의 삶과 불행을 내려다보게 되는 것인지 묻는 것도 가능하다. 이는 결국 글로벌 챌린지에 대한 서구의 관념이며, '글로벌 남반구(Global South)'의 관점에서 보면 이 목록이 어떻게 다르게 보일지 반성해 볼 수 있는 계기가 된다. '신의 눈'으로 세상을 보는 관점을 채택하는 것의 문제점 중 하나는, 그것이 문제를 우리의 행동과 통제에서 벗어난 세계로 옮겨 놓는다는 점이다. 여기서 답변되지 못한 또 다른 질문은 서로 다른 스케일 간의 관계에 관한 것이다. 이 모든 것이 세계가 도전으로 가득 차 있고 지리학자가 이를 해결할 수 있다고 가정하는 글로벌 관리의 틀 안에서 설정된 것이라고 주장할 수도 있다(이 장의 초반부에서 선의를 가진 관료에 대한 하비의 발언을 떠올리게 한다).

이러한 발언을 염두에 두고, 이제 위험에 처한 세계(World at Risk)의 글로벌 재해(Global Hazards) 섹션으로 돌아가 보자. 학생들은 세 가지 탐구 문제를 해결해야 한다.

1. 전 세계가 직면한 물리적 위험의 주요 유형은 무엇이며, 얼마나 위협적인가?
2. 자연재해가 점점 더 글로벌한 위협으로 인식되는 이유는 무엇인가? 그렇다면 어떻게 인식되고 있는가?
3. 왜 어떤 지역은 다른 지역보다 더 위험하고 재난이 발생하기 쉬운가?

(www.edexcel.com)

자연재해는 비교적 최근에 학교 지리교육과정에 추가된 주제이다. 자연재해 연구는 1970년대부터 시작되었으며, 자연재해의 빈도와 규모가 명백하게 증가함에 따라 그 대응책으로 도입되었다. 학술 연구에서 얻은 통찰력은 문제 기반 접근 방식을 채택하고, 인간과 환경의 관계라는 주제를 강조하는 시험 요목(examination syllabus)에 반영되었다. 이러한 배경에는 글로벌 미디어 문화가 발전하면서 글로벌 위기를 기반으로 한 뉴스 기사가 점점 더 늘어나는 추세가 있었다. 미디어가 지배하는 대중문화 속에서 자연재해는 자연의 예측 불가능성을 상기시키고, 자연의 힘의 위력을 보여 주는 증거를 제공한다. 이 평가요강에서는 '재난(disaster)'과 '재해(hazard)'를 구분하고 있다. 재난은 자연재해가 '점점 더 많은 세계 인구의 생명과 재산을 위협하는 경우'를 의미한다. 학생들은 '위험의 빈도와 사람들의 취약성이 증가함에 따라 재난의 위험은 증가하는 반면, 대처 능력은 감소한다'는 '재난 위험 방정식'을 활용해야 한다. 학생들은 특정 유형의 재해가 그 규모와 빈도가 증가하고 있으며, 사람들과 그들의 삶에 더 큰 영향을 미치고 있다는 점, 그리고 자연재해가 물리적 요인과 인적 요인의 결합으로 인해 증가하고 있다는 것을 배우게 된다. 물리적 요인에는 지구온난화와 엘니뇨 현상 같은 예측할 수 없는 사건이 포함되며, 인적 요인에는 자원 착취(예: 삼림 벌채), 빈곤, 급속한 인구 증가, 도시화가 있다.

1980년대 이후로 자연재해의 원인을 순전히 자연의 힘으로만 돌리는 사례는 갈수록 드물어지고 있다. 2010년 아이티와 칠레에서 발생한 지진의 사망자 수는 매우 달랐으며, 이는 대처할 수 있는 준비와 자원의 수준이 달랐기 때문이다. 스벤슨(Svensen, 2009)은 국제 재난 연구의 이정표로 자연재해를 일으키는 것이 '위험한 자연'이 아니라는 사실을 깨달은 것이라고 말한다. 그 대신 지구물리적 요인이나 극심한 기상 조건만큼이나 사회가 어떻게 조직되어 있는지에 따른 결과가 중요하다고 주장한다. 이러한 인식은 1970년대에 사헬 지대의 가뭄과 기근, 니카라과와 과테말라의 지진, 방글라데시의 사이클론과 같은 사건에 대응하여 이루어졌다. 연구자들은 이들 사건의 규모와 빈도가 증가했는지, 왜 최빈국이 가장 심각한 영향을 받는지에 대한 의문을 제기했다.

이러한 의문은 필 오키프 등(Phil O'keefe et al., 1976)과 같은 급진지리학자들이 『네이처(Nature)』에 게재한 논문 「자연재해의 자연스러움을 빼내다(Taking the naturalness out of natural disasters)」에서 다루었다. 이들은 자연재해는 자연에 의해 발생하는 것이 아니라, 지구 자원의 불균등한 분배의 결과로 발생한다고 주장했다. 이 주장은 인간과 사회가 자연의 힘에 적응하여 재해의 범위와 영향을 줄일 수 있다고 가정한 이전의 자연재해 연구에 도전장을 던졌다. 예를 들어, 영향력 있는 '시카고학파'의 위험 연구는 특정 위험과 관련

하나뿐인 지구에 꼭 필요한 비판지리교육학

된 자연재해를 매핑하고 자연적 프로세스를 모니터링하며, 대피 계획을 수립하고, 새로운 기술을 개발함으로써 이러한 감소를 달성할 수 있다고 강조했다. 이와 같은 관리적·기술주의적 접근 방식에서 핵심은 자연재해가 자연의 극단적인 과정에 의한 불가피한 결과로 여겨졌다. 국제연합(UN)은 기술적 해결책으로, 1980년대에 들어 서구의 지식과 기술을 저개발국에 이전하는 것을 포함하여 자연재해 경감을 위한 10개년 계획 기간(United Nation's International Decade for Natural Disaster Reduction, IDNDR)을 수립하여 중점적 역할을 수행했다.

오키프의 통찰력을 바탕으로 자연재해에 대한 이러한 주된 관점은 1980년대에 도전을 받았다. 중요한 이정표가 된 것은 케네스 휴잇(Kenneth Hewitt, 1983)이 편집한『재난에 대한 해석(Interpretations of calamity)』이었다. 서문에서 휴잇은 자연재해에 대한 주된 관점을 보여 주는 여러 특징을 다음과 같이 제시했다.

1. 일반적으로 자연재해는 지구물리학적 프로세스의 '극단적인' 결과라는 사실을 곧이곧대로 받아들이는 경향이 있다. 즉 인과관계가 자연환경에서 사회적 영향까지 이어지는 것으로 간주된다.
2. 위험의 지리는 대체로 자연 극단의 분포와 동의어로 취급된다.
3. 무언가를 할 수 있다는 강한 확신이 있지만, 이 무언가는 최첨단 지구물리학, 지질공학 및 관리능력으로 뒷받침되는 공공정책의 문제로 엄격히 간주된다. 목표는 예측 계획과 관리이며, 주요 전문지식은 물리학과 공학에서 비롯된다.

(Hewitt, 1983: 5-6)

휴잇은 '재난 군도(disaster archipelago)'라는 지배적인 관점을 만들어 냈다. 자연재해가 나머지 인간-환경과 조심스럽게 분리된 '재난 군도'를 만들어 내며, 이는 재해가 여러 사람에게 일상적인 경험의 일부가 아니라 극단적인 사건이나 사고로 간주하게 한다.

『재난에 대한 해석』에서 서스먼 등(Susman et al., 1983)은 「글로벌 재난, 급진적 해석(Global disasters, a radical interpretation)」이라는 장을 집필했다. 이들은 지난 50년 동안 재난 발생률, 특히 대규모 재난의 증가와 재난당 인명 손실의 증가에 주목했다. 그러나 이 기간에 지질학적으로나 기후학적으로 큰 변화가 없었기 때문에, 극단적인 자연적 사건에 대한 인구의 취약성이 증가하는 조건에서 설명해야 한다고 결론지었다. 이러한 취약성은 인간의 변화로 인한 것이며, 이 변화는 개발이라는 개념과 그 실패와 관련이 있다.

서스먼 등은 세계를 '선진국'과 '저개발국'으로 구분하는 것이 일반적이었다고 지적했다. 저개발은 일반적으로 특정 국가의 본질적인 한계에서 비롯된 것으로 간주되었으며, 다양한 부문이 현대 경제에 충분히 통합되지 않은 것으로 설명되었다. 따라서 저개발은 불균형한 인구구조, 천연자원 부족, 자본 부족과 같은 인구통계학적 특징으로 설명되었다. 서스먼 등은 이러한 저개발에 관한 설명을 거부하고, 대신 다른 지역 및 글로벌 경제와의 관계 속에서 저개발의 발전 과정을 강조했다.

> [···] 현재 재난에 대한 생각은 저개발에 대한 훨씬 더 광범위한 사고의 혁명과 관련이 있다. 이전에는 가난한 국가가 벗어나야 할 상태로 여겨졌던 것이, 이제는 기술 의존과 불평등한 교환을 지속시키는 글로벌 경제에 기반한 지속적인 빈곤화 과정으로 널리 인식되고 있다.
>
> (Susman et al., 1983)

이 글의 가장 큰 공헌은 주변화(marginalisation) 이론이었다. 소외된 사람이나 집단은 경제체제의 가장자리에 위치하며, 이러한 경제적 소외는 종종 지리적 소외로 이어져 땅 밖으로 밀려나거나 가난하거나 불충분한 땅으로 내몰리게 된다. 그 결과 경제적·정치적 힘이 거의 없는 빈곤층은 가장 위험하거나 건강에 해로운 곳에 거주할 수밖에 없다. 예를 들어, 리우데자네이루의 빈민들은 '산동네(alpine difficulty)'의 경사면에 있는 **파벨라(favelas)**에 살고, 아시아에서 가장 가난한 도시 빈민들은 위험한 범람원에 산다. 브라질 북동부의 헤시피에서는 수많은 사람들이 갯벌 하구의 진흙 위에서 게를 잡아 생계를 이어가고, 케냐 인구의 1/4은 가뭄에 취약한 주변 지역에 살고 있다. 서스먼 등은 글을 마무리하면서, 일련의 예측과 권고 사항을 다음과 같이 제시했다(이 모든 내용이 지리를 공부하는 학생들에게 가치 있는 탐구 문제로 전환될 수 있다).

- 사회경제적 여건과 물리적 환경이 악화됨에 따라 재난은 더욱 증가할 것이다.
- 가장 가난한 계층이 계속해서 가장 큰 피해를 입게 될 것이다.
- 구호 원조는 강력한 이해관계를 반영하고 정치적 혼란을 방지하며, 일반적으로 가장 큰 피해를 입은 사람들의 이익에 반하는 방향으로 이루어진다.
- 첨단기술에 의존하는 재난 완화는 저개발 상태를 강화하고 소외를 심화시킬 뿐이다.
- 취약성을 줄이는 유일한 방법은 개발 계획에 재난 계획을 통합하는 것이다(이는 광범위하게 사회주의적이어야 한다).
- 성공적인 재난 완화를 위한 유일한 모델은 착취에 맞서 투쟁하는 과정에서 고안된 것이다.

(Susman et al., 1983: 279-280)

재난을 극단적인 사건으로 보는 시각에서 벗어나 인간과 사회적 프로세스 전체가 얽혀 있는 결과로 보아야 한다는 주장은 1980년대에 영향력을 발휘하기 시작했다. 이러한 주장의 한 예로 로이드 팀버레이크(Lloyd Timberlake)의 '환경 파산(environmental bankruptcy)' 연구인 『위기의 아프리카(Africa in crisis)』(1985)를 들 수 있다. 1980년대 초중반에 발생한 사헬 지대의 가뭄과 기근에 대해 팀버레이크는 강수량 부족이 원인이라는 대중적인 견해에 이의를 제기하기 시작했다. 오히려 가뭄은 강우에 의존하는 자급자족 농업에 기반을 둔 사회에서 가장 취약한 계층을 위기로 몰아넣은 촉발 요인이었다. 수출 주도의 농작물 생산을 통한 개발 추진은 각국 정부가 세계은행(World Bank)으로부터 부채를 떠안는 것을 의미했다. 상업적 작물 생산은 가장 비옥하고 좋은 땅이 고갈되는 것을 의미했고, 생계형 농부들은 불모지에서 가축을 방목하고 작물을 재배할 수밖에 없었다.

이와 같은 접근 방식은 자연재해를 정치경제학의 순환 고리에서 찾으려는 관심을 나타낸다. 이러한 관점에서 자연재해의 영향력 증가에 관한 인과적 설명으로 제시되는 인적 요인(human factor)은 사회와 소외된 사람들의 취약성을 증대시키는 관계를 만드는, 보다 심층적인 구조의 결과로 바라보아야 한다. 이 점을 염두에 두면, 「글로벌 챌린지」 단원에서 이러한 스펙터클하고 미디어에서 자주 보도하는 사건, 즉 자연재해 그 자체에 초점을 맞추는 것은 학생과 교사가 인간의 삶을 형성하는 사회적 프로세스를 이해하는 데서 주의를 분산시키는 역할을 한다고 볼 수 있다. 실제로 이는 학생들이 '취약한' 사람들에게 영향을 미치는 사건의 빈도와 분포를 정량화하고 매핑하는 데 많은 시간을 할애하게 하여, 일부 사람들을 취약한 존재로 만드는 역사적·경

하나뿐인 지구에 꼭 필요한 비판지리교육학

제적·정치적 프로세스에 대해 연구할 시간을 빼앗기게 만든다. 피어스 블레이키 등(Piers Blaikie et al., 2004)이 쓴 『위험에 처한 사람들(At risk)』의 서문에서 언급했듯이, 재난, 특히 자연재해가 "인류에게 가장 큰 위협은 아니며", 자연재해는 치명적일 수 있지만 "세계 곳곳에서 일상적으로 발생하는 눈에 띄지 않는 사건, 질병, 기아" 때문에 더 많은 세계 인구의 생명이 단축된다는 사실을 파악해야 한다고 지적한다(Blaikie et al., 2004).

이러한 의미에서 학생들에게 '왜 어떤 지역은 다른 지역보다 더 위험하고 재난이 발생하기 쉬운지' 이해하도록 요구하는 3번 탐구 문제는, 평가요강에 제시된 재난 발생 지역의 매핑과 상관관계를 분석하기보다는 위험의 사회적 생산 프로세스를 탐구하는 것으로 바뀔 것이다.

> 재난을 특별한 관심을 기울여야 할 사건으로 취급하는 것은 위험하다. 재난이 사람들에게 영향을 미치는 사회적 체계(framework)와 분리되어, 재난에 대처할 때 자연재해 자체만 지나치게 강조되고, 사회적 환경과 그 프로세스에 대해서는 충분히 고려되지 않는다.
>
> (Blaikie et al., 2004: 3-4)

● 탐구 질문

1. 미디어(TV, 신문, 인터넷 등)에서 자연재해가 어떻게 재현되는지 연구해 보세요. 어떻게 프레임을 짜고 있나요?(여기에서 참조할 수 있는 좋은 자료는 Cottle, 2009이다) 이러한 연구 결과를 지리 수업에서 재난에 대해 가르치는 데 어떻게 활용할 수 있나요?

2. "재난을 특별한 관심을 기울여야 할 사건으로 취급하는 것은 위험하다."라는 주장에 어떻게 대응할 수 있을까요?(Blaikie 외, 2004) 평가요강의 이 부

분에 대해 여러분은 수업에서 어떻게 재구성할 수 있나요?

자원 소비하기

이 장에서 설명하는 세 가지 평가요강은 모두 자원 문제에 초점을 맞추고 있다. AS 평가요강에서 여러 연구자는 글로벌화로 인해 '부유한 소비자가 세계 최빈국을 착취하는 불공정한 세상'이 만들어졌다고 지적하며, '글로벌 협약, 친환경 전략 및 윤리적 소비를 통해 이러한 글로벌화의 부정적인 결과를 수정할 필요가 있다'고 강조하고 있다. 에덱셀 GCSE B에는 학생들에게 '자원 소비는 세계 각지에서 어떻게 그리고 왜 다른가?', '현재의 자원 공급 및 소비 패턴은 얼마나 지속가능한가?'를 고려하도록 하는 「자원 소비하기(Consum-ing Resources)」라는 단원이 있다(www.edexcel.com).

학생들은 '자원은 재생가능한 자원, 지속가능한 자원, 재생불가능한 자원으로 분류되며, 이는 자원 소비에 영향을 미친다'는 것과 '자원 공급과 소비 패턴이 가진 자와 갖지 못한 자의 세계를 변화시켰다'는 것을 배우게 된다. 또한 '세계가 현재의 자원 소비에 얼마나 대처할 수 있는지에 관한 다양한 이론이 존재'하며 '미래의 자원 소비에 대한 과제는 지속가능성을 달성하는 데 중점을 두고 있다'는 점을 이해해야 한다.

이러한 평가를 통해 학교 지리가 환경 문제를 다루는 방식에서 중요한 변화가 나타난 이유를 알 수 있다. 일부 평론가들(1장에서 논의된 바와 같이)은 학교 지리가 친환경적인 생활양식을 촉진하고, 학생들에게 현재의 서구 개발 모델이 지속가능하지 않다는 메시지를 전달하는 수단이 되었다고 평가한다(예: Standish, 2009). 지속가능성의 개념은 집단적 상식에 너무 깊이 뿌리박혀 있어 평가요강 집필자가 정의를 내릴 필요를 느끼지 않는다는 점도 눈에 띤다. 실제로 '지속가능'이라는 단어는 너무 무분별하게 사용되어, 스윙거도우 (Swyngedouw)의 비판을 떠올리게 한다.

> 나는 '지속가능성'에 반대하는 출처를 그 어디에서도 찾을 수 없었다. 그린피스도 찬성하고, 조지 부시 주니어와 시니어도 찬성하고, 세계은행과 그 총재(이라크전쟁을 주도한 인물)도 찬성하고, 교황도 찬성하고, 내 아들 아르노도 찬성하고, 브라질 아마존 숲의 고무 채취자들도 찬성하고, 빌 게이츠도 찬성하고, 노동조합도 찬성한다.
>
> (Swyngedouw, 2007: 20)

어떤 면에서 이 평가요강은 학교 지리가 환경 문제를 재현하는 방식에 중요한 변화를 예고한다. 이전에는 지리 교과서에서 '가난한' 또는 '저개발국'의 실패를 그들의 곤경에 대한 책임으로 돌렸지만, 이제는 서구 사회의 풍요로움과 석유 같은 소비재와 자원에 대한 수요를 비난하는 내용이 추가되었다. 예를 들어, GCSE A의 「환경 문제—낭비적인 세상에서는」 단원에서는 부의 증가가 폐기물 증가의 주요 원인이며(특히 고소득 국가에서), 이는 소비사회의 발전과 연결되어, 많은 것을 버리는 사회로 이어진다는 것을 배워야 한다. 학생들은 지역 스케일에서의 재활용 사례를 연구하고 탄소발자국을 조사한 후 가정이나 학교에서 에너지 낭비를 줄이기 위해 가능한 해결책을 모색해야 한다.

이러한 발전에도 불구하고 평가요강은 여전히 문제 제기보다는 문제 해결의 사고방식에 초점을 맞추고 있으며, 학생들에게 소비사회와 같은 아이디어를 이해하고 자연에 대한 사회의 영향을 줄이기 위한 행동의 잠재력을 평가하는 데 필요한 지식과 관점을 제공하지 못하고 있다.

이 점은 현재의 자원 소비에 세계가 얼마나 대응할 수 있는지를 평가하기 위해 제시된 이론들의 선택을 논의함으로써 확인할 수 있다. GCSE B 평가요강에는 세 가지가 명시되어 있다. 맬서스주의(Malthusian), 보저럽주의(Boserupian), 성장의 한계가 그것이다. 세 가지 모두 인구와 자원의 관계에 초점을 맞춘 일련의 설명으로 볼 수 있다. 로빈스(Robbins, 2004)는 다음과 같이 언급한다.

> 1700년대 후반부터 서유럽에서 환경에 대한 인간의 영향과 대응이 처음으로 과학적 연구의 대상이 된 이후, 사회적·생태적 위기의 주요 원인은 절대적인 수치로 측정되는 인구 증가로 설명되어 왔다.
>
> (Robbins, 2004: 7)

1970년대 초반에 『성장의 한계(The limits to growth)』 보고서와 함께 신맬서스주의적 접근법이 발전했지만, 이 관점들의 공통점은 '모두 비인간적 본성의 궁극적 희소성과 인구 증가에 따른 탐욕성에 동의한다'는 점이다. 농업경제학자 에스테르 보저럽(Esther Boserup)의 『농업 성장의 조건(Conditions of agricultural growth)』(1965)에서 맬서스의 한계론에 대해 고전적인 반박을 제시했는데, 농업 생산에 관한 역사적 데이터 분석을 통해 동일 면적의 땅에서 생산되는 식량의 양이 기하급수적으로 증가했다는 사실을 제시했다. 더 많은 인구는 더 많은 식량이 필요하다는 점을 의미하며, 인류의 혁신성 덕분에 오늘날 쓸모없어 보이는 것이 내일은 중요한 자원이 될 수 있다고 주장한다. 농업의 경우, 녹색혁명과 같은 기술적 해결책을 통한 집약화와 기술 발전으로 식량 공급 증가에 대한 낙관론이 생겨났다. 그러나 보저럽의 주장조차도 반드시 한계에 대한 부정으로 이어지는 것은 아니다. 녹색혁명은 대초원의 파괴로 이어져, 토양침식과 생물다양성의 손실로 이어졌다. 게다가 이러한 형태의 집약농업은 석유화학공업에서 생산하는 비료를 대량으로 투입해야 했고, 트랙터는 화석연료에 의존하기 때문에 적은 비용으로 생산량을 늘릴 수 있다는 생각은 '풍요로운(cornucopian)' 것처럼 보였다. 보저럽의 글은 자연적 한계가 있다는 맬서스주의적 또는 『성장의 한계』 관점의 타당성에 의문을 제기한다.

로빈스 등(Robbins et al.)이 저술한 『환경퍼즐(Environment and society)』(2010) 에서는 사회와 자연 간의 관계에 초점을 맞춘 일곱 가지 이론적 관점을 제시한다. 이 책에는 다음 내용을 담고 있다.

1. 인구와 결핍: 인구 증가가 자연의 한계를 압박하는 방식에 초점을 맞춘다.
2. 시장과 상품: 시장의 힘이 희소성에 대응하고 인간의 창의적 대응을 촉진할 수 있다는 점을 강조한다.
3. 제도와 '공공재': 환경 문제를 주로 공공재 문제로 보고, 창의적인 규칙 제정, 인센티브, 자율 규제 등을 통해 해결할 수 있다고 본다.
4. 환경윤리: 인간을 다른 생물 및 비생물적 존재들로 가득 찬 세계에서 새롭게 위치시키는 급진적인 사고방식을 제공한다.
5. 위험과 위해: 환경 문제를 위험과 위해의 문제로 본다.
6. 정치경제학: 환경이 자원에 대한 권력관계와 불평등에 연관되어 있으며, 시장경제가 환경에 미치는 부정적 영향을 강조한다.
7. 자연의 사회적 구성: 언어, 이미지, 이야기의 중요성을 강조하며 환경 문제에 대한 아이디어가 어떻게 형성되고 확산되는지를 탐구한다.

이 모든 이론적 관점은 GCSE 평가요강에서 '지속가능성'의 의미를 밝히는 데 활용될 수 있다. 이를 통해 평가요강을 뒷받침하는 텍스트에서 자원 사용에 대한 주장을 검토하는 데 도움이 될 것이다. 이 평가요강은 지속가능성의 '도전'을 해결하는 것이 본질적으로 기술적 해결책과 함께 일부 정부 협약 및 개인의 현명한 소비자 선택이라는 것을 암시하는 것처럼 보인다. 이러한 시험 평가요강은 경제성장과 환경 관리 사이의 상생을 가정하는 생태적 근대화 담론과 교육적으로 동등한 것이다. 물론 이는 다소 가혹한 비판일 수 있으며, '소비사회(the consumer society)'라는 표현의 사용에서 비판적 관점이 발전하고 있다는 징후가 보일 수도 있다. 학생과 교사가 이 소비사회의 기원과 그 의미를 분석하는 데 참여하는 것은 매우 유익할 것이다. 그러나 시험 평가요강에서 이 용어가 소비 확장을 촉진하는 심층적 힘을 감추는 모호한 완곡어법으로 사용된다는 결론을 피하기는 어렵다.

자본주의의 성장 동력이 물리적 한계에 도달하고 있는지에 대한 심각한 의문이 제기되고 있다는 상황을 고려할 때, 지리교사들은 학생들에게 자원의 지리와 소비사회의 발전에 관한 보다 체계적인 논의에 참여하도록 권장할 수 있다. 재레드 다이아몬드(Jared Diamond)의 『문명의 붕괴: 사회는 어떻게 실패 혹은 성공의 길을 택하는가(Collapse: how societies choose to fail or succeed)』(2005)에 따르면, 이전 사회도 자신들만의 환경적 한계에 직면했으며, 이러한 순간은 종종 사회 붕괴로 이어졌다는 증거가 있다고 주장한다 (Tainter, 1988 참조). 환경사학자 닐(J. R. Neill, 2000)은 1820년경 이후 세계경제는 점점 더 비육체적인 에너지에 의한 노동에 기반을 두게 되었다고 지적한다. 1950년 무렵에는 많은 양의 에너지를 사용하지 않는 사회는 빈곤에 빠질 수밖에 없었다. 중세 후반의 땔감 위기는 새로운 에너지원인 석탄의 발견과 개발로 해결되었다. 이는 산업 발전의 확장을 위한 토대가 되었다. 20세기 초까지만 해도 석탄은 전 세계 에너지 자원의 90%를 차지했다. 미국에서는 제 2차 세계대전 이전, 유럽에서는 전쟁이 끝난 후 주된 에너지원이었던 석탄은 석유와 천연가스로 대체되었다. 이로 인해 이전에는 변방이었던 지역이 글로벌 경제에서 중요한 역할을 하게 되면서 지정학적 힘에 큰 변화가 생겼다. 이제 세계는 말 그대로 석유와 천연가스로 운영되고 있으며, 역사적으로 볼 때 1990년대까지 글로벌 경제가 높은 성장률을 기록할 수 있었던 주된 이유는 값싼 석유가 공급되었기 때문이라고 주장할 수 있다. 즉 값싼 석유가 없으면 성장도 없고, 더 나아가 석유가 없으면 글로벌 경제도 없다는 의미이다(자세한 설명은 Kunstler, 2005 참조).

● 탐구 질문

1. 로빈스 등(2010)은 환경과 사회의 관계를 이해하기 위한 일곱 가지 이론적 접근법을 제시합니다. 이러한 접근법의 주요 특징이 무엇인지 직접 설명해 보세요. 환경 문제에 대한 언론보도에서 어떤 이론을 발견할 수 있나요? 학교에서 지리를 가르치는 교수·학습 자료에서는 어떠한 이론을 찾을 수 있나요?

2. '소비사회'의 발전에 대한 역사적 관점은 학생들이 사회의 자원 사용에 관해 더 명확하게 이해하는 데 어떤 방식으로 도움이 될 수 있나요?

맺음말

이 장은 학생들이 자연재해와 자원이라는 주제에 어떻게 접근하는지에 특히 주목하여, 기존 지리 시험의 평가요강을 비판하는 형식을 취했다. 또한 지리 교육의 이데올로기적 특성에 관한 이전의 분석을 바탕으로, 이러한 논평자들이 제기한 비판이 여전히 타당한지 살펴보았다. 지난 30년 동안 경제와 사회가 변화했고, 교수·학습 방법과 교육과정 계획 역시 변했음이 분명하다. 그러나 이 장의 주장은 학교 지리가 여전히 학생들에게 자신의 삶과 타인의 삶을 형성하는 힘에 대한 현실적인 이해를 제공하지 못한다는 것이다. 물론 학교 지리는 학생들에게 다른 유익을 제공하고 있기는 하다. 에덱셀 누리집에서는 '모든 학생들에게 더 나은 결과를' 약속한다는 이유로 교사들에게 이 평가요강을 채택하도록 권유한다. 하나뿐인 지구에 꼭 필요한 지리를 가르치는 것은 적실성이 높고, 의미 있는 지리교육을 수행함으로써 얻을 수 있는 더 중요한 것이 있다고 주장한다.

탐구 활동

1. 여러분은 '모든 학생들에게 더 나은 결과를' 제공하겠다는 평가위원회의 약속이 지리교육의 목표와 목적을 어느 정도까지 왜곡한다고 생각하나요?
2. 여러분의 학교에서 가르치는 지리 기출문제와 교육과정을 분석해 보세요. 다음에서 언급하고 있는 존 허클의 주장을 어느 정도로 지지하나요?

학교에서 가르치는 아이디어도 일반적으로 사회적 변화와 경제력에 대한 의심의 여지가 없는 관점을 기반으로 한다. 환경 문제에 대한 수업은 순전히 자연적인 원인을 탓하거나, 이를 인구 과잉, 자원 부족, 부적절한 기술, 과소비, 과잉생산과 같은 원인에 기인하는 전 지구적 또는 보편적인 문제로 간주하는 경향이 있다. 이러한 모든 가르침은 이데올로기적 역할을 수행한다. 그러나 그 문제가 발생하는 다양한 사회적 환경과 연관시키지 못하고, 기술, 소비, 생산이 경제적·정치적 힘에 의해 어떻게 구조화되는지 설명하지 못한다. 위기의 원인을 자연, 빈곤층, 부적절한 가치관 탓으로 돌리며 책임을 효과적으로 전가한다.

(Huckle, 1988: 64)

5장

음식에 대한 질문

음식에 대해 중립적인 태도를 취하기란 불가능하지는 않더라도 매우 어렵다. 음식은 생명 유지에 필수적이지만 모든 곳에서, 심지어 부유한 사회에서도 조기 사망의 원인이 되고 있다. 음식은 즐거움을 가져다주고 사회적 상호작용을 촉진하지만, 위험을 동반하고 사회적 분열을 고착시킨다. 음식이 만들어질 때는 자연과 인간의 놀라운 조합을 반영한다. 그러나 이로 인해 점점 더 많은 사회적 비용, 건강 및 환경적 비용으로 이어진다.

(Lang et al., 2009: 1)

이 글은 우리가 무엇을, 얼마나 많이(또는 얼마나 적게), 어디서 먹는지 등 음식의 문화적·사회적 중요성에 주목한다. 현대사회에서 음식은 정책입안자들에게 갈수록 중요한 문제가 되고 있다. 이것이 완전히 새로운 현상이라고는 할 수 없지만, 최근 몇 년 동안 음식을 탐구하는 여러 책들이 인기를 얻는 것을 보면, 음식 시스템에 문제가 있다는 우려가 커지고 있음을 알 수 있다. 에릭 슐로서(Eric Schlosser)의 『패스트푸드의 제국(Fast food nation)』(2002), 슐로서와 윌슨(Schlosser and Wilson)의 『맛있는 햄버거의 무서운 이야기(Chew on this)』(2006), 콜린 텃지(Colin Tudge)의 『그렇게 거두리라(So shall we reap)』(2004), 마이클 폴란(Michael Pollan)의 『잡식동물의 딜레마(The omnivore's dilema)』(2004)와 『마이클 폴란의 행복한 밥상(In defence of food)』(2008), 라즈 파텔(Raj Patel)의 『식량전쟁(Stuffed and starved)』(2008), 캐럴린 스틸(Carolyn Steel)의 『헝그리 시티(Hungry city)』(2008), 폴 로버츠(Paul Roberts)의 『식량의 종말(The end of food)』(2009)이 그 예이다. '제이미의 학교 저녁 식사(Jamie's school dinners)'(채널4, 2005), '여보, 우리는 아이들을 죽이고 있어요(Honey, we're kiling the kids)'(BBC, 2005~2007), '내가 먹는 것이 바로 나(You are what you eat)'(채널4, 2004~2007)와 같은 수많은 인기 TV 프로그램에서는 개개인이 잘못된 음식을 선택하는 문제에 초점을 맞추고 있다. 학문적으로는 아동기의 상업화*와 대기업에 의해 형성되는 아동의 음식 소비 방식에 대해 논의하고, 학계 연구는 빠르게 성장하는 학제간 음식 연구 분야에 기여한다. 이러한 관심은 사회정책 분야에도 반영되어 소비자 행동을 변화시키기 위한 무수한 계획이 수립되고 있으며, 영국 정부의 「Food 2030 전략」에도 반영되어 있다 (www.defra.gov.uk/foodfarm/food/strategy).

이와 같은 발전은 서구 선진국 사람들의 생활양식에 대한 광범위한 변화의 일환이다. 사회학자와 사회지리학자들은 지난 30년 동안 사회가 가정 중심

---

* 역자주: 어린이를 대상으로 하는 상품과 서비스들을 말한다.

으로 변화했으며, 가정은 사람들이 자신의 정체성을 표현하는 장소라고 지적했다. 이러한 정체성은 점점 더 소비주의에 의해 형성되며, 적절한 음식을 구매하고 저녁 파티에 알맞은 고기 부위를 아는 것이 자기 브랜드화를 위한 핵심 수단이 된다. 이는 우리가 '소비에 적합하다'는 것을 보여 주는 중요한 방법이다. 소비를 통해 우리는 개인으로서 우리 자신에 대한 무언가를 표현한다. 여기서 중요한 측면은 우리가 먹는 음식의 품질에 대한 관심이며, 최근 몇 년 동안 음식이 어디에서 왔는지 이해해야 한다는 것을 강조하는 프로그램들이 있었다. 내가 먹는 음식이 무엇이고 어디에서 왔는지 아는 것은 식량 생산의 본질에 대한 의문을 제기하는 광범위한 정치의 일부이다. 또한 이는 음식 소비의 정치와 관련이 있으며, 아동 비만 증가와 특히 젊은 여성들 사이에서의 섭식 장애 증가로 인한 건강 및 사회적 비용에 관한 광범위한 우려와 연관된다. 보다 일반적으로 공정무역이라는 개념을 통해 소비자와 식량 생산자를 연결하는 아이디어에 관한 관심이 높아지고 있으며, 다른 극단적인 경우 서구식 식품 시스템이 지역 또는 토착 음식 문화를 대체하면서 이른바 사회의 맥도날드화나 '코카콜라 식민화(coca-colonisation)'에 관련한 우려가 존재하고 있다. 학교 역시 음식에 대한 이러한 우려나 '도덕적 공황'에서 자유롭지 않으며, 실제로 학교는 새로운 음식 문화를 발전시킬 수 있는 중요한 장소로 신중하게 주목받고 있다. 이는 '제이미의 학교 저녁 식사'나 영국 토양협회의 '생명을 위한 음식(Food for Life)' 캠페인과 같이 '한 번에 한 학교씩 음식 문화를 바꾸자'는 캠페인에 반영되어 있다.

음식의 지리에 대해 가르치는 지리교사들의 노력이 담긴 복잡한 문화 경관이 바로 여기에 놓여 있다. 이 장에서는 학생들이 '음식 문제'를 이해하는 데 지리가 기여할 수 있는 방향을 제시하고, 학교 음식 문화를 변화시키기 위한 더 넓은 노력에 기여하는 방안을 모색하고자 한다. 먼저, 1980년대에 생산량

하나뿐인 지구에 꼭 필요한 비판지리교육학

증가를 가정한 영국 농업의 특성 변화로 인해 제2차 세계대전 이후 학교에서 농업지리학에 대해 가르치는 일반적인 접근 방식이 어떻게 도전을 받게 되었는지를 살펴보는 것으로 시작한다. 탈생산주의 농업 전환의 도래는 특히 문화지리학과 음식 연구의 통찰력 발달을 통해 음식 지리에 관한 광범위한 논의를 위한 공간을 마련했다. 최근 몇 년 동안 우리가 소비하는 것에 대한 문화적 관심이 높아지면서 여러 학교에서 학교 음식 문화에 변화를 가져오고자 노력하고 있으며, 이 장에서는 지리교사가 학교 음식 문화 변화에 좀 더 비판적으로 접근할 수 있는 방법을 제안한다.

● 탐구 질문

1. 일주일 동안 음식에 관련한 인기 있는 미디어 문화 보도(뉴스, 신문, 예능 프로그램, 드라마 등)를 조사해 보세요. 음식 이슈와 음식 문화는 어떻게 표현되고 있나요? 음식의 지리에 대해 가르치기 위해 이러한 자료를 어떻게 활용할 수 있을까요?

농업지리학

더들리 스탬프와 스탠리 비버(Dudley Stamp and Stanley Beaver)의 『영국 제도: 지리적, 경제적 조사(The British Isles: a geographic and economic survey)』에서 농업에 관한 장은 전후 시대 학교에서 농업지리학을 가르치는 기초를 제시한다.

오늘날 농업이 영국인의 삶에서 차지하는 위치를 깨달아야 한다. 산업혁명 이후 산업이 크게 확장되는 과정에서 영국은 점점 더 팽창하는 세계시장에 공산품을 공급하는 일에 몰두하게 되었고, 갈수록 도시 거주자가 늘어나면서 국내에서의 식량 생산은 점차 소홀히 취급되어 거의 잊혀지게 되었다.

(Stamp and Beaver, 1954: 163)

이렇게 위험한 상황은 제2차 세계대전 중에 영국이 식량과 원자재 수입에 의존하면서 국가안보가 위협받았을 때 극에 달했다. 제2차 세계대전 중 식량 부족으로 인해 농업생산량을 증대시키는 것이 정치적으로 중요한 과제가 되었다. 위기의 시기에 국가를 위해 봉사했던 농부들에게 토지의 청지기 역할을 맡겼다. 그 결과 1870년대 농업 대공황이 시작된 이후 처음으로 농업의 모든 부문이 번영을 누렸다. 전후 영국 농업지리학의 역사는 농업의 근대화라고 할 수 있다. 1950~1980년대 농업의 조직과 실천은 극적인 결과를 낳으며 변화했다. 그 결과 밀과 보리 등 경작 가능한 작물의 수확량이 크게 늘어났고, 전체 경지면적도 증가했다. 또한 초원 목초지 개선으로 가축이 늘어나 젖소 한 마리당 우유 생산량이 향상되었다. 평평한 땅과 풍부한 토양을 가진 동부에 대규모의 효율적인 농장이 개발되고, 북부와 서부에 목축업을 기반으로 한 가족 농장이 계속 살아남는 등 전반적인 농업 활동의 지도는 거의 변하지 않은 것처럼 보이지만 공정과 생산성의 변화는 심대했다. 이러한 변화의 근간에는 농업의 기계화, 인공 비료와 농약 사용, 선택적 동식물 육종, 더 효율적이고 자본집약적인 농업이 있었다. 또한 헥타르당 투입과 산출을 높이는 집약적 경작 농업이라는 개념이 강조되었다.

전후 대부분의 기간 동안 농업 유형의 분포, 농업 생산 과정, 근대적이고 효율적인 농업으로의 전환에 초점을 맞춘 학교 지리교육 분야는 농촌 공간의 적절한 사용과 농업 개선에 대한 더 넓은 이데올로기에 기여했다. 그러나

1980년대에 이르러 근대 농업의 과정에 대한 대안적인 내러티브가 발전했다.* 더 이상 농업 생산의 확대가 그 자체로 바람직한 것으로 간주되지 않았다. 대신에 근대 농업의 경제적·사회적·환경적 비용이 강조되었다. 이전에는 농업지리학을 기술의 중립적 발전을 강조하는 방식으로 가르칠 수 있었지만, 비평가들은 이러한 변화에 정치적 요소가 개입되어 있으며, 현대 농업의 비용과 이익이 고르지 않게 분배된다는 점을 지적했다. 이러한 '농업의 위기'는 다음 절에서 논의하고자 한다.

농업 생산주의의 위기

필립 로(Phillip Lowe) 등의 『농촌 갈등: 농업, 임업, 보존의 정치(Countryside conflict: the politics of farming, forestry and conservation)』(1986)에서는 1984년에 전후 농업 확장 시대의 종말을 고했다고 주장한다. 이는 우유 생산량을 줄이기로 한 유럽경제공동체(EEC)의 결정으로 상징적인 사건이 되었고, 일부 낙농가들은 '잉여' 우유를 하수구에 쏟아 버리기까지 했다. 그러나 돌이켜보면, 이는 농부와 환경보호론자, 농촌 지역으로 새로 이주한 사람들과 도시 대중 사이의 갈등이 심화되는 점진적인 과정의 종말을 알리는 신호탄이었다. 바워스와 체셔(Bowers and Cheshire)의 『농업, 농촌, 토지이용(Agriculture, the countryside and land use)』(1983)에서는 농업 생산의 지속적인 증가를 옹호하고 생산과 보존의 목표 간의 갈등을 부정하는 정책들에 대해 경제적 비판을 제기했다. 그 핵심은 보조금과 가격 보장 제도를 통해 농부들이 농산물을 판매할 수 있는 시장을 확보하는 것이었다. 이를 통해 농민들은 습지의 물을 배

---

* 역자주: 국가경쟁력이 낮은 농업은 포기하고 수입하자는 전 세계적인 분위기를 말한다.

수하고 삼림과 울타리를 제거하는 등 불모지로 농업 활동을 확장하며, 생산량을 늘리고, 기계, 인공 비료, 살충제를 사용하여 생산을 증대하도록 노력했다. 이로써 화학제품 산업 시장과 연결되고 인간 노동의 필요성을 줄일 수 있었다. 이는 농촌 공동체의 생존 가능성에 중요한 결과를 가져왔다.

> 이러한 변화는 […] 중요한 야생동물 서식지를 파괴했다. 또한 영국 농촌 경관의 아름다움을 훼손했는데, 이 경관은 환경과 조화를 이루며 농업기술을 실천해 온 여러 세대의 농부들이 만들어 온 것이다. 이로 인해 심각한 환경오염이 발생했으며, 야생동물이 위협받고, 극단적인 경우에는 수자원 당국이 어린 아기들을 위한 질산염이 없는 식수를 수입하게 만들었다
>
> (Bowers and Cheshire, 1983: 4)

이러한 발전에 대한 대중의 우려는 여러 영향력 있는 연구를 통해 표출되었다. 사회학자 하워드 뉴비(Howard Newby)는 『푸르고 쾌적한 땅은?(A green and pleasant land?)』(1979)이라는 책에서 농업 근대화에 비추어 영국 농촌에서 일어난 변화를 설명했다. 이는 대다수 도시 인구가 가지고 있던 낭만적이고 향수를 불러일으키는 시각을 피한 것이었다. 그는 한때 토지 소유 계층에게 순종했던 농업 노동력이 있었지만, 농업에 종사하는 노동력이 줄어들고 이후 외지인들이 농촌에 유입되면서 이러한 사회질서가 압박을 받게 되었다고 묘사했다. 이 외지인들은 그 지역에 살지만 그 지역 출신은 아니며, 동일한 가치를 공유하지 않았다. 이와 유사하게 매리언 쇼어드(Marion Shoard)의 『시골의 도둑질(The theft of the countryside)』(1980)에서는 농업 집약화의 영향에 대해 다음과 같이 신랄하게 비판했다.

이를 깨닫는 사람은 거의 없지만, 영국의 풍경은 사형선고를 받았다. 실제로 사형은 이미 집행되고 있다. 사형 집행자는 산업가나 부동산 투기꾼이 아니며, 그의 활동은 영국 농촌의 변두리에만 영향을 미쳤을 뿐이다. 대신에 그 사형 집행자는 농촌의 수호자로 여겨지는 인물, 바로 농부이다.

(Shoard, 1980: 9)

로 등(Lowe et al., 1986)의 기록에 따르면, 1970년대와 1980년대에는 농업 생산의 영향으로 인한 환경 문제가 제기되는 일련의 중요한 농촌 분쟁이 발생했다. 여기에는 1980년대 초반부터 중반까지 서머싯 평원(Somerset Levels)과 홀버게이트 습지대(Halvergate Marshes)의 배수 문제를 둘러싼 공론화된 분쟁이 포함되며, 이는 환경보호의 상징적인 사건으로 자리 잡았다. 또한 '곡물의 산'과 '와인의 호수*'를 만들어 낸 유럽공동농업정책(European Common Agricultural Policy)의 연구는 대중의 상상력을 사로잡았다. 이러한 상황을 배경으로 농업지리학에 대한 교육에서 긍정적인 관점을 유지하는 것이 더 이상 가능하지 않게 되었으며, 여기에 더해 식품 생산과 소비의 불균등한 국제화에 대한 인식도 증가했다. 1983~1984년 아프리카 사헬 지대에서 발생한 기근[전 세계 언론의 주목을 받으며 1985년 세계적인 라이브 에이드(Live Aid) 이벤트로 이어졌다]은 국제무역의 작동 방식이 명확해진 사건이었다. 당시 이 지역 국가들은 인구가 생계를 유지하기 위해 고군분투하는 동안에도 여전히 '사치' 작물을 선진국에 수출하고 있었다. 1980년대 중반에 이르러 '위기에 처한 농촌'

---

* 역자주: 녹색혁명은 성공 그 자체가 농업 발전의 발목을 잡는 원인이 되었다. '곡물의 산', '와인·우유의 호수'라는 말이 나올 정도로 농산물이 흔해지자, 농업 분야의 연구·개혁에 대한 투자 필요성이 사라졌다.

이라는 말이 나올 정도로 농부와 농업의 역할에 대한 깊이 자리 잡은 전제들이 의문을 받게 되었다.

> 농부는 더 이상 울타리 너머를 바라보는 소박한 시골 사람이 아니다. 그가 정말로 그런 적이 있었다면 말이다. 그는 대도시의 시장에 의해 결정되는 관행을 따르는 자본가이다. 지난 전쟁 이후 역대 정부들은 영국을 온대 지역 식량 자급국으로 만들겠다는 미명하에 농업 생산성을 증대시키기 위해 막대한 자금을 투입했다. 그 결과, 특히 저지대에서의 집약화는 농촌 공동체와 야생동물 모두에 큰 영향을 미쳤다.
>
> (Pye-Smith and Rose, 1984: 17)

이 절에서 인용한 1980년대 초중반의 텍스트들은 농업 생산주의 이데올로기가 해체되는 과정에 있었다는 사실을 보여 준다. 이 이데올로기는 농업과 농촌, 식량과 농사, 농부와 토지의 청지기를 동일시했다. 그러나 농업이 농촌 경제에서 차지하는 비중이 점점 줄어들면서 이러한 가정은 광범위하게 도전받게 되었다. 학교 지리에서 이들 문제를 이론적으로 가르치려는 가장 발전된 시도는 존 허클(John Huckle)의 『우리가 소비하는 것(What we consume)』(1988~1993)에서 찾아볼 수 있으며, 특히 '영국 농업' 단원에서 다루어졌다. 허클은 "제2차 세계대전 이후 발전하여 1980년대 초반까지 계속 추진력을 얻은 농업 생산의 쳇바퀴(treadmill)가 농촌 공간을 농업 생산과 동일시하는 이데올로기에 의해 정당화되었다."라고 지적했다. 이러한 관계가 붕괴된 상황에 비추어, 허클은 다음과 같이 주장했다.

> 농촌의 자연과 지속가능한 이용에 관한 대안적인 아이디어를 촉진할 수

하나뿐인 지구에 꼭 필요한 비판지리교육학

있는 기회가 있다. 실제로 농가 소득의 감소는 농업의 다각화를 추진하는 주요 원동력이 되었으며, 소비주의와 연관된 도시 세계에서 자연과의 단절이 심화됨에 따라, 농촌은 문화적 경관에서 다양한 의미를 가지게 하고, 논쟁과 토론의 대상이 되도록 만들었다.

(Huckle, 1988: 93)

허클의 영국 농업과 습지 배수 단원은 1980년대 중반에 농업 생산을 형성한 경제적·정치적 과정에 관해 가르치고, 이러한 과정이 어떻게 경쟁과 도전의 대상이 되었는지를 보여 주기 위한 시도였다. 이 단원을 뒷받침하는 핵심 아이디어는 농업의 쳇바퀴에 대한 것이었다. 이 개념은 정부 보조금으로 지원되는 확장 체제를 통해 농부들이 혜택을 받고, 이를 통해 농업 과정의 기계화와 집약화를 촉진하게 된다는 것을 보여 준다. 한번 탄력을 받은 쳇바퀴는 멈추기 어렵다. 이 단원의 활동은 농업 생산의 쳇바퀴와 관련된 사회적·환경적 비용이 얼마나 큰지 보여 주기 위해 노력한다. 이는 바워스와 체셔(1983)의 분석을 바탕으로 한 농촌 공동체에 대한 활동, 대기업이 농업을 선택적으로 재현하는 방식을 탐구하는 질산염 오염에 대한 활동, 1980년대 중반에 배수와 경작으로 위협을 받은 영국 동부에 마지막으로 남은 광범위한 방목 습지인 홀버게이트 습지대의 배수와 관련된 딜레마를 탐구하는 의사결정 수업에서 확인할 수 있다. 마지막 활동에서는 학생들이 미래에 보고 싶은 농촌의 모습을 생각해 보는 시간을 가진다. 그들은 1947년의 농촌과 1986년의 농촌을 비교하고, 다음 질문을 통해 2000년에는 어떤 농촌이 되었으면 좋겠는지 생각해 보도록 요청받는다.

• 농촌은 어떤 용도로 사용될 수 있을까?

- 농촌에서는 어떤 종류의 일을 할 수 있을까?
- 얼마나 많은 사람이 그곳에 살며 어떻게 생활할까?
- 더 많은 야생동물과 경관을 즐길 수 있을까, 아니면 줄어들까?
- 농촌으로의 접근이 더 쉬울까, 아니면 더 어려울까?
- 농촌 보존 비용은 누가 부담하고, 어떻게 집행될 것인가?

(Huckle, 1988: 117)

돌이켜보면 농업지리학 교육에서의 이러한 발전은 현재 촌락지리학 문헌에서 흔히 볼 수 있는 생산주의 및 탈생산주의 농업 체제에 부합한다. 일버리와 보울러(Ilbery and Bowler)는 이러한 전환을 다음과 같이 요약했다.

> 선진 시장경제의 농업은 전후 시기에 상당한 재구조화를 거쳤으며, 크게 두 가지 변화 단계를 확인할 수 있다. 농업 생산량 증대에 중점을 둔 생산주의 단계는 1950년대 초반부터 1980년대 중반까지 지속되었으며, 농업의 지속적인 근대화와 산업화가 특징이었다. 농업 생산량을 줄이는 것이 목표인 […] 탈생산주의 단계는 이제 10년이 지났으며, 농업을 더 광범위한 경제 및 환경 목표에 통합하는 것이 특징이다.

(Ilbery and Bowler, 1998: 57)

이들은 집약적 토지이용에서 조방적 토지이용으로, 소유권 집중에서 분산 소유로, 생산의 전문화에서 다각화로의 세 가지 변화가 탈생산주의로의 전환을 특징짓는다고 주장한다. 다만 이 전환에 대한 증거가 항상 명확한 것은 아니며, 실제로는 새롭게 부상하는 농업 또는 식량 체제의 정치경제적 발전의 일부로 이해되어야 한다. 이러한 발전은 점점 더 전 세계적으로 조직화되는 농업 생산과 사회적·문화적 변화의 패턴 간의 관계를 재고할 것을 요구한다. 식량 생산과 소비의 지리에 관한 이해를 발전시키는 중요한 텍스트는 데이비드 굿맨과 마이클 레드클리프트(David Goodman and Michael Redclift)의 『자연의 개조(Refashioning nature)』(1991)로, 자연의 사회적 구성에 관한 초기 논의가 담겨 있다. 이 책은 근대 식량 생산의 조건으로 인해 자연이 자연스럽지 않으며 다양한 의미를 지니고 있다는 인식을 불러일으켰다고 주장한다. 그들은 식량, 생태, 문화를 별개의 범주로 생각할 수 없으며, 오히려 서로 상호의존적이라고 강조한다. 따라서 산업화된 농식품산업의 발전은 여성 고용의 변화와 가족농의 쇠퇴와 밀접한 관련이 있다. 이들은 정치경제적 접근 방식과 문화적 관점을 통합할 필요성을 강조한다. 이러한 통찰은 다음 절에서 논의할 음식의 문화지리학을 발전시키는 데 중요한 역할을 했다.

● 탐구 질문

1. 1970년대부터 현재까지의 지리 교과서를 살펴보세요. 이 책들에서 농업 지리는 어떻게 재현되어 있나요? 시간이 지남에 따라 이 주제에 더 많은 지면이 할애되었나요? 농업이 재현되는 방식에 변화가 있나요? 학생들에게 제시된 핵심 아이디어는 무엇인가요? 시간이 지남에 따라 어떻게, 그리고 왜 변했나요?

음식 문화

식량 생산 방식의 변화가 식량 소비에 관한 우리의 이해에 중요한 변화를 가져왔다고 주장할 수 있다. 예를 들어, 글로벌 식량 체제의 발전과 글로벌화 과정은 사람들의 식생활방식과 음식 소비에 대한 인식에 큰 변화를 가져왔다. 이는 1990년대에 식품학(food studies)이라는 분야가 등장한 데서도 잘 드러난다. 워런 벨라스코(Warren Belasco)는 음식에 대한 학문적 관심의 출현이 1970년대 이후 도시 중산층 문화의 변화, 즉 '맛, 장인 정신, 진정성, 지위, 건강과 관련된 음식 문제에 대한 관심의 증가'를 따른 것이라고 주장한다(Belasco, 2008). 벨라스코의 의견은 지리 교실의 학습 대상이 지리교사의 관심사와 우려를 (의도적으로든 무의식적으로든) 반영할 수 있다는 점을 고려할 필요가 있음을 경고한다. 즉 음식에 관심이 있는 지리학자들은 레스토랑과 슈퍼마켓의 확장을 촉진한 것과 같은 부유한 사회계층에 속해 있으며, 결국 자신들을 연구 대상으로 삼고 있다. 좀 더 관대하게 말하자면, 우리 삶을 좌우하는 정치적 불안정과 위기는 통제할 수 없는 것처럼 보이지만, 우리가 먹는 음식에 관심을 기울이는 것은 우리 삶에 대한 통제권을 주장하려는 시도일 수 있다. 음식에 관심이 있는 지리학자들은 일상적인 소비 선택과 그 '보이지 않는' 연결고리를 글로벌 식량 상품 사슬과 연결해야 한다고 주장하며, 기아, 불평등, 신식민주의, 기업의 책임, 생명공학, 생태적 지속가능성에 관한 질문을 제기해 왔다.

음식 문화와 관련된 연구의 중요한 측면은 '일상생활', 즉 일상의 공간에 초점을 맞추는 것이다. 이는 이른바 지리학에서의 문화적 전환을 반영하고 있다. 문화적 전환은 사회과학의 광범위한 변화와 관련이 있다. 피터 잭슨(Peter Jackson)의 『의미의 지도(Maps of meaning)』(1989)는 헤게모니, 이데올로기, 저항의 개념에 초점을 맞춘 영국의 문화 연구를 바탕으로 한 고전(古典)이다. 이 접근법의 핵심은 상품, 서비스, 소리, 이미지를 소비하는 일상적인 행위가 정치적 의미를 가질 수 있다는 '문화정치(cultural politics)'라는 개념이다. 잭슨의 책에서 음식은 크게 다루어지지 않았지만, 이후 문화지리학의 발전은 음식에 대한 방대한 양의 연구로 이어진다. 인문지리학에서 일어난 문화적 전

하나뿐인 지구에 꼭 필요한 비판지리교육학

환에는 여러 특징이 있으며, 다음을 포함한다.

- 일상생활에 대한 존중
- 대안 공간을 탐색하려는 의지
- 일상생활의 텍스트성에 대한 개방성
- 미디어 및 대중문화에 관한 관심
- 소비에 집중하는 성향
- 사람들이 일상생활과 신체 관리를 협상하는 방식에 대한 관심
- 차이에 대한 강한 헌신

데이비드 벨과 질 밸런타인(David Bell and Gill Valentine)의 『지리를 소비하기: 우리는 우리가 먹는 곳에 있다(Consuming geographies: we are where we eat)』 (1997)에 음식에 관한 이러한 관점이 가장 잘 나타난다. 벨과 밸런타인은 닐 스미스(Neil Smith, 1993)의 스케일의 사회적 구성(social construction of scale) 개념을 사용하여 연구하면서, 음식의 지리에 대해 생각하는 독특한 접근 방식을 제시했다. 따라서 그들은 음식이 신체, 가정, 지역사회, 도시, 지역, 국가, 글로벌 스케일과 어떻게 연관되어 있는지 탐구하는 장을 집필했다. 이를 통해 신체 이미지와 섭식 장애, 식사 준비의 젠더적 특성, 민족정체성 발달에서 음식의 역할, 국가 식단의 구성, 지역 음식 문화, 음식 관광 등 다양한 문제에 관해 논의할 수 있다. 이 접근 방식은 음식 문화의 사회적 구성, 즉 음식 소비가 사회적·경제적·정치적·도덕적 체제와 얽혀 있는 의미를 강조하며, 음식의 문화정치에 대한 이해의 중요성을 부각하는 데 의도적으로 관심을 기울이고 있다. 이제 간략한 소개를 마치고, 이 절의 나머지 부분에서는 음식 문화에 접근하는 방법에 관한 몇 가지 사례를 살펴보고자 한다.

음식 문화에 관련한 유용한 입문서에는 애슐리 등(Ashley et al.)의 『음식과 문화 연구(Food and cultural studies)』(2004)가 있다. 그들의 접근 방식 요소는 국가 식단에 관한 장에서 볼 수 있다. 비교적 최근의 역사비평가들을 따르는 저자들은 국가가 원시적이고, 자연적 단위로 존재한다는 생각을 거부하고, 국가는 사회적 구성물 또는 '상상된 공동체(imagined communities)'로 이해되어야 한다고 주장한다. 정치적 요소도 중요하지만, 국가정체성은 일상적인 활동, 특히 음식과 같은 것들을 통해 형성된다. 예를 들어, 영국의 국가 식단은 다음과 같이 정의한다.

> 하루의 '메뉴'는 달걀프라이, 베이컨, 소시지, 토마토 등 영국식 아침 식사, 고기(특히 쇠고기) 구이, 스콘이나 홈메이드 케이크가 포함된 애프터눈 티, 저녁 식사로 피시앤드칩스 등이 있다. 대부분의 영국인이 매일 먹는 음식과는 거리가 멀지만, 그럼에도 이것이 국민들의 집단적 상상력에 의해 정의된 국가 식단을 구성한다고 주장할 수 있다.
>
> (Ashley et al., 2004: 76)

문화지리학에서 흔히 가정하는 것은 음식 준비와 소비의 일상적인 실천이 실제로는 정체성 형성의 더 깊은 측면을 드러낸다고 주장하는 점이다. 예를 들어, 길버트 어데어(Gilbert Adair, 1986)는 "피시앤드칩스는 […] 일종의 국가 통합의 힘을 구성한다."라고 주장한다. 정체성은 종종 다양한 '타자'와 구별되는 것으로 형성되며, 우유 1파인트를 1리터로 대체하는 것을 포함하여 영국 음식의 '유럽화'에 대한 대중의 우려를 설명하는 것이 바로 이것이다. 이 입장에서 보면, 국가의 통일성과 진정성을 해체하는 것이 가능해진다. 이와 같은 접근 방식은 파니코스 파나이(Panikos Panayi)의 『영국에 양념을 치다

〈Spicing up Britain〉』(2008)에서 찾아볼 수 있다. 파나이는 영국 음식에 대한 반역사적 시각을 제시하며, 현대 역사가들을 따라 영국 고유의 식단에 관한 생각이 처음부터 제국주의 프로젝트와 '모국'과 식민지 간의 사람, 상품, 아이디어의 쌍방향 교류와 어떻게 밀접히 연관되어 있었는지를 설명한다. 그는 이른바 외국 음식이 어떻게 도심과 점점 더 많은 '식민모국'의 가정에서 자리를 잡았는지 보여 주는 방대한 증거를 제시한다. 파나이는 1850~1945년, 1945년~현재의 두 시기로 나누어 설명한다. 후자의 시기는 20세기 후반 글로벌화 과정과 그에 따른 사회 및 문화 생활의 변화로 국가별 음식 문화가 분열되었고, 맥도날드와 같은 패스트푸드의 발전으로 '미국화(Americanisation)'라는 새로운 위협이 늘 가까이 다가오는 것으로 보인다고 주장한다.

사회적·문화적 변화가 어떻게 밀접히 연관되어 있는지를 보여 주는 사례는 요리 관련 텍스트를 통해 살펴볼 수 있다. 셰리 이네스(Sherrie Inness)의 『비밀 재료: 식탁에서의 인종, 젠더, 계급(Secret ingredients: race, gender and class at the dinner table)』(2006)은 미국 요리책이 다양한 사회집단, 특히 여성에 대한 인식을 어떻게 반영하고 형성했는지를 탐구한 책이다. 그녀는 이러한 텍스트에 미국 사회에서 여성이 무엇을 의미하는지를 보여 주는 중요한 메시지가 담겨 있다고 주장한다. 그녀는 1950년대에 발달한 간편식 문헌을 분석하며, 많은 여성이 '그들의 할머니처럼' 요리해야 한다는 부담에서 해방되는 것을 반겼다고 제안한다. 이는 가족에 대한 의무와 집안일로부터 자유로운 삶을 살 수 있다는 것을 암시하는 것 같았기 때문이라고 말한다. 이 책들은 가정 중심의 육아 생활에 대한 여성들의 불안감과 불만을 다룬 베티 프리던(Betty Friedan)의 『여성의 신비(The feminine mystique)』(1963)와 같은 고전과 함께 읽을 수 있다. 이네스는 더 간단하고 건강한 생활양식을 위한 자연식 이데올로기를 확산하는 데 도움을 준 프란시스 무어 라페(Frances Moore Lappé)

의 『작은 지구를 위한 식단(Diet for a small planet)』(1971)과 같은 글에 대해 논의한다. 이 책들은 렌틸콩 빵과 두부 캐서롤 레시피를 전수했을 뿐만 아니라, '미국 주류의 소비 중심적 사고방식을 바꾸고 그들의 행동이 전 세계 사람들에게 환경적으로나 다른 방식으로 어떤 영향을 미쳤는지를 생각하게 해야 한다는 정치적 의제'를 공유했다. 이네스의 연구는 문화 연구에 관한 텍스트적 접근의 훌륭한 사례이다. 이 다양한 요리 텍스트에 관한 상세하고 면밀한 읽기와 함께 그 텍스트가 생산된 더 넓은 사회적 맥락에 대한 논의를 결합한다. 이러한 분석은 음식 문화의 발전에서 무엇이 위태로운지를 보여 줄 뿐만 아니라, 이 문화가 결코 단일하지 않으며 지배 문화, 신흥 문화, 잔존 문화가 공존한다는 것을 보여 준다. 영국의 경우, 니콜라 험블(Nicola Humble)의 『요리의 즐거움(Culinary pleasures)』(2005)은 요리책에 반영된 영국 음식의 변화를 다루고 있다(다음 글상자 참조).

다음은 제이미 올리버(Jamie Oliver)의 『벌거벗은 요리사와 함께한 행복한 날들(Happy days with the naked chef)』(2010)에 나오는 빵 굽기를 소개하는 글이다. 올리버는 영국의 음식 문화에서 중요한 유명 인사가 되었다. 그의 현실적이고 친근한 스타일은 남녀노소 모두에게 사랑받고 있다. 험블(2005)에 따르

영국 음식의 변천사

"멋진 빵의 세계(THE WONDERFUL WORLD OF BREAD). 저는 여전히 빵을 정말 좋아해요. 정말 흥미진진하죠. 나와 내 친구 버니, 훌륭한 제빵사인 그 친구와 함께 사워도(sourdough) 레시피를 완벽하게 만들려고 노력하는 동안 정말 웃겼어요. 우리는 마치 임신한 여성들처럼 매일 전화하며 우리 반죽이 잘되고 있는지 확인했기 때문입니다. 하지만 그게 바로 빵의 매력이에요. 빵은 보람 있고, 치유적이며, 촉감적으로 즐거운 경험이에요. 당신도 빵을 제대로 만들고 나면 정말 뿌듯할 것입니다."

하나뿐인 지구에 꼭 필요한 비판지리교육학

면, 이 레시피는 "밀레니엄 전환기에 구운 빵에 대한 관심과 이탈리아의 모든 것에 대한 지속적인 사랑"을 반영하며 시대적 특징을 보여 준다. 빵에 대한 상식적인 열정과 여성적 영역(임산부에 대한 농담)을 침범하는 느낌이 있다. 제이미 올리버의 '사내다운' 톤은 그의 매력의 일부이며, 이는 요리 기술을 전파하고 대중 전체에게 양질의 음식에 대한 입맛을 길들이기 위한 프로젝트를 발전시키는 데 사용되었다. 이러한 프로젝트의 정점을 찍은 프로그램은 '제이미의 학교 저녁 식사'와 '제이미의 식품부(Jamie's Ministry of Food)'(채널4, 2008)로, 그는 사우스요크셔의 산업도시인 로더럼을 '영국의 요리 수도'로 만들기 위해 노력했다. 지역 주민들의 열악한 식단에 충격을 받은 올리버는 많은 주민에게 음식 준비의 기본 방법과 간단하지만 영양이 풍부한 다양한 레시피를 제공하기 시작했다. 이들이 새로 배운 기술을 활용하고 전파할 수 있도록 하자는 생각이었다.

휴 펀리-휘팅스톨의 리버 코티지(Hugh Fearnley-Whittingstall's River Cottage)* 브랜드는 슈퍼마켓에서 판매되는 식품의 품질 우려에 대응한 것이다. 그의 『리버 코티지(River Cottage)』요리책과 TV 프로그램은 과일과 채소를 직접 생산하고 가축을 사육(및 도축과 도살)한다는 아이디어를 기반으로 한다. 지난 10년 동안 펀리-휘팅스톨 프로젝트는 리버 코티지 농장에서 벗어나 대안적인 식품 공급을 모색하는 방향으로 나아갔다. 그중 하나는 테스코(Tesco)가 합리적인 가격의 방목 닭고기를 제공하도록 장려하는 캠페인이었고, 다른 하나는 브리스틀 교외의 버려진 땅을 지역 주민들이 관리하는 도시형 소규모 농장으로 활용하는 것이었다.

---

* 역자주: 휴 크리스토퍼 에드먼드 펀리-휘팅스톨(Hugh Christopher Edmund Fearnley-Whittingstall)은 영국의 유명 셰프, TV 방송인, 저널리스트, 음식 작가, 식품 및 환경 문제 운동가이다.

이러한 사례에서 알 수 있듯이, TV 요리 프로그램으로 음식 정치에 대한 질문을 다루는 방법을 제공한다. 제이미 올리버의 프로그램은 지리교사와 학생들이 탐구할 수 있는 여러 질문을 제기한다. 다음 절에서 논의하겠지만, 예를 들어 학교 급식에 대한 그의 연구는 학교 음식의 질에 관련한 광범위한 관심의 일환이며, '제이미의 식품부' 프로그램은 개인이 음식을 선택하는 이유와 빈곤한 도심에서 신선하고 질 좋은 음식을 구할 수 있는지에 대한 중요한 문제를 제기했다.

● 탐구 질문

1. 현재 TV에서 방영 중인 음식 프로그램 연구를 수행해 볼까요? 이 프로그램들에서 어떤 음식 문화가 나타나고 있나요? 음식의 문화정치란 무엇인가요? 지리 수업에서 논의되어야 한다고 생각하는 문제와 질문이 있나요?

서구 사회에서 음식을 중심으로 조직된 생활양식의 출현에 관한 포괄적인 논의는 조세 존스턴과 샤이언 바우만(Josee Johnstone and Shyon Baumann)의 『미식가: 미식가의 민주주의와 차별성(Foodies: democracy and distinction in the gourmet foodscape)』(2010)에서 찾아볼 수 있다. 그들은 음식에 대한 집착이 생겨난 여러 이유를 다음과 같이 제시한다.

• 현대 미식 경관(foodscape)이 제공하는 큰 즐거움
• 산업화된 식품 시스템에 대한 우려와 그로 인한 건강 문제, 생태계 파괴, 사회적 불공정에 미치는 영향
• 글로벌화 과정은 초국적 이주를 촉진하고 국경을 넘는 여행을 증가시켰으며, 그 결과 음식 문화는 더욱 범세계적이 되었다.

하나뿐인 지구에 꼭 필요한 비판지리교육학

• 음식 미디어, 특히 음식 TV와 인터넷 자료의 증가는 우리가 먹는(또는 앞으로 먹을) 음식에 관한 방대한 정보에 접근할 수 있다는 것을 의미한다.

존스턴과 바우만은 1950년대 이후 엘리트 '미식 문화'인 고급 프랑스 요리에 대한 관심에서 벗어나, 지역 및 향토 요리에 대한 갈망을 가진 더 평등하고 잡식적인(omnivorous) 접근 방식으로 중요한 변화가 일어났다고 지적한다. 이들은 레스토랑 평론가들이 음식과 요리 기술에 관한 지식을 대중화하는 데 기여한 과정을 흥미롭게 설명한다. 1950년대에는 지중해, 이탈리아, 프랑스의 노동계급과 농민 요리에 관한 엘리자베스 데이비드(Elizabeth David)의 책이 출판되고, 1960년대에는 생태 건강에 대한 관심과 『작은 지구를 위한 식단』(Lappé, 1971)과 같은 대안 요리책이 출판되면서 중요한 변화가 일어났다. 1980년대의 음식 문화는 지위와 과시적 소비를 중시하는 '여피(yuppie)' 문화의 특징이 두드러졌만, 1990년대와 2000년대에는 '민족(ethnic)' 요리에 대한 관심이 증가하면서 생태적 지속가능성과 지역 식재료에 관한 관심이 높아졌다. 전반적으로 음식 소비에서 계층 위계는 무너지고, 진정성을 추구하는 방향으로 변화가 일어났다.

동시에 미식가들이 자신의 소비 선택을 통해 좋은 취향을 알리기 위해 차별화를 추구하는 역추세도 있다. 이는 미식 문화정치가 모순적이라는 것을 의미한다. 존스턴과 바우만은 '미식 문화가 사회적 불평등을 가능하게 하고 정당화하는 문화자본의 한 형태로 작동하는 방식'이라는 점을 인정하며, 이에 대해 솔직하게 이야기한다. 이들은 미식 문화에 참여하고 즐기는 동시에 전 세계 인구의 17%만이 전 세계 음식의 80%를 소비한다는 사실을 상기시킨다. 이러한 전 세계적인 식량 불평등은 미식 문화에서는 잘 드러나지 않는 경우가 많다. 이와 동시에 유기농 식품과 지역 식재료에 대한 관심, 푸드 마일리지(food miles) 개념에 관한 대중의 인식 확대 등 여러 가지 과제가 있다. 그러나 생태적 지속가능성과 관련된 이러한 '녹색' 과제는 계급과 소득에 따른 사회적 불평등과 관련된 사회정의의 '적색' 과제에 대한 관심으로까지 확장되지 못하고 있다.

이 절의 사례는 학교 지리가 대중음식 문화와 관련된 통찰력과 접근법을 개발할 수 있는 잠재력을 맛보는 예시일 뿐이다. 이러한 접근 방식은 베리 스마트(Berry Smart, 2010)가 '소비자 사회(the consumer society)'라고 부르는 맥락, 즉 음식 소비와 관련된 가치와 정체성, 때로는 윤리적 선택에 대한 성찰에 관심을 갖는 맥락에 위치해야 한다. 즐거움과 정치가 혼재하는 모든 경우와 마찬가지로, 쉬운 교육적 접근 방식은 없다. 이 장의 마지막 절에서는 지금까지 논의된 지리적 관점을 학교 음식 문화를 변화시키려는 시도와 연결시킨다.

● 탐구 질문

1. 여러분의 거주 지역의 음식 문화는 어떠한 특징이 있나요? 그 주요 특징은 무엇인가요? 지리적 스케일 개념이 음식 문화의 이해에 어떤 영향을 미치나요? 시간이 지남에 따라 음식 문화는 어떻게 변해 왔나요? 어떤 영향을 미쳤나요?

학교 급식 문화의 변화

이 장의 첫 번째 절에서는 생산주의적 식량 체제의 명백한 붕괴를 논의했으며, 이제는 단순히 농업의 '전문가'들에게 식량 생산을 맡길 수 없다는 결론을 내렸다. 이러한 변화는 식량 생산과 소비의 특성에서 중요한 전환이 발생한 결과이다. 지리학 및 사회학 분야의 연구는 식량 체제가 경제적·정치적·문

하나뿐인 지구에 꼭 필요한 비판지리교육학

화적 글로벌화 과정과 연결되어 있음을 강조해 왔다. 전후에 등장한 생산주의 농업 체제는 농업과 산업 복합체의 집약화와 산업화를 통해 식량 생산을 보장했고, 이는 전후 풍요의 시대에 많은 사람들에게 식량이 의식의 뒷전으로 밀려났다는 것을 의미했다. 사회의 많은 부분에서 식량은 풍부하고, 저렴하며, 편리하고, 상대적으로 영양가가 높았다. 농부, 영양사, 식품 기업, 농업 기업, 국가 등 농식품산업에 대한 신뢰가 높아졌다. 그 '식량 전문가들'이 중요한 역할을 담당하게 되었다. 그 결과 식량이 어떻게, 어디서, 누가 생산했는지의 문제는 논의의 주제가 되지 못했다.

더 많은 사람이 도시와 교외 지역에 거주하게 되면서 TV와 광고를 매개로 식량 생산 과정에 대한 직접적인 경험과 의식은 감소했고, 여성의 노동시장 진출이 늘어나면서 슈퍼마켓과 가공식품을 통한 식량 공급이 보장되었다. 과학과 기술 분야에서 백의의(white-coated) '전문가'에 대한 신뢰가 있었고, 유통 시스템의 변화는 이 시대가 선택의 시대로 널리 인식되었음을 의미했다.

그러나 1970년대 중반부터 농촌사회학자들은 근대 도시인들이 농촌과의 접촉에서 소외감을 느끼는 방식에 관해 글을 쓰기 시작했고, 레이철 카슨(Rachel Carson)의 『침묵의 봄(Silent spring)』(1962)이 출간되면서 살충제와 화학물질 사용이 야생동물과 인간의 건강에 미치는 영향에 대해 관심이 높아졌다. 인구 과잉과 맬서스적 자원 위기에 대한 두려움을 다룬 라페(Lappé, 1971)의 『작은 지구를 위한 식단』과 같은 책이 출간되었고, 이후 울리히 벡(Ulrich Beck, 1992)은 사람들이 '전문가 시스템'에 대한 신뢰 없이 스스로 결정을 내려야 하는 위험사회(risk society)에서 어떻게 살아가고 있는지를 설명했다. 이러한 변화는 우리 삶의 여러 측면에서 반성적 성찰이 강화되는 시대를 열었다. 이전에는 사람들에게 삶을 살아가는 방법을 조언해 줄 확실한 지침이 있었다면, 이제는 개인이 스스로의 자원에 점점 더 의존하게 되었다.

일부 평론가들에 따르면, 현대의 글로벌 식량 체제는 두 가지 모순적인 경향으로 나타난다. 한편으로는 농업 집약화, 유통 집중화, 식량의 상품화 추세가 지속되고 있고, 다른 한편으로는 상품 중심 네트워크의 주류 바깥에서 존재하려는 대안적 체제(유기농 식품, 친환경 인증 식품, 직접 판매, 공정무역, 로컬푸드, 공동체 부엌과 정원, 공동체 지원 농업, 푸드박스 제도, 파머스마켓)를 기반으로 하는 '신도덕경제(new moral economy)'의 발전이 나타나고 있다. 이 모든 것은 식량의 생산과 소비에서 생산자, 소비자, 활동가들 사이에 커다란 반성과 새로운 행동양식이 생겨나고 있음을 의미한다.

> 식량과 그에 수반되는 생산 과정이 우리 의식의 최전선으로 이동하고 있다. […] 식량의 생산 방식부터 우리가 먹는 방식에 이르기까지 식량에 대한 우리의 오랜 가정(assumption) 중 많은 부분이 이제 변화의 소용돌이 속에 있다.
>
> (Wright and Middendorf, 2007)

학교도 이러한 변화의 영향에서 자유로울 수 없으며, 최근 몇 년 동안 학교 내 학생들의 음식 문화 변화에 초점을 맞춘 이니셔티브가 점점 더 증가해 왔다. 2008년 국가교육과정에는 '건강한 생활양식(healthy lifestyles)'이라는 범교과적 주제가 포함되었다. 보건부/아동, 학교 및 가족을 위한 보건부 학교급식 프로그램(www.foodinschools.org)에는 교육과정 계획, 전체 학교 지도, 교사를 위한 지속적인 전문성 개발, 지속가능한 학교 급식 조달에 대한 지침, 학교 급식의 최소 영양 기준, 학교 조리사 자격, 주립 초등학교의 4~6세 어린이에게 하루에 과일이나 채소를 무료로 제공하는 학교 과일 및 채소 계획에 대한 조언이 포함되었다. 또한 국가건강학교 프로그램(http://home.healthyschools.gov.uk)은 '건강에 대한 전체 학교/전체 아동 접근 방식'을 장려하고자 했으며, 아동 계획과 2008년 백서『건강한 체중, 건강한 삶』의 목표를 달성하는 핵심 수단으로 여겨졌다. 마지막으로, 2005년 (당시) 교육기능부(Department for Education and Skills)가 '학교 급식 및 식품 기술을 혁신'하기 위해 설립한 스쿨푸드 트러스트(www.schoolfoodtrust.org.uk)는 어린이와 청소년의 교육과 건강을 증진하고 학교 급식의 질을 개선하는 것을 목표로 삼았다.

이와 더불어 다양한 캠페인도 있으며, 일부는 대중에게 널리 알려져 있다. 그 중 하나는 '제이미의 학교 저녁 식사'로, '학교 급식 시스템을 급진적으로 바꾸고 아이들이 즐겨 먹을 수 있는 신선하고 영양가 있는 식사를 제공하는 방법을 학교에 보여 줌으로써, 정크푸드 문화에 도전하는' 캠페인이다. 또한 영국 토양협회가 여러 파트너와 함께 개발한 또 다른 캠페인인 '생명을 위한 음식 파트너십'도 있다(www.foodforlife.org.uk).

> 학교를 통해 지역사회가 양질의 지역 및 유기농 식품에 접근하고 신선한 음식을 직접 요리하고 재배하는 데 필요한 기술을 습득할 수 있도록 지원한다. 우리는 모든 청소년과 그 가족들이 건강하고 계절의 변화를 느낄 수 있는 좋은 음식을 즐기며 시간을 보내는 즐거움을 재발견하길 바란다.

이 프로그램은 학교 음식 문화를 변화시키기 위한 6가지 단계를 기반으로 한다.

- 2015년까지 모든 학생이 건강하고 기후 친화적인 학교 급식을 먹을 수 있도록 한다.

- 학교 급식은 상업적 사업이 아닌 교육 서비스로 운영되어야 한다.
- 정부는 학생 1인당 50펜스를 학교 급식에 투자하여 1파운드의 식재료비를 달성하는 동시에 급식 이용률을 높일 수 있도록 한다.
- 학교 조리사가 신선한 음식을 준비할 수 있는 유급 근무 시간을 확대해야 한다.
- 2011년까지 Key Stage 3*까지의 모든 학생에게 연간 최소 12시간의 요리 수업을 제공한다.
- 2011년까지 모든 학생이 학교 정원과 농장에서 직접 채소를 재배하고 생산하는 경험을 갖도록 한다.

이 6단계는 학교교육 문화의 중요한 변화를 나타낸다. "청소년과 그 가족들이 건강하고 계절의 변화를 느낄 수 있는 좋은 음식을 즐기며 시간을 보내는 즐거움을 재발견"하도록 학교가 도와달라는 요청은 현대 생활과 학교교육을 형성하는 속도 문화에 대한 반전을 시사한다(http://www.jamieoliver.com/tv/school-dinners). 이러한 복잡한 이니셔티브의 환경을 조사하면서 '생명을 위한 음식 파트너십'은 건강, 근대 농업산업의 식량 생산이 기후에 미치는 영향, 간편식, 가공식품 및 혼밥에 대한 의존도를 높이는 식습관의 변화를 언급

---

* 역자주: 영국 국가교육과정 학제와 우리나라 교육과정 학제를 비교하면 다음과 같다.

단계	연령	학령	기간	영국 학제	우리나라 학제	비고
KS 1	5~7세	1, 2학년	2년	초등교육 (KS 1, 2)	초등학교	
KS 2	7~11세	3, 4, 5, 6학년	4년			
KS 3	11~14세	7, 8, 9학년	3년	전기 중등교육 (KS 3, 4)	중학교	
KS 4	14~16세	10, 11학년	2년		고등학교 1, 2학년	GCSE 성취수준 적용

장영진, 2003, 영국의 지리과 국가교육과정의 제정과 그 영향, 대한지리학회지, 38(4), 640-656; 강창숙, 2005, 영국의 국가교육과정에서 제시하는 사고기능과 TTG 전략(I), 대한지리학회지, 40(1), 96-108을 참조하여 작성했다.

하는 다소 다른 정교한 음식 문화의 정의(definition)를 제안하고 있다. 프로그램의 사명 선언문은 건강과 지속가능성의 메시지를 전달하는 것 이상의 필요성을 인식하고 있다.

'생명을 위한 음식 파트너십'은 '한 번에 한 학교씩, 학교 음식 문화를 변화시키는 것'을 그 활동의 특징으로 한다. 레이먼드 윌리엄스(Raymond Williams, 1976)는, '문화'는 영어에서 가장 복잡한 단어 중 하나라는 유명한 말을 남겼다. 윌리엄스는 사람들이 생각하고, 느끼고, 행동하는 방식인 문화가 사회를 형성하는 물질적 힘과 어떻게 불가분의 관계에 있는지를 보여 주었다. 즉 '음식 문화'는 복잡한 용어이다. 그것은 강력한 경제적 힘에 의해 형성된다. 예를 들어, 세계 식단이 서구화되면서 전통적인 음식 생산과 준비 방식이 농업 관련 기업에 의해 식민화된다는 우려가 있다. 또한 국가별 식단과 특정 지역에서 사람들의 생활양식을 나타내는 음식의 의미도 포함된다. 산업화와 도시화 과정은 갈수록 많은 사람을 토지와 분리시켰고, 노동의 젠더 분화와 같은 사회적 변화로 인해 여성이 점점 더 집 밖에서 일하게 되면서 식량 소비에 변화를 가져왔으며, 이주와 이동은 먹는 음식의 변화로 이어졌다.

'생명을 위한 음식 파트너십' 모델은 학교교육에 대한 보다 느리고 생태적인 접근 방식의 비전을 제시한다. 이 평가에서 쟁점이 되는 문제는 '생명을 위한 음식 파트너십'과 관련된 이니셔티브와 행동이 학교 문화(어린이, 가족 및 지역사회를 포함하도록 광범위하게 정의된다)를 변화시킬 잠재력을 얼마나 가지고 있는가이다. 학교들이 이 프로젝트의 언어를 단순히 '추가적인 요소'로 도입할 수도 있지만, 반대로 학교 전체의 문화가 이 프로젝트의 가치를 반영하도록 변화할 수도 있다. 우리는 학교 환경 내에서 음식에 관해 어디에서 논의되고 있는지, 음식에 대한 어떤 메시지가 홍보되고 있는지, 그리고 학생, 교사, 부모들이 미디어, 학교, 더 넓은 지역사회로부터 받는 (종종 일관되지 않은) 음식에 대한 메시지를 어떻게 이해하는지에 관해 질문할 수 있다.

학교의 음식 문화를 매핑하려는 모든 시도는, 음식 문화가 새롭게 등장하고 과도기적이며 논쟁의 여지가 있음을 염두에 두어야 한다. 이는 사전에 설정된 학교 문화 모델을 개발하기보다는, 학교 음식 문화를 특성화할 수 있는 보다 유연하고 잠정적인 방식으로 채택해야 한다는 의미이다. 벨과 밸런타인(Bell and Valentine, 1997)은 지리적 스케일이라는 개념을 바탕으로 음식에 대해 생각할 때 유용한 개념적 틀을 제공한다. 〈표 5.1〉은 학교 음식 문화의 스케일적 모델을 제시하고, 학교 음식 문화를 평가하고 분석할 수 있는 개념틀이다.

〈표 5.1〉 학교 음식 문화의 스케일적 모델-분석을 위한 개념틀

몸	• 학생들이 운동하고, 건강하게 먹고, 편안하고 여유로운 생활양식을 개발하도록 장려하는 등 건강한 생활양식을 만드는 데 어느 정도로 중점을 두고 있는가? • 교실 환경이 건강에 도움이 되는가? • 학업 및 사회에서 음식을 중요한 주제로 삼아 교육과정이 적절하게 설계되어 있는가? • 학생들이 음식에 관한 지식과 기술을 잘 갖추고 있는가?
가정	• 아이들은 집에서 무엇을 먹는가? • 어디서, 어떤 조건에서 먹는가? • 음식 구매와 준비는 누가 담당하는가? • 특별한 날에는 무엇을 먹는가? • '완벽한 식사'란 무엇인가? • 학교와 가정의 관계는 어떠한가? • 학습은 건강과 웰빙에 대한 논의 속에 자리 잡고 있는가? • 가정생활에서 음식의 의미는 무엇인가? • 학교는 부모 및 가족과 음식 문제를 논의할 수 있는 방법을 어느 정도까지 찾는가?
지역사회	• 학교에 강력하고 발전된 지역사회 연계가 있는가? • 학교가 지역사회에 개방되어 있으며, 학생들이 정기적으로 지역사회에서 시간을 보내는가? • 학교가 지역사회에 대응하는 것이 아니라, 적극적으로 지역사회 발전을 형성한다고 생각하는가?

하나뿐인 지구에 꼭 필요한 비판지리교육학

	• 학교 내에 독특한 '음식 공동체'가 있는가? 이는 젠더, 사회계층, 인종 등의 사회적 범주와 어떤 관련이 있는가? • 학교의 음식 문화가 이러한 그룹을 어느 정도까지 다루고 있는가? • 학생들은 학교 또는 지역사회에서 지역 식량 생산에 어느 정도로 참여할 기회를 얻는가?
도시	• 도시 지역 주민들이 건강한 식단에 얼마나 접근하기 쉽고, 저렴하게 접근할 수 있는가? • 도시 주민들은 음식이 어떻게 생산되고 어디에서 왔는지를 얼마나 알고 있는가? • 학생들이 도시 지역의 식품 생산에 어느 정도로 관여하고 있는가? • 도시 내 음식점의 품질은 어느 정도인가?
지역	• 음식 문화에는 지역적(그리고 민족적) 차이가 있는가? • 이러한 차이는 현대 사회의 글로벌화 경향('맥도날드화' 논제)으로 인해 줄어들고 있는가, 아니면 지역 및 지역별 소비문화가 그러한 힘에 탄력적으로 대응하고 있는가? • 학교는 지역정체성의 개발을 장려하는가, 아니면 학생들이 글로벌화의 영향을 받는가?
국가	• 도시와 지역의 차이를 고려한 국가 차원의 식품 정책이 있어야 하는가? • 그렇다면 영국 정부의 여러 수준에서 이를 어떻게 달성해야 하는가? • 영국은 식량 공급에서 자급자족을 목표로 해야 하는가? 아니면 무역장벽을 없애고 더 공정하고 지속가능한 생산 수단을 장려함으로써 식량 안보를 보장할 수 있는가? • 학교는 아동기의 상업화를 둘러싼 논쟁과 아동의 음식 소비가 상업적 힘에 의해 어떻게 형성되는지에 관한 논쟁을 어떻게 해석하는가?
글로벌	• 경제의 신자유주의화에서 기후변화의 영향까지, 현재의 음식 문화를 형성하는 세계적인 힘은 무엇인가? • 어떤 제도가 이러한 변화를 형성할 것이며, 어떻게 저항하거나 도전할 수 있는가? • 학교는 학생과 교사가 다른 지역의 식량 소비 패턴과 식량 생산을 어느 정도까지 연결하도록 장려하고 있는가?

이 스케일 분석을 통해 지리교사와 학생들은 실제 학교에서 학교 음식 문화가 어떻게 만들어지고 있는지 살펴보고, 학교 음식 문화를 변화시키기 위해 어떤 선택을 해야 하는지를 조명할 수 있다. 다음 사례 연구(글상자 참조)는 학교 음식 문화의 지리적 특성이 얼마나 복잡한지를 보여 준다.

사례 연구 – 한 학교의 음식 문화

베드퍼드파크스쿨(Bedford Park School)은 영국 남서부의 대도시 브리스틀에 위치한 종합학교이다. 이 학교의 학생 대부분은 담배 제조, 제지 및 포장, 식품 가공의 역사를 지닌 산업 교외 지역과 최근 젠트리피케이션을 경험한 지역 등 두 곳의 교외 지역에서 온다. 이 학교는 여전히 전국 평균에 미치지 못하는 성적을 개선하기 위해 노력하고 있다. 그러나 교장과 학교운영위원회는 이 학교의 주로 백인 노동자계급 학생들(특히 남학생들) 사이에 '저성취 문화'가 존재한다는 사실을 점점 더 깨닫고 있다. 이곳에서는 모든 학생의 복지를 극대화하고 가정과 학교의 연계를 발전시키기 위한 시도가 이루어지고 있다. 여기에는 학생 복지를 폭넓게 정의하는 것이 포함된다.

학교 문화를 바꾸려는 시도에서 음식은 갈수록 중요한 역할을 하고 있다. 학교에는 구내식당이 있으며, 점심 시간은 많은 학생들에게 해방감을 준다. 현재 학생의 19%가 학교 급식을 먹고 있다. 구내식당을 이용하는 학생들 사이에서 가장 인기 있는 메뉴는 따뜻한 바게트와 샌드위치이다. 가장 인기 있는 요일은 구운 고기가 나오는 수요일과, 피시앤드칩스 메뉴가 있는 금요일이다. 학교 급식은 지역 당국과 계약한 업체에서 제공하며, 학교 관리자들은 비용을 최소화해야 한다는 요구와 학생들에게 제공되는 음식의 양과 질 사이에 긴장이 있다고 주장한다(현재 급식은 단가 40펜스에 제공되고 1.75파운드에 판매된다). 한 수석 교사와의 논의 결과, 여러 학생들이 오히려 급식이 너무 건강해서 꺼리는 것으로 나타났다(심지어 무염식으로 인해 한두 명의 학생이 다른 학생들에게 소금을 '제공'하는 경우도 있었다). 그 결과 여러 학생들이 점심 시간에 학교 밖(걸어서 20분 거리)에 있는 과자 가게나 패스트푸드점에 가게 되었다. 이 학교는 교육과정을 음식 디자인과 테크놀로지에서 요리 기술로 전환하여 더 많은 아이가 직접 체험할 수 있는 기회를 얻도록 했다. 최근 수업에서는 학생들이 집에서 재료를 가져와 카레를 요리하는 시간을 가졌다. 어떤 학생들은 닭고기와 카레 소스 병을 가져왔고, 새우, 레몬그라스, 깍지완두콩 같은 '이국적인' 음식을 가져온 학생도 있었다. 이 에피소드는 음식에 대한 다소 다른 접근 방식과 음식 문화가 학교 내 사회계층과 연결되는 방식을 보여 준다. 정규 교육과정에서 음식이 가장 명시적으로 논의되는 곳이 바로 이 장소였다.

학교 음식 문화에 대해 이렇게 밑그림을 그리는 것은 더 광범위한 사회적·경제적

하나뿐인 지구에 꼭 필요한 비판지리교육학

변화와 관련이 있다. 여러 측면에서 학생들의 음식 선호도는 한 수석 교사가 '남부 브리스틀 식단'(모든 것에 감자튀김을 곁들이는 식단)이라고 묘사한 것과 일치한다. 많은 곳에서와 마찬가지로, 이곳 또한 육체노동 중심 경제에서 주로 서비스업 기반 경제로 전환되었으며, 앉아서 일하는 패턴과 자동차 문화가 특징이다. 일반적으로 부모 모두 맞벌이로 일하고 있고, 식품 조달은 통학권 내 두 개의 대형 슈퍼마켓을 통해 이루어지며, 이 슈퍼마켓은 점점 더 식품 소매시장을 지배하고 있다. 현재 이 지역에는 정육점이나 식료품점이 거의 없지만, 일부 지역의 젠트리피케이션으로 인해 고급 커피숍과 식당이 많이 생겨났고, 신(新)영연방과 파키스탄에서 이주한 사람들을 위해 '민족 고유의' 식당이 많이 생겼다. 이러한 음식 제공의 변화는 주로 백인 노동계급 공동체의 식습관과 복잡한 방식으로 상호작용한다. 이 학교는 건강한 생활양식에 초점을 맞추기 위해 노력하고 있으며, 교직원과 학생 모두에게 자전거 타기를 권장하고 있다.

그러나 도시를 형성하는 더 광범위한 힘은 이러한 발전에 반대하는 것처럼 보인다. 학교가 위치한 지역은 고도로 도시화된 지역으로 가장 잘 묘사된다. 최근에는 주택 개발을 위해 모든 자투리땅이 수용되고, 학교 운동장은 (넓기는 하지만) 주로 팀 스포츠에 사용되는 것으로 보인다. 이 도시는 '지속가능한 도시'라고 주장하지만, 대부분의 개발은 자동차 기반 교통과 고급 소매업에 맞추어져 있다. 이 도시는 고급 전국 신문의 주말 섹션에 소개된 유기농 식당을 자랑하지만, 학교에 다니는 학생과 가족들 중 이곳을 방문한 사람은 거의 없다. 다른 많은 학교와 마찬가지로, 베드퍼드파크스쿨의 학생들은 이 지역의 풍부한 농업 역사와는 거리가 먼 도시 중심의 상업 문화에 노출되어 있다.

학교에서 시간을 보내다 보면 아이들이 글로벌 문화를 접하고 있다는 것을 알 수 있다. 여러 학생들이 패스트푸드에 대한 선호를 표현하지만, 일부 학생들은 음식 정치 문제에 관한 지식과 이해를 표현하기도 한다("우리도 맥도날드가 나쁘다는 것은 알지만 […]"). 동시에 이 학교 교사들은 케냐의 학교와의 연계, 지리 교과와 시민성 교과와 같은 정규 교육과정을 통해 학생들이 개발도상국의 어린이와 지역사회의 삶에 대해 인식하도록 장려한다. 이는 우리가 음식과 관련해 개인으로서 하는 선택과 더 넓은 식량 생산 네트워크 간의 연관성에 대한 잠재적인 글로벌 인식이 존재한다는 것을 의미한다.

● 탐구 질문

1. 〈표 5.1〉의 스케일 분석 도구를 이용하여 여러분이 근무하는 학교의 음식 문화를 분석해 보세요. 이 분석이 (가) 지리학과와 (나) 학교에 주는 시사점 은 무엇일까요?

맺음말

이 장에서는 농업지리학을 가르치는 것에서 음식의 문화지리를 가르치는 것 으로의 전환을 포함하는 지리교육의 방향을 살펴보았다. 포디즘 시대에 발 달한 도시 문화가 지배적이었던 시절, 많은 사람이 음식이 어디에서 왔고 어 떻게 그곳에 도착했는지에 관한 지식과 이해로부터 단절되어 있었다. 농업 생산 지역에 관한 설명을 제공하는 지리 수업은 학생들의 경험과는 거리가 멀어 보였고, 농업 위기가 심화되면서 점점 더 많은 지리 수업이 여가 지향적 인 사회에서 농촌 토지이용 문제에 초점을 맞추게 되었다. 문화 연구와 문화 지리학의 주요 관심사로 음식이 부상하면서 학생들이 일상생활에서 음식 문 화의 중심성에 관한 지식과 이해에 참여하고, 자신이 먹는 음식이 어디에서 왔고, 어떻게, 누가, 어떤 조건에서 생산되었는지 살펴볼 수 있는 실질적인 기회를 제공하게 되었다. 이러한 발전은 또한 지리교사가 학교 내 음식에 대 한 전체 학교와 지역사회 정책에서 중요한 역할을 할 수 있는 가능성을 제공 한다. 이 장의 마지막 부분에서 제시하는 개념 분석틀은 지리교사가 학생들 이 식량 생산과 소비의 불균등한 지리와 사회정의 및 환경정의의 목표를 반 영하여 어떻게 재설계될 수 있는지를 배우도록 돕는 것을 목표로 한다.

하나뿐인 지구에 꼭 필요한 비판지리교육학

1. 90%가 도시인 사회에서 농업지리학을 가르친다는 것은 무엇을 의미할까
요?

2. 음식 지리를 가르치기 위한 문화적 접근법을 개발하려는 지리교사에게 이
장의 주장이 시사하는 바는 무엇일까요?

도시의 자연

도시는 그 자체로 기본적인 생태적 특징을 지니고, 도시를 형성하는 과정 역시 생태적 프로세스에 해당한다. 생태계와 도시 세계는 서로의 일부이자 구획이며, 우리가 해야 할 일은 보다 체계적인 방식으로 훨씬 더 강력하게 서로를 연결하는 것이다.

(Harvey, 1996: 27)

도입

6장에서는 지리 수업에서 생태계와 도시 세계를 더욱 강력하게 연결해야 한다는 데이비드 하비의 권고를 진지하게 받아들이고자 한다. 지난 몇 년 동안 나는 영화 '투모로우(The Day After Tomorrow)'(2004)의 한 장면을 동기유발 활동으로 삼는 학교의 지리 수업을 여러 차례 참관하게 되었다. 이 영화는 지구온난화 논란에 노출된 대중을 의식적으로 겨냥했으며, 지구온난화가 꾸준한 온난화와 빙하의 점진적인 축소가 아니라, 급속한 냉각과 빙하기의 급격한 시작을 초래하는 티핑 포인트(tipping point)에 도달할 것이라는 과학 이론을 중심으로 줄거리가 전개된다. 파괴의 절정은 뉴욕의 홍수로 시작되는 15분간의 재난 장면이다. 파도가 맨해튼을 휩쓸고 도로를 덮친다. 그러다 갑자기 기온이 떨어지고 모든 것이 꽁꽁 얼어붙는다. 이러한 파괴에도 불구하고 수만 명의 뉴욕 사람들이 고층 빌딩 옥상으로 탈출하여 구출되는 등 결말은 낙관적이다. 영화는 구조 후 따뜻한 멕시코를 향해 남쪽으로 비행하는 장면으로 끝난다. 뉴욕은 버려졌다.

지구온난화가 도시에 미치는 영향을 상상한 다른 이미지도 있다. 2004년 뉴올리언스를 파괴한 허리케인 카트리나는 해안 도시를 황폐화시킬 수 있는 더 빈번하고 강력한 허리케인에 대한 공포를 불러일으켰다. 고급 잡지『배니티 페어(Vanity Fair)』*는 두 번째 연례 '그린 이슈'에서 침수된 뉴욕의 이미지를 실었고, 2006년 앨 고어(Al Gore)의 영화 '불편한 진실(An Inconvenient Truth)'에도 동일한 이미지가 다시 등장했다. 환경 재해로 파괴된 미국 대도시를 묘사한 이러한 이미지는 2001년 이후 지속되어 온 '9/11 문화'와 분리하기 어렵다. 사실 이와 같은 재현의 중요성은 정확한 지리적 텍스트라기보다는, 폭주하고 불확실한 세계의 두려움에 대처하려는 인간의 뿌리 깊은 욕구에 대한 반응으로 작용한다는 점에서 더 큰 의미를 가질 수 있다. 이 점은 맥스 페이지(Max Page)의 책『도시의 종말(The city's end)』(2008)에서 발전된 개념이다. 페이지는 1966년 문화평론가 수전 손택(Susan Sontag)의 에세이「재난의 상상력(The imagination of disaster)」을 바탕으로, 인간은 끊임없는 진부함과 상상할 수 없는 공포라는 두 가지 똑같은 두려운 운명의 그늘 아래 살고

---

* 역자주:『배니티 페어』는『보그』를 발행하는 미국의 콘데 나스트 퍼블리케이션스가 발간하는 잡지이다. 문화와 패션 기사가 대부분을 차지한다.

있다고 주장했다. 페이지는 우리가 영화와 지면 속에서 뉴욕(그리고 다른 도시들)을 파괴하는 것은 자연재해와 인공재해에 대한 두려움을 억제하기 위함이라고 제안한다.

> […] 불가피하고 이해할 수 없는 경제 변화에 대한 감각에서 벗어나기 위해, 원인과 결과, 악당과 영웅이 있는 명확하고 현존하는 위험의 이야기를 통해 우리의 세계를 우리가 이해할 수 있게 만든다.
>
> (Page, 2008: 9)

페이지는 이러한 재난이 경제적·사회적 생활에 대한 더 광범위한 우려에 뿌리를 두고 있다고 설득하려 하지만, 사실 재난은 대도시가 자연의 힘을 인식하지 못한 채 성장하고 발전해 왔으며, 때때로 사회에 '역습'을 가하고, 때로는 경각심을 불러일으키며 재앙적인 결과를 초래할 수 있다는 새로운 감정을 반영한다고 본다. 이러한 견해는 마이크 데이비스(Mike Davis)의 『공포의 생태학: 로스앤젤레스와 재난의 상상력(Ecology of fear: Los Angeles and the imagination of disaster)』(1998)에서 잘 드러나는데, 이는 로스앤젤레스에 관한 그의 분석의 최신판이다. 데이비스는 포스트모던 도시주의 또는 포스트메트로폴리스(post-metropolis)라고 불리는 도시의 패러다임으로 간주되는 도시 생활의 디스토피아적 측면을 탐구한다. 『공포의 생태학』에서 데이비스는 도시를 끊임없이 위협하는 자연재해를 탐구한다. 여기에는 태평양에서 로스앤젤레스 분지를 휩쓸고 지나가는 폭풍, 여름철 산불, 값비싼 주택을 계곡이나 바다로 밀어 넣는 산사태가 포함된다. 존 레니 쇼트(John Rennie Short, 2008)가 지적한 것처럼, 『공포의 생태학』은 "엄청나게 과장"되어 있고 "환상적으로 덮어씌워진" 책이라고 할 수 있다. 이는 사실일 수도 있지만, 더 중요한 것은 도시의 사회적 측면과 자연적 측면을 분리할 수 있다는 환상의 종말을 알리는 신호일 수 있다. 도시의 자연은 정치적이다. 이는 이 장의 뒷부분에서 설명하는 도시 정치생태학이라는 관점의 등장에 반영되어 있다.

데이비스(2006)의 최근 저서에서는 전 세계의 도시 디스토피아로 시선을 옮겼다. 『슬럼, 지구를 뒤덮다(Planet of slums)』는 데이비스가 '산업화 없는 도시화'라고 부르는 현상을 분석하는 연구이다. 그의 분석은 두 가지 관찰을 기초로 한다. 첫째, 인류 역사상 처음으로 도시에 사는 인구가 촌락에 사는 인구보다 더 많아졌다는 점이다. 둘째, 전 세계 배후지가 이미 최대 인구에 도달했기 때문에 앞으로의 모든 인구 증가는 도시에서 일어날 것이며, '이 최종 인구 증가의 95%'는 개발도상국의 도시 지역에서 일어날 것'이라는 점이다. 과거에는 신세계의 정착 사회로 대규모로 이주하면서 메가시티의 성장이 억제되었다. 그러나 오늘날에는 국경이 강화되면서 대규모 국외 이주가 불가능해졌고, 슬럼가는 잉여 인구의 집결지가 되었다. 그 결과 비공식적 경제에서 합법적 또는 반합법적으로 살아가는 대규모 산업예비군이 생겨났다. 1980년대에 지리학을 공부하고 가르쳤던 우리는 슬럼가를 절망보다는 희망의 장소로 여기도록 권장받았고, 창의적으로 생계를 꾸려 가는 많은 도시 거주자를 긍정적으로 바라보았다. 하지만 데이비스는 '자조의 환상'이라고 부르며 이러한 시각에 긍정적이지 않았다. 데이비스의 책은 평론가들의 평가를 분열시켰다. 앙고티(Angotti, 2006)의 리뷰에서는 그를 일종의 '종말론적 도시성(apocalyptic urbanism)'이라고 비난한다. 데이비스가 글로벌 남반구의 도시에 대해 부정적인 (서구) 외부인의 관점을 채택하고, 다양한 도시 형태를 '슬럼'이라는 제목 아래 뭉뚱그려 본다는 것이다. 이로 인해 그는 '슬럼'을 특징짓는 도시의 긍정적이고 진보적인 삶의 방식을 보지 못하게 된다. 앙고티는 이러한 사고방식이 정부가 가난한 사람들의 집을 불도저로 밀어 버리고 초현대식 주거 및 상가 개발로 대체하는 것을 정당화한다는 점에서 위험을 초래한다고 본다.

데이비스의 글은 논란의 여지가 있지만, 그가 삶의 방식으로서 도시성(urbanism)과 자연의 힘 사이의 관계에 대한 중요한 통찰력을 함양하려고 노력하고 있으며, 따라서 이 장의 유용한 출발점이라는 데는 의심할 여지가 없다.

산업도시

산업혁명은 인간과 물리적 환경의 관계를 근본적으로, 그리고 돌이킬 수 없을 정도로 변화시켰다. 18세기 후반부터 19세기까지 이어진 경제활동의 급증으로 인해 도시에 인구와 자본이 엄청나게 집중되었다. 1760년 맨체스터의 인구는 1만 7,000명이었으나 1830년에는 18만 명으로 증가했고, 1851년 인구조사 당시에는 30만 3,382명에 달했다. 초기자본주의 도시 구조와 특성은 프리드리히 엥겔스의 『영국 노동계급의 상황(The condition of the Working Class in England)』(1844)에 훌륭하게 기록되어 있다. 이 책은 대도시 노동자들의 끔찍한 주거 환경에 대해 다음과 같이 기록하고 있다.

> 인간이 얼마나 작은 공간에서 움직일 수 있는지, 공기가 얼마나 적은지, 그리고 숨을 쉴 수 있는 그런 공기마저도! 문명을 얼마나 적게 누리면서도 살아갈 수 있는지 보려면 이곳을 와 보기만 하면 된다. 여기서 공포와 분노를 불러일으키는 모든 것은 최근에 생겨난 것으로, 이는 모두 산업 시대에 속한다.
>
> (Engels 1849/2005: 92)

영향력 있는 도시계획가 피터 홀(Peter Hall)은 이 시기를 "공포스러운 밤의 도시(The City of Dreadful Nights)"[제임스 톰슨(James Thomson)의 1880년 시를 인용한 표현]라고 불렀다. 그러나 산업혁명의 '충격 도시'(예: 시카고, 맨체스터)는 결국 정부가 도시 조직에 개입할 수 있는 배경을 만들었다. 런던의 도시 생활 조건에 대한 선정주의적 저서인 프레스턴(Preston)의 『버림받은 런던의 쓰라린 외침(The bitter cry of outcast London)』(1883)은 영국 사회 개혁의 역사에서 가장 영향력 있는 저술 중 하나로 꼽혔다. 이 책은 1885년 왕립위원회(Royal Commission)의 설립으로 이어져, 지방 당국이 사회의 빈곤층을 위한 대책을 마련하고자 했다. '그들 가운데 있는 이방인'의 상황에 대한 중산층의 충격과 분노는 부분적으로는 사회적 무질서와 정치적 반란의 두려움과 관련이 있었다(1884년 선거법 개정으로 도시 남성 노동계급에게 막 참정권을 부여한 상태였다). 이 시기는 '가장 어두운 런던'을 매핑하고, 사회 개혁 정책에 정보를 제공할 수 있는 신뢰할 만한 통계를 조사해야 하는 고민이 있었던 시기였다.

도시 문제를 해결하기 위한 야심찬 계획이 생겨난 것은 바로 이러한 중산층의 관심사 때문이었다. 1898년, 에버니저 하워드(Ebenezer Howard)는 『내일의 전원도시(Garden cities of tomorrow)』를 출판했다. 하워드에게 유럽과 미국의 도시는 인구 밀도가 너무 높아 '더러운 공기, 어두운 하늘, 빈민가, 싸구려 술집'으로 고통받고 있었다. 하워드는 1만 2,000에이커*에 걸쳐 약 50만 명이 거주할 수 있는 새로운 자급자족형 거주지인 전원도시 설립을 제안했다. 전원도시는 도시의 장점(경제적·사회적 기회, 밝은 거리)과 촌락의 신선한 공기, 밝은 햇살, 여유로운 공간을 결합하려는 시도였다. 영국에는 레치워스(Letchworth, 1903)와 웰린(Welwyn, 1920)이라는 두 개의 전원도시가 만들어

---

* 역자주: 약 48.56㎢에 해당하는 면적이다. 세종특별자치시(464.92㎢)의 약 1/10 크기이다.

졌다. 이는 도시와 농촌 간의 새로운 관계를 구축하기 위한 대담한 시도였다. 엘리자베스 아웃카(Elizabeth Outka, 2009)는 이러한 유형의 정착지가 도시 사회의 산물로 환영하면서도, 과거 농촌의 '진정성'과 자연과의 관계를 유지하고자 했던 근대로의 전환을 경험한 사회의 문화적 산물로 볼 수 있다고 주장했다.

도시지리에서 자연의 비가시성

20세기의 도시 관련 사상은 도시와 야생, 자연과 문화 사이의 뿌리 깊은 이원론에 뿌리를 두고 있었다. 도시지리학자들은 이러한 관점을 공유했다. 예를 들어, 시카고학파의 인간생태학자들은 도시에 대한 이론을 생태학적 은유에 기초하고, 노숙자나 비행 청소년, 투표를 하는 여성은 포함했지만, 초원의 풀이나 고슴도치는 포함하지 않는 등 비인간적인 자연 그 자체에 대해서는 그다지 관심을 두지 않았다. 이후 도시지리학의 연구 유형은 매우 달랐지만, 그들의 분석 대상은 자연이 배제된 철저히 인간화된 도시와 교외 지역이었다. 도시가 건설되고 사용되는 방식과 그 영향은 말하는 사람에 따라 달라졌다. 신고전주의 이론에 기반을 둔 도시학자들에게 도시는 합리적 경제인에 의해 건설되고, 소비자는 질서 정연하고 정량화 가능한 입찰지대곡선, 예측 가능한 토지이용 패턴을 따랐다. […] 그러나 연구 유형과 상관없이 대부분의 20세기 도시지리학자들은 도시의 하천이나 참나무, 붉은다리개구리에 대해 생각하지 않았다.

(Wolch, 2007: 373)

제니퍼 월치(Jennifer Wolch)의 말처럼, 도시지리학 분야는 자연과 사회가 분리되어 있다는 전제하에 연구되어 왔다. 이 분야의 최근 입문서들을 조사한 결과, 여전히 대부분 그러한 경향이 유지되고 있음을 확인할 수 있었다. 이는 학교 지리에서 도시지리 주제를 가르치는 방식에서도 마찬가지이다. 이 절에서는 영국 학교에서 가르치는 도시지리의 다양한 전통을 요약하고자 한다.

1970년대 이후 도시지리 교육은 생태학적 사고의 영향을 받은 측면이 있다. 20세기 초반 시카고에서 현장 조사를 바탕으로 제작한 파크와 버제스(Park and Burgess, 1967)의 도시구조 모델은 지리학에서 가장 유명한 모식도이다. 여러 사람들이 지적했듯이, 이 모델은 도시를 축적 과정을 통해 성장하는 유기체로 묘사했다. 이 모델은 침입과 천이, 경쟁, 틈새의 출현과 같은 생태학적 용어로 가득 차 있으며, 생물학적 은유에 크게 의존하고 사회를 통합적이고 기능적인 전체로 상상했던 19세기 사회과학에 그 뿌리를 두고 있다. 이러한 용어의 효과는 (개인과 집단 간의) 사회적 관계를 (도시에서 작동하는 정글의 법칙이라는 개념처럼) 자연적 과정의 관점에서 설명할 수 있다고 주장되어 왔다. 이는 인간 사회가 구조화되어 있으며, 생태학적 법칙을 통해 설명될 수 있음을 시사한다.

학교에서 도시지리를 가르치는 두 번째 영향력 있는 분야는 신고전주의 경제학에서 파생된 토지이용 모델을 사용하는 것이다. 이 모델에서 도시는 이기적인 개인, 즉 '합리적 경제인'이 이윤극대화와 '최소 비용 입지'의 법칙을 따르는 경제 공간으로 간주된다. 이러한 공간 과학 모델은 프로세스에 대한 보편적인 설명에 의존하고 있으며, 역사적 측면에서도 비역사적이라고 본다. 여기에서는 도시의 자연을 고려할 여지가 거의 없다.

1960년대 후반 북아메리카와 서유럽에서 '빈곤의 재발견'이 일어난 이후 '적실성'에 대한 요구에서 도시지리의 세 번째 접근 방식이 등장했다. 데이비드 허버트(David Herbert, 1972)는 자신이 집필한 도시지리학의 입문서인 『도시

지리학(Urban geography)』에서, "도시의 가장 기본적인 문제는 도시화 과정 자체, 즉 세계가 농촌 및 농업 생활 형태에서 벗어나 도시 사회로 변화하는 과정에서 제기되는 문제"라고 말했다. 그 후 1970년대와 1980년대에는 도시의 사회 문제에 초점을 맞춘 여러 지리학 텍스트가 출판되었다. 허버트는 "적실성이라는 주제가 지리학 연구에서 훨씬 더 분명해지고 있다."라고 언급했다. '복지 접근법'의 개발은 자원 배분에 대한 질문을 제기한 데이비드 스미스 (David Smith, 1974)의 연구와 밀접하게 관련되어 있다. 그는 자원 배분에 관해 '누가 무엇을, 어디서, 어떻게 얻는가?'라는 질문을 제기했다. 데이비드 하비와 같은 지리학자들은 자원 배분을 둘러싸고 도시에서 발생한 갈등을 지적했고, 이후 사회지리학의 발전은 젠더, 민족성, (덜 언급되기는 하지만) 소득에 따라 도시에 어떻게 분열이 존재하는지를 강조했다. 1970년대 초반부터 페미니스트 지리학자들은 도시 공간이 여성을 소외시키고 차별하는 방식으로 조직되어 있음을 인식시켰다. 이들은 가사노동 분업에서 여성의 위치, 도시 공간의 제한된 접근성, 육아, 여가 및 기타 시설에 대한 접근성 문제에 관심을 가졌다. 돌이켜보면 경제적 자원으로의 접근성과 관련한 이러한 관심이 이 장에서 논의되는 도시 자연의 생산과 소비에 관한 초점이 나타나게 된 기초를 제공했음을 알 수 있다.

도시 자연에 대한 학교 지리의 참여는 2장에서 환경지리학이라고 불리는 분야가 등장하면서 가장 많이 발전했다. 이 전통은 전후에 일어난 물리적 변화에 비추어 아이들에게 환경에 관해 가르치는 시도로써 등장했다. 이 이야기에 따르면, 영국은 산업도시의 내부 지역에 오래된 빅토리아 시대 계단식 주택의 거대한 유산을 남긴 채 전후 시대로 접어들었다. 이 주택의 대부분은 끔찍한 상태로 인해 전체 지역이 사람이 거주하기에 부적합하다고 선언되어 '종합개발 지역'으로 지정되었다. 1950년대에는 대규모 도심 '슬럼가 정리'가 시작되었다. 이 과정에서 지역사회 전체가 뿌리째 뽑혔고, 1950년대 말에는 이러한 '싹쓸이(clean sweep)' 방식의 물리적 계획이 사회적 감수성 부족이라는 비판을 받았다.

현재 학교 지리의 접근 방식에서는 도시 환경 속 자연의 역할에 관한 지속적인 논의는 거의 없지만, 이 장에서는 하나뿐인 지구에 꼭 필요한 지리 수업하기는 모든 의제에서 이 부분이 중요한 발전 영역이 되어야 한다고 주장한다. 수전 스미스(Susan Smith, 1994)가 말했듯이, 도시성에 대한 해석은 '본질적으로 존재론적 문제라기보다는 정치적 문제'이다. 도시지리는 현실에 대한 설명이자 아이디어 간의 싸움이며, '어떻게 되어야 하는지'에 대한 진술만큼이나 '어떻게 존재하는지'에 대한 설명이기도 하다. 이 장은 이러한 토대 위에서 전개하고자 한다.

● 탐구 질문

1. 학교 지리에서 촌락과 도시를 공부할 때 자연 세계를 어느 정도로 포함하거나 배제하나요? 자연을 진지하게 고려한 도시지리는 어떤 모습일까요?

자연을 도시로 다시 끌어들이기

실제로는 사회가 어디서 시작되고 자연이 어디서 끝나는지를 구별하기는 어렵다 […] 근본적인 의미에서 뉴욕시에는 본질적으로 '비자연적인 것'이 그 어디에도 없다.

(Harvey, 1996)

이전 절에서 언급했듯이, 학교에서 가르치는 도시지리는 도시와 촌락을 자연과 본질적으로 분리된 것으로 묘사하는 경향이 있다. 그러나 이 절에서 논의하는 자료에서 알 수 있듯이, 이러한 인식은 변화하기 시작했다. 최근의 발전을 논하기에 앞서, 먼저 1984년에 출판된 도시와 자연의 관계를 다룬 두 편의 텍스트를 살펴보고자 한다. 마이클 휴(Michael Hough)의 『도시의 형태와 자연적 프로세스(City form and natural process)』는 다음과 같이 주장한다.

> 우리 도시의 물리적 경관을 형성해 온 전통적인 도시 설계 가치는 도시의 환경적 건강이나 문명화되고 풍요로운 삶의 공간으로서의 성공에 거의 기여하지 못했다 […] 에너지, 환경, 천연자원 보존 문제에 대한 인식과 관심의 증가와 조화를 이루는 도시 경관 형태가 절실히 요구된다.
>
> (Hough, 1984: 1)

휴는 도시 사회가 환경적 가치와 대지와의 문화적 연결에서 소외되고 있으며, 도시 개발 과정에서 도시가 의존하는 자연적 과정을 이해하는 데 거의 관심을 기울이지 않는다고 우려한다. 겉보기에는 풍부하고 값싼 에너지가 존재하는 상황에서 도시 환경은 '환경이나 사회보다는 경제적 목표를 가진' 기술에 의해 형성되었다. 이 책의 각 장에서는 도시가 어떻게 인공적인 기후를 만들어 내고, 어떻게 더 살기 좋은 곳을 만들 수 있는지를 살펴본다. 또한 잘 가꾸어진 공원과 휴양지에 대한 미적 선호가 어떻게 다양한 생물다양성의 상실로 이어지는지 살펴본다. 도시가 인간과 동물의 경계를 유지하려는 경향은 동물 세계와의 관계에 대한 인간들의 필요성을 줄어들게 만든다. 더 나아가 도시는 식량 생산의 원천이 될 수 있는 잠재력을 지니고 있음을 추적한다. 이러한 주제는 도시의 지속가능성에 관련한 최근의 논의와 동일하며, 휴의 책은 도시와 자연의 관계에 대한 비교적 초기의 설명으로 볼 수 있다.

상점에 나오는 음식은 더 이상 도시에 인접한 평야와 거의 관련이 없다. 오히려 화석연료로 운반되는 글로벌 마케팅과 유통 네트워크에 의존하고 있다. 그러나 연료 및 식량 비용 상승과 농지 축소는 시간이 지남에 따라 현재의 소비 패턴과 우선순위에 영향을 미칠 것이다.

(Hough, 1984: 201-202)

1984년에는 이언 더글러스(Ian Douglas)의 『도시 환경(The urban environment)』도 출간되었다. 더글러스는 다음과 같이 주장한다.

2000년이 되면 전 세계 인구의 절반 이상이 도시에 거주하게 될 것이며, 21세기에도 도시 인구는 꾸준히 증가할 것이다. […] 도시의 미래 생존을 위해서는 도시와 도시 주변의 물리적·생물학적 환경의 특성을 이해하는 것이 필수적일 것이다. 미래의 학교와 대학은 생물학과 지구과학을 가르치는 방향을 전 세계 대다수의 사람들이 매일 경험하는 환경에 맞추어야 할 것이다. 자연지리학은 산, 숲, 해안, 빙하, 바다보다 도시를 우선으로 다루게 될 것이다.

(Douglas, 1984: vii)

『도시 환경』은 도시에 대한 통합적 생물학적-사회적-물리적 접근 방식을 시도한다. 이를 2장에서는 '경제체제와 생태계로서의 도시'라고 불렀다. 경제체제로서 도시는 자본, 상품, 서비스, 물질의 흐름이다. 생태계로서 도시는 에너지, 물과 화학원소, 유기체의 흐름이다. 이 책은 도시의 자연지리를 도시연구의 의제로 다시 끌어올리는 데 성공했다. 하지만 이러한 접근 방식에는 한계가 있다. 때로는 자연지리가 도시에 '역습하는' 힘이라는 의미로 '제1의 자연'에 관해 이야기하는 것처럼 보이기도 한다. 여기에는 관리와 공학의 분야가 자연의 영향을 극복할 수 있다는 가정이 담겨 있다. 더 나은 조정과 계획이 필요하다. 더글러스의 책에 묘사된 사회지리학은 도시 개발의 고르지 않은 영향에 대한 단서가 가끔 있지만, 물리적 과정을 다루는 것만큼 복잡하지는 않다.

> […] 민주적으로 선출된 정부가 있는 현대 도시는 모두에게 기본적인 서비스를 제공하지만, 서비스 제공이나 환경 개선의 효과로 인해 누가 이익을 얻고 누가 손실을 입는지에 관한 딜레마에 직면해 있다. 도심으로 진입하는 새로운 고속도로가 교통 체증과 일부 교외 지역의 배기가스 배출량을 줄이면서, 동시에 도심 공동체를 둘로 나누고 상점과 지역 시설을 철거한다면, 아마도 더 부유한 외곽 교외 주민들은 도심 접근성을 더 쉽게 얻는 반면, 그 대가로 도심 지역사회는 혼란을 겪게 될 것이다.
>
> (Douglas, 1984: 203-204)

1975년 뉴욕 금융 위기 이후 10년이 채 지나지 않은 시점에 쓴 이 글에서, 더글러스는 자본주의가 환경 비용을 포함한 엄청난 실제 생산 비용을 공공 부문에 떠넘긴다고 지적한다.

> 따라서 1970년대 뉴욕시의 금융 위기는 뉴욕을 세계기업의 수도로 만들려는 시도, 사적 이익 계산에 따른 결정, 그리고 정치적 과정을 통해 사회적 요구를 시장(market)의 명령보다 우선시하지 못한 실패로 해석될 수 있다.
>
> (Douglas, 1984: 7)

하나뿐인 지구에 꼭 필요한 비판지리교육학

더글러스에 따르면, 이전까지 뉴욕은 복지, 주택, 교육을 거의 또는 전혀 비용 없이 제공하는 자비로운 도시였다. 그러나 재정 재평가를 통해 인력과 유지보수를 줄이게 되었다. 돌이켜보면, 뉴욕시의 사례는 뉴욕의 위기(시 행정가들의 재정 구제금융 요청에 대한 포드 대통령의 직설적인 메시지인 '포드, 뉴욕시에 통고: 죽어라'에 잘 요약되어 있다)가 뉴욕의 브랜드 변경과 공격적인 신자유주의 경제 재구조화를 촉발했다는 점에서 예견된 일이었다(Greenberg, 2009 참조). 더글러스의 접근 방식이 다루지 못하는 것은 산업 재구조화 과정에서 자연이 어떻게 개입되었는지를 탐구하는 것이다. 따라서 복지 축소나 수자원 민영화에 대한 결정은 자연의 사회적 이용과 밀접한 관련이 있다. 이 둘을 자연과 사회로 분리해서 생각할 수는 없다.

더글러스의 책에서 자연이 실제로 경제성장의 순환과 어떻게 불가분의 관계에 있는지 생각할 필요성을 반영하는 사례로 교외 지역을 들 수 있다. 그는 '도시의 생물지리학'에 관한 장에서 교외의 자연에 대해 논의하면서, 교외의 자연을 여러 유형으로 구분하는 데 주의를 기울이고 있다. 따라서 도시 교외에는 대부분 성숙한 나무가 있는 정원이 있고, 정원은 잔디를 깎은 풀, 자유롭게 자란 나무, 꽃, 관목, 채소가 어우러진 풍부한 서식지이다. 이 '도시 내 사바나'는 사람들이 정원을 가꾸면서 인위적으로 물과 영양분을 공급받지만, 정원사의 변덕에 따라 생산성은 공간적·시간적으로 가변적이다. 곤충은 새의 먹이가 되기도 하고 정원사에게는 해충이 되기도 하며, 정원의 다양한 자원을 이용한다. 잡초와 마찬가지로 곤충도 화학 살충제의 표적이 된다. 더글러스는 성숙한 교외 지역에서는 나무가 상당한 높이로 자라 하루 종일 정원의 넓은 부분에 그늘을 제공하는 방식을 설명한다. 일부 성숙한 교외 지역에서는 나무가 상당히 우거져 있어 소음 차단과 생태 통로 역할을 한다. 이전 농지 위에 지어진 도시의 새로운 교외 지역은 나무의 수가 적고 높이가 낮으며, 잔디가 더 많은 비율을 차지한다. 총 생물량(biomass)이 훨씬 적고 동식물의 다양성도 빈약하다.

교외 자연에 대한 이러한 설명은 유익하지만, 그것이 더 광범위한 경제적·정치적 프로세스와 어떻게 연결되어 있는지 이해할 필요가 있다. 핸런 등(Hanlon et al., 2010)은 미국의 '교외 고딕(suburban gothic, 교외 생활의 어두운 측면)'에 대한 논의에서, 1982년부터 1997년까지 미국에서는 매년 140만 에이커*가 개발토지로 전환되었다고 지적한다. 개발업자들은 더 큰 주택을 더 낮은 밀도로 짓는 것을 선호했기 때문에 더 많은 토지가 필요하고, 생태계에 더 큰 영향을 미쳤다. 이러한 유형의 개발은 대중교통이나 도보 이동을 지원하기에는 너무 분산되어 있어, 결국 개인 자동차 이동이 불가피해지고, 이는 화석 연료 소비로 이어진다. 저밀도 교외 생활양식이 더 넓은 정치경제적 체제의 일부라는 것은 거의 명백하다. 2008년 금융 위기 이후, 이러한 생활양식은 지속가능하지 않은 것으로 보인다.

미국의 교외 저밀도 개발은 상대적으로 저렴한 연료와 환경 영향에 대한 고려가 부족했기 때문에 가능했다. 말 그대로 교외화에 윤활유 역할을 했던 값싼 휘발유가 다시 돌아올 가능성은 거의 없다. 교외 지역은 배럴당 27달러(2007년 가격 기준)의 유가를 기준으로 건설되었다. 2008년 여름 한 달 동안 유가는 배럴당 140달러를 넘어섰고, OPEC 관리들은 이상적인 가격이 60~70달러 사이라고 제시했다. 경기 침체기에는 가격이 하락세를 유지하지만, 경기가 개선되면 가격이 상승하는 경향이 있다. 남아 있는 대규모 석유 매장량은 거의 없기 때문에, 글로벌 경제가

---

* 역자주: 약 5,666㎢로, 서울특별시의 약 9.4배에 해당하는 면적이다.

하나뿐인 지구에 꼭 필요한 비판지리교육학

상승세로 돌아서면 유가는 필연적으로 상승할 것이다. 그렇다면 대규모 자가용 사용에 의존하는 저밀도 도시 확산은 어떻게 될 것인가?

(Hanlon et al., 2010: 166)

이 사례는 자연이 사회적으로 생산되는 방식에 대한 사고의 중요성을 보여 주며, 이는 최근 도시 정치생태학 연구의 중요한 통찰력을 보여 준다. 다음 절에서는 지리학자들이 도시와 자연의 공진화에 관한 역사적 설명을 어떻게 발전시켜 왔는지에 대한 몇 가지 사례를 간략히 살펴보고자 한다.

도시화의 환경사

최근 환경사 연구에서 주목받는 중요한 분야 중 하나는 지리학자들의 관심사와 밀접하게 연결된 도시 환경사 연구이다. 윌리엄 크로논(William Cronon)의 『자연의 대도시(Nature's metropolis)』(1991)는 도시와 자연의 관계를 이해하는 데 중요한 역할을 한 주요 저작으로 널리 인정받고 있다. 크로논은 19세기 후반에 미국의 경관이 어떻게 변화했는지를 보여 주는 것으로 이 책을 시작한다. 이 시기에는 대도시와 비옥한 농지, 대도시와 그 지역을 통합된 세계시장으로 연결하는 교통 시스템이 구축되었다. 그러나 미국인들은 도시와 촌락을 서로 연결하기보다는 고립된 별개의 장소로 보는 경향이 있었다. 크로논은 한 도시의 환경사를 이야기하려는 시도를 통해, 도시의 역사가 그 도시를 둘러싼 촌락과 분리될 수 없다는 것을 이해하게 되었다고 설명한다. 시카고의 경우, 육류 가공산업은 동서로 약 2,400㎞, 남북으로 약 1,600㎞에 이르는 광활한 지역에 그물처럼 아우르며 영향을 미쳤다. 옥수수를 더 수익성 높은 돼지로 전환할 수 있는 곳, 쓸모없는 대초원 목초를 소를 키우는 데 사용하여 기차로 옮길 수 있는 곳이면 어디든 도시의 광활한 배후지에 포함되었다. 이 지역의 삶은 겉보기에는 촌락이고 '자연'의 일부이지만, 밀 선물시장과 삼겹살 등 상품시장의 운명과 밀접하게 연결되어 있었다. 지역 농부들이 계절에 따라 가축 도축을 하던 곳에서는 이제 상시적으로 도축이 이루어졌다. 크로논에게 축산업의 등장은 "생태학만큼이나 경제학에 의해 지배되는 […] 새로운 동물 경관으로 보여지는 제2의 자연에 대한 또다른 모습"이었다.

매슈 갠디(Matthew Gandy)의 『콘크리트와 점토(Concrete and clay)』(2002)는 뉴욕시의 도시화를 조사하고 도시의 상수도, 센트럴파크, 도시 공원도로, 브루클린의 쓰레기 방지 캠페인 등 도시, 자연, 그리고 사회적 권력 간의 관계를 탐구한다. 그는 유독성 시설과 토지이용이 소수민족 거주 지역에 지속적으로 집중되는 뉴욕시에서 환경정의에 대한 질문을 탐구하며, 크로스브롱크스 고속도로가 어떻게 건전한 지역사회를 파괴했는지를 다룬다. 이 분석에서 중요한 부분은 도시의 상수도 민영화 과정이 상수도 공급과 폐기물 처리를 둘러싼 갈등을 초래했다는 점이다. 갠디는 뉴욕에는 녹음이 우거진 공원과 정원, 조경된 공원도로, '장대한' 수자원 기술 등 다양한 '도시 자연(urban nature)'이 존재하며, 이는 '900만 인구의 수요를 충족시키기 위해 지역 수문학적 순환을 활용'하고 있다고 주장한다. 그는 도시 공간의 설계, 사용 및 의미에는 '자연을 새로운 종합체로 변화시키는 것'이 포함된다고 주장한다. 이러한 변화는 갈등과 긴장 없이 일어나지 않았으며, 종종 공중보건 문제로 인해 촉발되었다.

도시 자연이 어떻게 형성되고, 누구의 이익을 위해 형성되어야 하는지에 대한 이러한 갈등은 매슈 클링글(Matthew Klingle)의 연구 『에메랄드 시티(Emerald City)』(2007)에서 강하게 드러난다. 그는 시애틀의 자산가들이 도시의 해안가를 매립하고 도시 성장을 위한 안정적인 부지를 만들어 '자연이 하지 못한 일'을 완수한다고 스스로 상상했던 방식을 탐구한다. 이는 곧바로 사유재산권과 공동 공공공간의 필요성 간의 균형에 관한 의문이 제기되었고, 이는 시애틀의 정치에서 중요한 이슈로 남아 있다. 그는 자연을 활용하는 데 엔지니어의 역할과, 조경가 프레더릭 옴스테드(Frederic Olmstead)의 공공 공원 건설 프로젝트와 관련된 야생과 길들여진 자연에 대한 문화적 논쟁을 탐구한다. 클링글의 설명에서 공통적으로 나타나는 주제는, 자연이 사회질서를 촉진하고 분열된 지리를 만드는 데 사용되어 공유 자연보다 사유재산을 우선시하는 개인주의적이고 자동차 중심적인 사회로 이어졌다는 것이다. 이것이 바로 영화 '오즈의 마법사'에 등장하는 '에메랄드 시티'라는 제목의 배경이 된 것이다. 도로시와 친구들이 에메랄드 시티에 들어갔을 때 어두운 현실을 마주한 것처럼, 시애틀의 환경을 자세히 들여다보면 마찬가지로 어두운 면모가 드러난다는 점을 보여 준다.

마지막으로, 마리아 카이카(Maria Kaika)의 『흐름의 도시(City of flow)』(2005)는 아테네의 물 공급과 관련하여 도시 자연의 생산을 이해하고자 한다. 그녀는 근대성이 자연적 프로세스와 무관한 자율적인 '공간 외피(space enve-lopes)'로서 근대 도시와 주거지를 담론적으로 구성한 역사적·지리적 프로세스를 해독한다. 그녀는 계획된 근대성이라는 개념이 이들을 분리하려고 시도했지만, 실제로는 자연적 요소의 흐름, 사회적 권력관계, 자본의 흐름 네트워크가 도시를 형성하는 프로세스에서 창조적 파괴가 일어났다고 주장한다. 아테네의 물 관리 발전을 중심으로 한 그녀의 경험이 반영된 장에서는 이러한 '물신화된' 사회적 생산관계와 도시화된 자연의 숨겨진 물질적 흐름 네트워크를 드러내고자 한다. 이를 통해 카이카는 도시, 인간, 자연이 불가분의 관계에 있는 혼종적 자연(hybrid nature)이라는 개념을 이야기한다. 카이카의 책의 강점 중 하나는 다음과 같이 도시에서 근대성과 자연의 관계를 보다 일반적으로 시대화하려는 방식에 있다.

- 근대성의 초기 프로메테우스 프로젝트(19세기 초): 이 시기에 산업도시는 사회적·환경적 조건이 악화되어 '끔찍한 죽음의 도시'가 된다. 도시 하천은 질병과 죽음의 근원이 된다.
- 근대성의 프로메테우스 프로젝트의 영웅적 순간(1880~1975): 이 시기에는 대규모 도시 위생 프로젝트(상하수도)와 인상적인 교통 및 통신 네트워크의 건설이 이루어진다. 도시와 산업 발전의 전제 조건으로 기술을 숭상하고 자연을 길들이고 통제하는 시점이 바로 이 시기이다.
- 근대성의 프로메테우스 프로젝트가 신뢰를 잃는 시기(1975~2010): 가장 최근의 시기에는 서구 사회의 자원 수요 증가와 공적 자금의 위기로 인해 도시 인프라의 추가 개선이 어려워졌다. 전 세계의 환경 재해는 근대성의 프로메테우스 프로젝트를 불신하고 지속적인 개발의 논리와 실천에 의문을 제기하며, 자연은 이제 잠재적인 위기의 원인으로 지목되고 있다.

(Kaika, 2005)

카이카의 책은 닐 스미스와 데이비드 하비의 연구에서 영감을 얻은 도시 정치생태학 분야와 관련된 이론을 활용하여, 자본주의 발전이 축적의 순환에 자연을 점점 더 많이 통합하고 있다고 주장한다. 즉 자연을 이해할 때 더 이상 인간의 가치 체계 밖에 존재하는 순수한 '제1의 자연'을 상상해서는 안 되며, '제2의 자연'이 항상 더 넓은 사회체제와 어떻게 연결되어 있는지를 인식해야 한다는 것이다. 이러한 정치생태학적 관점에 대해서는 다음 절에서 설명하고자 한다.

도시화의 정치생태학

'제2의 자연'에 관한 논의를 이어 간다는 것은, 도시지리 연구에 환경 주제를
통합하려는 시도에서 물리적 시스템의 변화를 이해하려면 변화하는 정치경
제학에 대한 면밀한 주의가 필요하다는 점을 의미한다(이러한 관점을 반영하는
논문집은 Heynen et al., 2006 참조). 케일과 그레이엄(Keil and Graham, 1998)은
제2차 세계대전 이후 포디즘 도시가 발전했다고 주장한다. 전쟁 기간에는 케
인스주의 국가의 경제정책에 의해 규제되는 대량생산과 대량소비 주기를 도
입한 집중적 축적이 특징이었다. 이 시기에 도시에서 자연과 인간의 관계는
계속해서 자본의 순환에 편입되었다. 그 결과 도시 공간에서 자연은 당연한
것으로 받아들여졌다. 예를 들어, 잘 다듬어진 앞마당의 시대에는 자연이 그
다지 중요하지 않게 된다. 대신에 도시와 농촌이 분리되면서 자연은 별개의
실체로 간주된다. 농업은 다른 곳에서 이루어지고, 관광은 외국과 이국적인
곳에서 자연을 탐험하며, 아이들은 우유가 플라스틱 용기에서 나온다고 생
각하게 된다. 포디즘 생산과 소비의 핵심 상품인 자동차는 도시를 확장하고,
도시와 촌락을 끝없이 세분화하여 '촌락'의 특성을 잃게 만든다.

사람들이 무엇을 먹는지, 그들의 음식에 무엇이 들어 있는지, 폐기물과
하수가 어디로 가는지는 다소 사소한 기술적 문제에 불과하다. 그저 유
정(油井)에서 우리 자동차의 연료 탱크로 흘러 들어가는 석유의 흐름이
끊기지 않는 한 말이다.

(Keil and Graham, 1998: 105)

이 사회와 자연의 분리는 특히 교외 주거지에서 가장 생생하게 드러난다. 그곳에서 거주자들은 네트워크로 연결된 상품 공급을 통해 가까운 도시에 비해 멀리 떨어진 대륙의 산업적 자연이나 농업과 더 밀접하게 연결되어 있다. 그러나 케일과 그레이엄은 1970년대 중반부터 포디즘에 대한 합의가 붕괴되면서 도시를 이해하는 방식에 변화가 일어났다고 말한다. 도시 공간의 재구조화 효과 중 하나는 자연이 도시의 일부로 다시 등장할 수 있게 된 것이다. 이는 계획과 질서에 관한 모더니즘적 비전에 대한 지속적인 비판의 일환이다. 서구 사회는 전 세계 자원을 대량으로 소비하고 오염시키는 대규모 개발에 점점 더 의구심을 품고 있다. 1970년대 초반 로마클럽의 보고서 『성장의 한계』는 포디즘의 근대성에 대한 비판의 불을 지폈다. 이 보고서는 자원 집약적인 경제발전이 무한히 지속될 수 없다고 주장하며, 대안적인 형태의 사회발전을 모색하는 환경운동의 출현을 촉발시켰다. 예를 들어, 이 시기는 유럽에서 녹색당이 등장한 시기이기도 하다. 그러나 케일과 그레이엄은 이보다 더 중요한 것은 『브룬틀란 보고서(Brundtland Report)』(세계환경개발위원회, 1987)와 함께 나온 정치적 결의였다고 말한다. 케일과 그레이엄은 이 보고서가 지구의 건강에 대한 책임을 글로벌 자본주의 경제의 작동에서 개인, 지역 사회, 신체 및 개인 신진대사로 옮기는 효과적인 방법이라고 주장한다. 지속가능성은 자본주의 경제의 작동 방식에 근본적으로 도전하는 대신, 자본주의 축적 과정을 새롭게 하는 수단으로 재정의되었다.

생태적 근대화로의 흐름은 도시 재구조화와 새로운 도시 개발 계획에서 친환경적이거나 도시의 지속가능성 요소를 필수적으로 포함하게 만든다. 이는 환경 문제를 인간 사회 전반에 통합해야 한다는 널리 받아들여진 생각에 뿌리를 두고 있다. 따라서 우리는 사회발전의 척도가 단순히 소득이나 부를 기준으로 할 것이 아니라 웰빙, 건강 및 복지 측면에 기반을 두도록 해야 한다. 두 번째 측면은 스마트 솔루션을 사용하거나 더 깨끗하고 친환경적인 도시를 만들 수 있는 기술을 개발하는 것이다. 세 번째 측면은 쾌적하거나 살기 좋은 도시에 대한 아이디어에 주목하는 것이다. 이는 "살기 좋고 지속가능성이라는 큰 틀 안에서 도시를 재설계, 재창조, 재고하려는 새로운 담론이 등장하고 있다"는 벤턴-쇼트와 쇼트(Benton-Short and Short, 2008)의 낙관적인 평가에 기초한다. 이러한 새로운 도시 환경 담론에는 저성장, 뉴어버니즘(new urbanism), 스마트 성장이 포함된다.

벤턴-쇼트와 쇼트의 관찰은 포디즘 이후 도시로 자연을 '다시 끌어들이기'라는 케일과 그레이엄의 주장과 일맥상통한다. 그러나 케일과 그레이엄은 산업(대량생산과 대량소비)은 사라진 것이 아니라 새로운 생산 지대로 이동했을 뿐이라는 점을 기억해야 한다고 주장한다. 도시에서 산업이 사라진 바로 그 시점에, 자연이 도시 공간으로 점점 더 '환영받는' 것은 우연이 아니다. 특히 자연은 도시에 대한 '판매 전략'이자 이윤을 창출하는 방식으로 활용된다. 따라서 포스트포디즘 시대에 도시화는 이제 자연과 생태에 반하는 것이 아니라, 자연과 생태를 통해 개념화되고 달성되고 있다. 사실상 자연은 포스트포디즘 시대의 도시 환경에 가치를 더하는 역할을 한다.

사례 연구 - 브리스틀의 도시 자연

브리스틀은 영국 남서부에 위치한 인구 약 50만 명의 중간 규모 도시이다. 1700년경 브리스틀은 런던 외곽에서 가장 큰 도시이자 항구였다. 노예무역과 다른 상업적 활동으로 얻은 부는 도시 인프라에 투자되었다. 1800년대에는 도시 규모와 인구가 확장되었다. 이러한 성장은 도시를 변화시켰다. 근대적인 교통 시스템, 상업 중심지, 동부 산업 지구와 교외 지역을 확보하게 되었다.

1841년에는 그레이트웨스턴 철도가 브리스틀에 도달했다. 이러한 성장으로 도

시 인구는 계층별로 나뉘었고, 부유층은 도시의 북쪽과 서쪽을 중심으로 도시를 형성하고 모여들었다. 19세기에 도시의 성장으로 공중보건, 주택, 교통 혼잡 문제가 악화되었다. 1850년 브리스틀은 영국에서 세 번째로 건강에 좋지 않은 도시로, 연간 사망률이 28명 중 1명이었다. 브리스틀은 공중보건 개선이 더디게 진행되었다. 1850년대에 불충분한 하수도 시스템이 구축되었지만, 세기말에야 새로운 하수도 시스템에 대한 비용을 지불했다. 1848년 공중보건법이 채택되면서 1851년에 위생 당국이 설립되었고, 이로 인해 거리 청소, 조명, 포장 및 표면 처리를 위한 움직임이 이어졌다. 주택과 관련해서는 자선가들이 노동계급의 주거를 개선하려는 움직임이 있었다. 세기 말까지 이 도시는 대규모 도시화로 인한 최악의 건강 위험을 해결하고, 물리적 환경의 상태를 개선하기 위해 설계된 서비스 네트워크를 갖추게 되었다.

포디즘 시대의 도시는 일반적으로 도로와 기타 인프라로 연결된 산업 및 주거 구역으로 둘러싸인 중심업무지구로 구성된다. 도로, 전기, 통신은 대규모 공장과 사무실을 통해 에너지, 자재, 통근자의 흐름을 집중시킨다. 또한 빠르고 효율적인 교통수단은 산업과 서비스의 분산, 교외 거주, 낮은 도시 밀도를 가능하게 한다. 포디즘 도시의 핵심 기술은 바로 자동차이다. 전후 대부분의 기간 동안 브리스틀은 전형적인 케인스주의-포디즘 시대 도시의 특징을 보여 주었고, 이는 도시의 건조 환경에도 반영되었다. 예를 들어, 산업 환경은 부두와 담배(윌스앤드임페리얼), 제과(프라이스), 제지 및 포장(로빈슨, DRG), 항공우주(롤스로이스, 브리티시 에어로스페이스) 관련 산업이 지배적이었다. 도로 인프라, 교육, 보건에 대한 국가 차원의 투자가 활발하게 이루어졌으며, 주택 문제를 완화하기 위해 대규모의 공동주택 단지가 건설되었다. 이러한 개발은 도시에 부를 가져다주고 소득의 전반적인 평준화를 가져왔지만, 건조 환경의 특성으로 인해 문제가 발생했다. 산업은 공기와 수로를 오염시켰고, 대규모 단지는 획일적이고 소외감을 준다는 비판을 받았다. 또한 수평적으로 건설하는 경향으로 인해 출퇴근 시간이 길어지고 교통 체증이 심해졌다. 대부분의 사람들은 자연과 삶을 지탱하는 천연자원과 서비스에서 소외되어 있다. 사람들은 자신이 소비하는 에너지, 식품 및 기타 제품의 원천이나 폐기물의 최종 목적지를 잘 알지 못한다. 또한 식물과 동물, 녹색 경관과 직접 접촉할 기회가 부족하며, 극심한 날씨와 기후로부터도 충분히 보호받지 못하는 상황이다. 전후 브리스틀은 자연을 착취할 수 있는 자원으로 간주하는 방식으로 발전했다. 도시의 많은 부분이 상업적 목적으로 재건되었고, 도시 외곽의 집에서 도심으로 사람들을 이동시키기 위해 도시 고속도로가 건설되었으며, 브리스틀은 식량과 공산품을 공급하는 전국적인 네트워크에 점점 더 많이 연결되었다. 1960년대에 도시 남쪽의 계곡 일대를 수몰시킴으로써, 도시의 물 공급은 증가했다.

1970년대 중반부터 브리스틀은 제조업 기반의 산업도시에서 서비스 기반의 탈산업도시로 변모했다. 1980년대 초반의 불황으로 담배, 제과, 제지, 포장, 항공우주 산업에서 일자리가 사라지고 도시 부두가 서서히 쇠퇴하기 시작했다. 1980년대 중반에 경제가 회복되면서 금융 서비스, 교육 및 의료 관련 활동, 식음료, 사무실 청소, 오락 및 레저 등의 서비스 경제에서 고용이 증가하여 대대적인 경제 재구조화가 이루어졌다. 이러한 변화는 육체노동과 반(半)숙련직에서 사무직으로의 직업적 전환을 동반했다. 이로 인해 도시 일부가 재생되면서 은행과 보험회사가 입주할 새롭고 빛나는 오피스타워가 들어서고, 로이드빌딩(Lloyd's Building)을 짓기 위해 오래된 담배 창고가 철거되는 등 도시가 재탄생했다. 1980년대 후반이 되자 브리스틀은 북부의 다른 도시들보다 경제 불황을 더 잘 극복했고, 도시 르네상스의 조짐이 보이기 시작했다. 1985년 환경부장관 케네스 베이커(Kenneth Baker)는 브리스틀을 "영국 실리콘 벨트의 빛나는 버클"이라고 선언했다. 이 새로운 번영은 화이트칼라 전문가들의 막강한 구매력에 힘입어 브리스틀도 문화적 르네상스를 맞이했음을 의미했다. 오히려 이러한 경향은 1990년대와 2000년대 초반에 걸쳐 더욱 심화되어, 워크재단(Work Foundation)이 브리스틀을 '이데오폴리스(ideopolis)' 또는 '더 넓은 도시 지역의 성장을 주도하는 지속가능한 지식 집약적 도시'로 간주해야 한다는 아이디어를 제시할 정도였다. 이는 도시에 경제적으로 성공하고 삶의 질을 향상시키는 지식 집약적 산업을 개발할 수 있는 개념틀을 제공한다(Work Foundation, 2006). 경제지리학자이자 '도시 선전주의자(city booster)'로 변신한 리처드 플로리다(Richard Florida)에 따르면, 이데오폴리스의 중요한 부분은 창의적인 산업의 존재이고, 이는 경제성장에 중요한 역할을 하는 재능 있고 관용적이며 기술적인 사고를 가진 집단에게 매력적인 도시를 만들어 준다.

이와 같은 변화의 서사 중 하나는 브리스틀의 도시 '친환경화'이다. 브리스틀은 지속가능한 도시로 홍보되고 있으며, 비교적 긴 자전거 도로, 생활 폐기물 재활용을 위한 일반 규정, 유명한 유기농 식품 축제로 여러 수상 경력을 자랑했다. 동시에 대중교통에 대한 투자 부족, 고급 사치품 소비 촉진(사람들이 자가용으로 여행한다는 가정하에), 북쪽 변두리와 도시 남서쪽 그린벨트 지역에서의 지속적인 신규 주택 건설 증가로 인해 이러한 이니셔티브가 약화되고 있다. 이러한 개발은 모두 도시 내 출퇴근 시 개인 교통수단을 이용하는 것을 전제로 한 것이다(최근 보고서에 따르면, 브리스틀은 영국에서 일곱 번째로 교통 체증이 심한 도시로 선정되었다). 또한 1990년대와 2000년대 도시의 성장은 고르게 이루어지지 않았고, 도시의 일부 지역에서는 높은 수준의 사회적 박탈감과 경제적 불안정이 지속되고 있다.

요약하자면, 현재의 성장 전략이 '자연을 도시로 다시 끌어들이기'를 추구한다는 것은 의심의 여지가 없다. 그러나 부동산 주도의 주택 개발과 고급 쇼핑 기회 제공이라는 메커니즘을 통해 성장을 추구하는 광범위한 정책은 2010년의 관점에서 볼 때, 그리고 경기 침체의 여파로 볼 때 그 효과가 의심스러워 보인다.

● 탐구 질문

1. '제2의 자연'이라는 개념과 교외 지역의 분석을 예로 들어, 다음 중 하나를 골라 도시 정치생태학적 관점으로 분석해 보세요.

(가) 스프롤 현상, (나) 젠트리피케이션, (다) 뉴어버니즘(new urbanism), (라) 도시—촌락 주변부

도시 정치생태학을 넘어서: 긍정적인 가능성은?

도시 정치생태학에 관한 논의(브리스틀의 개발 사례 연구와 함께)는 도시의 친환경화를 시도하는 것이 더 넓은 경제적 맥락에서 이루어져야 함을 강조했다. 이러한 관점에서 보면 자연은 경제력의 손아귀에서 벗어날 수 없으며, 자연을 다시 끌어들이려는 시도조차 자본축적 과정의 일부라고 결론을 내리기 쉽다(3장에서 언급한 닐 스미스의 주장, 즉 자연이 점점 더 축적 전략으로 이용되고 있다는 주장이 대표적이다). 이에 반해 촌락과 도시의 자연을 개선할 가능성을 더

하나뿐인 지구에 꼭 필요한 비판지리교육학

낙관적으로 보는 사람들도 있다. 이러한 사례는 세계경제와 도시성에 대해 가장 영향력 있고 다작을 한 학자인 도시지리학자 폴 녹스(Paul Knox)의 연구에서 찾을 수 있다. 녹스와 메이어(Knox and Mayer)는 『소도시의 지속가능성(Small town sustainability)』(2009)에서 인구 5만 명 이하의 도시로 정의되는 '소도시' 운동이 글로벌화의 영향력에서 벗어나 특색 있는 지역 경제와 생활양식을 발전시킨 사례에 관해 논의한다. 녹스와 메이어는 이러한 소도시가 유럽, 북아메리카, 오스트레일리아, 뉴질랜드, 일본의 여러 지역에서 전체 인구의 상당 부분을 차지한다고 말한다. 예를 들어, 유럽에서는 소도시에 전체 인구의 20%가 거주하고 있다. 이러한 마을은 고유한 정체성을 가지고 주민들에게 사교적이고 즐거운 삶의 방식을 제공할 수 있는 곳이다.

> 빠르게 변하는 세상 속에서 피난처가 될 수 있으며, 그곳의 주민들은 글로벌하게 생각하지만, 지역적으로 행동한다.
>
> (Knox and Mayer, 2009: 1).

녹스와 메이어는 소도시에서 도시의 생활 가능성과 지속가능성을 훼손하는 글로벌화의 힘에 저항하는 방법을 찾는 사례를 구하고자 한다. 이는 "글로벌화와 관련된 광범위한 경제적·환경적·사회문화적 힘과 현대사회의 경제적·사회적 역학(dynamics)을 지배하는 일에 소진된 생활양식 결과에 대한 반작용"이다(Knox and Mayer, 2009). 이러한 저항의 핵심은 '지역적', '유기적', '진정성', '느린' 삶을 살리려는 시도이다. 이 소도시에서는 특히 음식과 식생활, 토속적인 건축에서 지역의 고유성을 보존하는 데 중점을 두고 있다. 녹스와 메이어는 슬로푸드(slow food)와 슬로시티 운동(Cittaslow)의 상당한 부분을 담당하고 있다. 슬로시티 운동(www.cittaslow.org.uk)은 1999년 토스카나 언덕 마을 그레베인키안티(Greve in Chianti)에서 시작되었다. 4개 지자체의 시장들은 더 조용하고 오염이 적은 물리적 환경을 위해 노력하며, 지역의 미적 전통을 보존하고, 지역 공예품, 농산물, 요리를 육성하는 등 일련의 원칙에 전념하기로 다짐했다. 또한 기술을 활용해 더 건강한 환경을 조성하고, 사람들에게 좀 더 여유로운 삶의 리듬의 가치를 알리며, 도시 문제에 대한 창의적인 해결책을 고안하기 위해 전문 지식을 공유하기로 약속했다. 슬로시티 운동은 영국에서 전환마을(transition towns)의 출현으로 반영되었다(www.transitionnetwork.org). 녹스와 메이어는 살기 좋고 지속가능한 환경을 만들기 위해 노력하고 있는 소도시의 풍부한 사례를 제시한다. 그러나 이 책의 말미에는 이러한 도시들이 어떤 의미에서 '빠른' 글로벌 경제의 광범위한 흐름으로부터 '탈연결'된 경제 지역을 형성하기 시작할 수 있는지, 그리고 이러한 발전이 '느린' 삶의 방식을 감당할 수 있는 상대적으로 부유하고 특권층을 위한 새로운 생활양식에 불과한지에 대한 의문을 제기한다.

녹스의 최근 저서인 『도시와 디자인(Cities and design)』(2011)은 '생활 가능성과 지속가능성을 향해(Toward liveability and sustainability)'라는 장으로 마무리된다. 이 책에는 보다 지속가능한 형태의 도시 개발로 나아가기 위한 다양한 개념과 아이디어가 담겨 있다. 여기에는 도시 시스템의 다양한 행위자와 도시 개발을 이끄는 유연성과 다양성의 필요성을 인식하는 '진정한 도시성(true urbanism)', 도시 시스템을 구성하는 다양한 요소에 관한 통합적 사고의 필요성을 강조하는 '통합적 도시성(integral urbanism)', 쾌적한 공공공간을 위한 움직임, 친환경 디자인을 위한 움직임이 포함된다. 이는 여러 면에서 자연과 더욱 조화를 이루는 도시 개발에 대한 설득력 있는 비전이다. 그러나 이 내용은 책의 마지막 부분에 등장하며, 도시 설계가 자본주의 근대화의 여러 단계에 의해 어떻게 형성되었는지를 설득력 있게 설명한 후 이어진다. 이 설

하나뿐인 지구에 꼭 필요한 비판지리교육학

녹색 도시성의 원칙(The tenets of green urbanism)

티머시 비틀리(Timothy Beatley)는 『녹색 도시성(Green urbanism)』(2000)에서 유럽 11개국 중 가장 혁신적인 도시 25곳의 진행 상황과 정책을 자세히 설명한다. 그는 다음과 같은 녹색 도시성의 원칙을 제시한다.

- 생태적 한계 내에서 살기 위해 노력하고, 생태발자국을 근본적으로 줄이며, 다른 도시와 지역사회 및 더 큰 지구와의 관계와 영향을 인정하는 도시
- 녹색도시란 자연과 유사한 방식으로 설계되고 기능하는 도시
- 선형적 신진대사가 아닌 순환적 신진대사를 달성하기 위해 노력하는 도시, 배후지와 긍정적인 공생관계를 육성하고 발전시키는 도시
- 지방 및 지역 자급자족을 위해 노력하고 지방/지역 식품 생산, 경제, 전력 생산, 인구를 유지하고 지원하는 기타 여러 활동을 최대한 활용하고 육성하는 도시
- 보다 지속가능하고 건강한 생활양식을 촉진하고 장려하는 도시
- 높은 삶의 질과 살기 좋은 지역 및 지역사회 조성을 강조하는 도시

명은 공익보다 사적 부를 중시하고 소비 주도의 재생을 추구하는 신자유주의 경제 사상이 지배적인 상황으로 귀결된다. 실제로 녹스가 집필한 장에 담긴 낙관적인 톤은 레슬리 스클레어(Leslie Sklair)의 논평을 인용하면서 약화된다. 스클레어는 "억압적/소비주의적 도시(oppressive/consumerist city)" 패러다임이 지배적임을 강조하며, 소비주의가 "자본주의 글로벌화의 두 가지 위기—즉 계급 양극화와 생태적 지속불가능성—를 필연적으로 악화시킨다."라고 주장한다(Sklair, 2009).

● 탐구 질문

1. 가까운 마을이나 도시를 조사하여 '친환경화'를 위해 어떤 정책과 이니셔티브가 시행되고 있는지 알아보세요. 브리스틀의 사례 연구를 다시 읽어보세요. 여러분이 알아본 사례에서 자연이 경제적 가치를 높이는 수단으

로 점점 더 많이 이용되고 있다는 도시 정치생태학적 관점을 얼마나 확인하거나 반박하고 있나요?

맺음말

이 장에서는 우리가 도시화된 세계에 살고 있다는 사실('슬럼가의 행성' 또는 '제3의 도시혁명'이라고 부르든)을 고려할 때, 도시화와 자연 간의 관계의 복잡성을 인식해야 한다고 주장한다. 도시 환경사 및 도시 정치생태학 분야에서 연구하는 사람들의 근본적인 주장은 자연을 도시의 발전을 형성하는 더 넓은 권력과 자본의 순환과 분리해서 볼 수 없다는 것이다. 이 둘은 밀접하게 연결되어 있다. 이러한 방식으로 지리를 가르치는 데에는 큰 교육적 어려움이 따른다. 특히 학생들에게 정치경제학의 이상(ideals)을 소개해야 한다는 점에서 더욱 그렇다. 이 장에서 논의한 자료에서 알 수 있듯이, 도시 개발의 역사적·경제적 맥락에 주의를 기울인 사례 연구에 세부적으로 집중함으로써 이를 가장 효과적으로 달성할 수 있다. 이는 지리 수업에서 도시의 친환경화 가능성과 변화를 어렵게 만드는 강력한 구조에 대한 현실 인식을 제공하기 때문에 중요하다.[12]

탐구 활동

1. 도시지리는 여러 학교 지리 수업의 교육과정과 학습활동에서 중요한 부분을 차지합니다. 여러분의 학교 지리에서의 수업계획서를 검토해 보세요. 이 장에서 논의한 도시 자연에 대한 아이디어를 포함하도록 어떻게 다시 작성할 수 있을까요?

하나뿐인 지구에 꼭 필요한 비판지리교육학

7장

변화하는 경제지리

도입

2010년 2월 10일 BBC 아침 뉴스에서는 신용경색과 경기 침체의 여파로 영국의 대도시에서 계획된 많은 개발사업이 지연되고 있다는 내용이 보도되었다.[13] 이 보도에서는 판자로 덮인 현장의 영상을 보여 주었고, 인터뷰를 통해 시민들은 이러한 장소들이 미관을 해치고 도시의 이미지를 저해한다고 우려를 표명했다. 이에 대한 대응으로 뉴스 보도에서는 부지가 도시 정원(텃밭), 축구장, 산책로, 좌석 및 공공예술 등 다른 용도로 재생되고 있는 모습을 보여 주었다. 많은 이들이 이를 긍정적인 발전으로 환영했지만, 보도는 "그러나 이러한 대안들은 모두 일시적이다. 스포츠, 녹지, 정원 가꾸기는 경제가 회복되면 모두 사라질 것이다."라는 말로 마무리되었다. 뉴스가 처음 공개되었을 때 진행자 중 한 명은 이런 것들이 사라질 것 같아 안타깝다고 말했다. 그러나 동료 진행자가 경제를 정상으로 되돌리는 것이 더 중요하다고 바로 정정했다. 한 시간 후 뉴스가 반복되었을 때, 진행자들은 아무런 언급도 하지 않았다. 이는 경제를 '정상'으로 되돌리려는 추진력이 사람들이 원하고, 필요로 하며, 가치를 두는 것(녹지 공간, 공동체, 자연과의 교감)을 이미 충분하다고 느끼는 것들(소매점, 고급 시내 아파트)로 대체할 것임이 명백해진 순간을 나타내는 흥미로운 장면이다. 동시에 이러한 상식은 경제학의 합리적인 담론에 도전할 수 없다는 점에서 문제를 드러낸다. 짐 스탠퍼드(Jim Stanford)는 『자본주의 사용설명서(Economics for everyone)』의 서문에서 다음과 같이 말한다.

> 대부분의 사람들은 경제학이 기술적이고, 혼란스럽고, 심지어 신비로운 분야라고 생각한다. 경제학은 전문가, 즉 경제학자에게 맡겨야 할 분야라고 여긴다. 하지만 실제로 경제학은 매우 간단하다. 결국 경제학은 우리가 일하는 방식에 관한 것이기 때문이다. 우리가 무엇을 생산하고, 생산한 것을 어떻게 분배하며, 궁극적으로 어떻게 사용하는지에 관한 것이다. 경제학은 누가 무엇을 하고, 누가 무엇을 얻으며, 그것을 가지고 무엇을 하는지에 관한 것이다.
>
> (Stanford, 2008: 1)

물론 지리학자들은 우리가 일하는 곳, 생산하는 곳의 중요성을 강조하고 싶을 것이다. 경제지리학은 누가 무엇을 하고, 누가 무엇을 얻으며, 그것을 **어디에서** 사용하는지에 관한 것이다. 벤코와 스콧(Benko and Scott)은 경제지리학 분야의 발전을 검토하면서 다음과 같이 말했다.

> 경제지리학의 핵심 관심사는 공간(거리, 분리, 근접성, 위치, 장소 등 다양한 형태로 표현되는)이 어떻게 형태와 구조를 결정하는지에 관한 것이다. 또

한 공간이 경제적 결과의 형태와 구조를 결정하는 방식에 관한 것이다. 좀 더 구체적으로 말하자면, 현대 경제지리학의 과제는 경제의 공간적 조직에 대한 합리적인 설명을 제공하고, 특히 지리적 요소가 자본주의의 경제적 성과에 영향을 미치는 방식을 밝히는 것이라고 할 수 있다.

(Benko and Scott, 2004: 47)

윗글의 마지막 구절인 "지리적 요소가 자본주의의 경제적 성과에 영향을 미치는 방식을 밝히는 것"은 경제지리가 경제체제의 공간적 재현에 대한 학생들의 이해를 돕는 자료가 될 수 있다는 이 장의 주장에서 핵심을 이루고 있다. 그러나 이는 지리교육 분야가 이와 같은 경제체제의 본질에 세심한 주의를 기울여야 함을 의미한다. 이 장은 1970년대에 학교 지리에 도입된 경제입지 모델에 관한 논의로 시작한다. 이러한 모델은 여전히 학교 지리, 특히 고학년에서 흔히 가르치고 있다. 그러나 이들 모델과 이론은 서구 선진국 경제발전을 다루며, 특정 시기의 산물임을 인식해야 한다. 이 모델들은 특정한 형태의 신고전주의 경제학에 기반하여 공간적 통찰을 적용하고자 했다.

이러한 모델은 1980년대에 경제를 어떻게 조직해야 하는지에 대한 합의가 깨지면서 의문을 갖게 되었다. 새로운 '공간적 분업'의 등장과 산업 재구조화를 통해 수익성 위기를 해결하려는 시도로 인해 지리학자들은 정치경제학, 특히 마르크스주의에서 영감을 얻은 주장과 개념에 관심을 기울이게 되었다. 1980년대는 분열된 사회와 분열된 지리로 특징지어졌다. 그러나 선진 서구 경제가 경제성장과 팽창의 시기로 접어들면서, 경제지리학자들은 경제활동의 문화적 측면에 주목하기 시작했다. 특히 소비의 과정에 주목했다. 이른바 '문화적 전환'은 경제 공간과 활동의 생산과 관련된 의미와 실천에 주된 관심을 기울였다는 점에서 여러 장점을 지니고 있었다. 그러나 소비에 대해 지나치게 낙관적인 평가를 내렸고, 자본주의와 소비의 결합이 방해받지 않고 지속될 수 있다는 점에 다소 안일한 시각을 가졌다고 볼 수 있다.

정치경제학적 접근법은 계속해서 글로벌화된 공간의 능동적인 생산을 강조했고, 이에 따른 불균등한 발전에 주목했다. 1990년대와 2000년대에는 '대안적 경제 공간(alternative economic spaces)'의 출현 가능성과 자본주의 외부에서 사고하고 행동하는 방식에 초점을 맞춘 접근 방식이 발전했다. 이러한 문제는 2008년 금융 위기로 인해 가장 최근의 경제적 합의가 급격히 붕괴되면서 더욱 부각되고 있다. 특히 이 장의 마지막 절에서는 낮은 소비 수준에 기반한 '대안적 쾌락주의(alternative hedonism)'와 자본주의의 친환경화 가능성에 대한 문제가 다루어진다.

모두를 위한 경제학?

1970년대 이후 학교에서 지리를 공부하는 학생들은 크리스탈러의 중심지이론, 베버의 입지삼각형과 '등비용선', 알론소의 입찰지대곡선, 튀넨의 고립국 이론과 같이 정돈되고 깔끔한 선을 접해 왔다. 이러한 모델은 경제활동의 입지에 대한 비이론적 설명을 넘어서기 위해 보다 엄격하고 '과학적인' 접근법을 개발하고자 했던 1950년대 경제지리학자들에 의해 '발견'된 것이다. 경제의 공간구조에 대한 일반적인 설명이 필요했기 때문이다. 이들 모델의 개발은 경제지리학자들이 '지역 종합적 접근 방식에서 더욱 체계적인 분석적 접근 방식으로 전환하고 이론 구축과 가설 검증을 목표로 하는 학문적 전환을 시도하기 위한 의도적인 노력'의 일환이었다(Benko and Scott, 2004). 영국에서는 1960년대 중반부터 1970년대 초반까지 지리교사를 위한 일련의 콘퍼런스를 조직한 두 지리학자 피터 하겟(Peter Haggett)과 리처드 촐리(Richard

Chorley)에 의해 이러한 아이디어가 전파되었다. 이 콘퍼런스는 주로 사립학교에서 일하는 '떠오르는 젊은 스타' 교사들을 의도적으로 초청했고, 학교 지리의 중요한 교육과정 발전으로 이어졌다. 이와 같은 발전의 조건은 지리학에 대한 보다 과학적인 접근법의 출현으로 지리학의 위상이 높아져 더 많은 명성과 자원을 확보할 수 있다는 점에서 유리하게 작용했다. 이 시기는 합리적인 교육과정의 도입을 통해 학교교육과정을 근대화하려는 움직임이 강했던 시기로, 체계적이고 과학적인 접근 방식도 이와 맞물려 있었다.

그러나 이러한 모델을 학교에서 가르치기 시작하자마자 경제지리학자들은 이 모델이 현실 세계에 '적합하지' 않다는 이유로 거부했고, 이는 모델이 기반으로 삼은 가정이 비현실적이었기 때문이었다. 특히 이러한 모델을 뒷받침하는 인간의 주체성이 충분히 반영되지 못한 점이 문제가 되었다. 이에 대한 해결책으로 의사결정자의 머릿속에서 작동하는 인지 과정에 주목하는 행태주의 지리학에서 아이디어를 개발했다. 따라서 사람들은 이익을 극대화하기보다는 자신의 욕구를 충족시키는 데 만족할 수 있다는 아이디어가 제시되었다. 이 아이디어는 데이비드 스미스(David Smith, 1971)의 '이윤의 공간적 한계'와 같은 모델의 수정으로 이어졌고, 기업가들은 생산이 수익성이 있다면 '준최적 지점(sub-optimal location)'에 입지할 수 있다는 인식이 생겨났다. 행태주의 지리학은 신경제지리학의 지리에 복잡한 제약 조건을 추가했지만, 그 운영 가정에 크게 도전하지는 않았다. 특히 이 모델은 1970년대와 1980년대에 자본주의의 경제적 성과가 악화되면서 변화하는 경제 경관을 충분히 설명하지 못했다.[14]

일부 독자에게는 경제지리학 모델에 관한 이 절이 다소 어렵게 느껴질 수 있으며, 이는 학교(그리고 아마도 학부 수업에서도)의 여러 학생들이 경험하는 것이다. 많은 학생에게 이러한 모델은 지나치게 추상적이고 실용적이지 않은 것처럼 보인다. 그렇다면 왜 이 모델들을 오랫동안 가르쳐 왔을까? 이를 이해하기 위해서는 경제학이라는 학문의 광범위한 발전을 고려해야 한다.

경제학은 여전히 학교에서 높은 지위를 차지하는 과목으로, 고학년에서 가르치고 있다. 그러나 경제학은 신고전주의 경제학과 관련된 특정 형태의 경제 분석에 의해 지배되고 있다. 그런데 항상 그랬던 것은 아니다. 밀라노키스와 파인(Milanokis and Fine)은 『정치경제학에서 경제학으로(From political economy to economics)』(2009)라는 연구에서 경제학이 한때 풍부하고 다양하며 다원적인 학문이었지만, 사회학 및 역사학과 분리되면서 '탈역사화'와 '탈사회화'를 통해 점차 정치경제학에서 경제학으로 전환되었다고 설명한다. 밀라노키스와 파인은 고전 정치경제학이 자본주의 경제를 설명하는 데 관심이 있었으며, 관련성이 있다고 여겨지는 모든 역사적·사회적 요인을 끌어들였다고 주장한다. 즉 애덤 스미스, 카를 마르크스, 데이비드 리카도와 같은 주요 인물들 간의 차이에도 불구하고, 경제학은 정치경제학을 통합된 사회과학으로 간주하는 더 넓은 역사적 배경의 일부로 다루어졌다. 그러나 이러한 다원주의는 경제학을 학문으로 정립한 '한계주의적(marginalist)' 혁명으로 인해 위협을 받게 되었다. 방법론에 대한 논쟁은 추상적이고 이론적인 분석과 역사적 방법의 상대적인 장점에 관한 것이었다. 신고전주의적 접근법이 승리하여 오늘날까지 남아 있는 세 가지의 정통성을 확립했다(학교 지리에서 가르치는 입지 모델에 반영되어 있다). 첫째, 집단이나 사회계급이 아닌 개인을 분석의 기본 단위로 삼는 방법론적 개인주의이다. 경제는 마치 개별 요소의 집합체처럼 취급된다. 둘째, 경제는 시장 수요와 공급으로 정의되며, 다른 모든 요소는 비경제적 또는 사회적 요인으로 간주된다. 셋째, 경제 분석은 역사에 연연하지 않는다는 원칙에 기반한다.

이러한 발전은 추상적인 학문적 논쟁을 넘어, 우리가 '경제'를 이해하는 방식에 중요한 영향을 미쳤는데, 파인과 밀라노키스(2009)가 보여 주듯이, 경제학이라는 학문의 순수화는 '경제제국주의' 또는 경제학이 자신의 영역을 넘어선 사회적 삶의 영역을 설명하고자 하는 과정의 길을 열어 주었기 때문이다. 경제학자들이 몇 가지 간단한 경제 원리에 따라 인간 행동의 거의 모든 측면(부모가 자녀에게 지어 주는 이름과 같은)을 설명할 수 있다고 주장하는『괴짜 경제학(Freakonomics)』(Levitt and Dubner, 2006), 『이코노믹 씽킹(The economic naturalist: why economics explains almost everything)』(Frank, 2008)과 같은 책이 베스트셀러 시장을 석권했다. 최근 몇 년 동안 학문 분야로서의 경제지리학은 이러한 '경제제국주의' 과정의 대상이 되어 왔으며, 특히 노벨경제학상 수상자인 폴 크루그먼(Paul Krugman)은 입지론, 중력 및 잠재력 모델, 누적적 인과관계, 토지이용 및 지대 모델, 지역 외부경제 등 지리학에서 '잃어버린 전통' 다섯 가지의 회복에 기반한 '신경제지리학'을 주장해 왔다. 그러나 마틴(Martin, 1999)의 주장처럼, 이러한 전통은 사라진 것이 아니라 경제지리학자들에 의해 적극적으로 거부되었다는 점을 기억해야 한다.

당시 지리학에서 일어난 논리실증주의에서 벗어나려는 대규모 움직임의 일환으로서 철학적·인식론적 근거로 의도적으로 버려졌다. 입지론과 지역 과학 모델들이 배제된 이유는 최대화와 균형의 수학적 모델이 (일시적으로) 한계에 도달했기 때문도, 지리학자들이 그 수학적 도구를 지적으로 발전시킬 수 없었기 때문도 아니었다. 오히려 형식적인 수학적 모델이 우리의 이해에 심각한 제약을 가한다는 인식이 커졌기 때문이다. 지리학자들은 복잡한 역사, 지역적 맥락, 특수성을 모두 갖춘 실제 경제 경관에 더 관심을 갖게 되었고, 가상의 공간 경제에 대한 추상적인 모델에 덜 매료되었다.

(Martin, 1999: 81)

이러한 맥락에서, 도시와 촌락에서 사람들이 필요로 하는 것을 제공하기 위해 토지를 더 잘 활용할 수 있다고 제안하는 사람들이 "바보야, 문제는 경제야."라는 말을 듣는 이유를 더 쉽게 알 수 있다.

● 탐구 질문

1. 대중매체에서 경제가 어떻게 재현되는지 일주일 동안 연구해 보세요. 신문(양질의 신문과 대중적인 신문)을 읽고, TV 뉴스와 경제를 논하는 여러 프로그램을 시청합니다. 어떤 경제 현실 모델이 제공되나요? 정부, 기업, 노동자 등 어떤 관점에서 경제 문제를 다루고 있나요? 여러분의 연구 결과가 학교의 지리교육에 시사하는 바는 무엇인가요?

모델은 적용되지 않는다

이전 절에서 다루었던 입지 분석과 행태주의 지리학의 유형은 학교의 지리교육에 계속해서 영향을 미쳤지만, 1980년대와 1990년대에는 갈수록 시대에 뒤떨어지고 시대착오적으로 여겨졌다. 허드슨(Hudson, 2000)에 따르면, 경제지리학자들은 '경제지리를 생성하는 프로세스에 대한 더 강력한 개념화'를 추구했기 때문에 이러한 모델들의 영향력은 지리학 전반에서 오래 지속되지 못했다. 이는 지리학이 사회과학과 더욱 밀접하게 연계되는 것을 수반했고, 사회과학은 그 자체로 큰 변화를 겪고 있었다. 1960년대의 혼란과 '빈곤의 재발견(rediscovery of poverty)'은 점진적인 개선과 합의에 기반한 사회이론이 도전을 받았다는 것을 의미했다. 이에 직면한 사회과학은 마르크스

하나뿐인 지구에 꼭 필요한 비판지리교육학

주의 유산을 재발견하고 다른 입장을 모색하기 시작했다.

1970년대 중반과 1980년대 초반은 탈산업화와 재구조화의 시기였다. 지리학자들은 이러한 변화가 지리적 경관에 미치는 영향을 설명하기 위해 사회구조의 중요성을 강조하는 연구를 발전시키고자 했다. 이 점에서 기념비적 연구는 바로 도린 매시(Doreen Massey)의 『노동의 공간적 분업(Spatial divisions of labour)』(1984)이었다. 매시는 영국 경제가 제조업에서 서비스업으로 재편되고, 다양한 장소와 지역에 따라 이러한 변화를 서로 다른 방식으로 경험하는 불균등한 지리가 형성되던 시기에 이 글을 썼다. 매시는 경제지리학자들이 관찰한 공간적 패턴은 단순한 공간적 프로세스만으로는 설명할 수 없으며, 생산의 사회적 프로세스에 대한 이해가 필요하다고 주장했다.

1980년대에는 '분열된 국가(divided nation)'의 지리를 매핑한 지리학자들의 텍스트가 출판되었다. 경제 재구조화가 특정 지역에 미치는 영향에 주목한 일련의 지역 연구는, 쇠퇴하는 지역과 지방이 경제 생산의 글로벌 변화의 희생자라는 경제 변화의 결정론적 설명에 대한 대응이었다. 이에 반해 지역 연구는 지역 당국이 경제 생산을 촉진하기 위해 대응할 수 있는 방법을 인식하고자 했다. 점점 더 분열되는 국가를 인식한 텍스트의 대표적인 사례는, 1984~1985년 광부 파업의 여파로 쓰인 허드슨과 윌리엄스(Hudson and Williams)의 『영국(The United Kingdom)』(1986)이었다. 이 책은 전후의 사회적 합의에 대한 열망과 1980년대 경제적·사회적·정치적으로 분열된 사회의 현실을 명시적으로 주목했다. 허드슨과 윌리엄스는 전후 영국의 경제력이 장기적으로 쇠퇴하면서, 각국 정부가 영국 경제의 방향과 상반되는 정책을 시행하는 경우가 많았다는 점을 강조했다. 이로 인해 정부는 재정정책을 통해 경제의 전반적인 수요를 늘리려다가 성장이 인플레이션으로 이어져, 해외 상품 수입이 증가하지 않도록 수요를 억제해야 하는 '스톱고'* 또는 '거품경기와 불경기' 문제가 발생했다. 이 시기의 전반부에는 완전고용이라는 목표가 있었고, 1960년대와 1970년대 초반에는 경제 근대화라는 목표가 있었다. 사회 및 직업 구조의 변화는 부유한 중산층의 성장과 젠더와 계층의 탈전통화와 함께 인구의 계층 구성에 변화를 가져왔다. 1970년대의 경제 위기는 사회적 합의라는 개념에 중요한 도전을 가져왔고, 갈등이 심화되는 정치의 시기를 열었다. 허드슨과 윌리엄스는 국제적 또는 글로벌 스케일의 사건이 국내 활동에 영향을 미치는 상황에서 국가 경제 개념이 유효할 수 있는지에 대해 의문을 제기한다. 전반적으로 1980년대는 중요한 지리적 변화의 시기였다. 북부 지역과 대도시의 전통적인 제조업이 쇠퇴하면서 경관이 변화했고, 인구가 남부 지역으로 이동했다. 교외와 그 너머의 새로운 주택 단지로 이동했고, 국가 경제발전의 반복적인 특징이었던 남북 격차가 재부각되었다.

경제 변화의 구조적 원인을 강조하는 정치경제학 모델에 기반한 경제지리학의 접근 방식은 학교 지리에서 그다지 다루어지지 않는다. 한 가지 이유는 이러한 접근 방식이 학생들이 이해하기에는 너무 어렵다는 인식 때문일 수 있다(Bale, 1985). 또 다른 이유는 이 접근 방식이 항상 사회집단을 (계급, 민족, 젠더에 따라) 나누어 지리를 만드는 방식에 초점을 맞추고, 지리교사들은 일반적으로 논쟁을 피하고 합의를 강조하려는 경향이 있기 때문이다(Machon, 1987). 정치 문제를 언급하지 않고는 공간적 패턴을 설명할 수 없다는 것이 분명했던 시기에는 지리교사들이 '사실'에 충실하는 것이 더 쉬웠을 것이다. 이러한 경향의 좋은 예는 6학년을 위한 타운센드(Townsend)의 『영국의 불균등한 지역 변화(Uneven regional change in Britain)』(1993)에서 찾을 수 있다. 이 책은 학생들이 '오늘날 영국의 지역지리가 변화로 인해 어떻게 생겨났는

---

* 역자주: 스톱고 정책은 긴축과 완화를 번갈아 적용하는 금융정책으로, 1960년대와 1970년대 영국 경제의 특징을 말한다.

하나뿐인 지구에 꼭 필요한 비판지리교육학

지 이해'하도록 돕는 것을 목표로 했다.

지역 경제의 차이를 정확하게 측정하고, 과거와 현재의 지역 변화를 점
점 더 상세하게 설명하는 것이 이 책의 임무이다.

(Townsend, 1993: 6, 저자가 강조 표시 추가)

현재 경제활동의 패턴은 과거에 그 뿌리를 두고 있다는 역사적 접근 방식이
다. 타운센드는 19세기의 분산된 산업 패턴이 '집적경제'의 결과로서 어떻게
집중된 패턴으로 대체되었는지에 관한 설명으로 이 책을 시작한다. 지역의
성장과 쇠퇴는 콘드라티예프(Condratiev)가 말한 경제발전의 '장기파동이론'
과 관련해 설명된다. 실제로 학생들에게 변화에 대한 이론을 제공하기보다
는, 불균등한 발전 패턴을 측정하고 설명하는 것이 더 중요하다고 여겨진다.
이는 "탈산업화와 '남북' 격차"라는 제목의 장에서 분명하게 드러난다. 이 장
의 대부분은 이러한 변화를 설명하는 데 할애되어 있고, 설명은 개별 기업의
투자 결정에 초점을 맞추는 경향이 있으며, 폐쇄를 설명할 때 공장의 입지가
아니라 전반적인 '노동의 공간적 분업'에서 공장의 역할이라는 사실을 강조
한다. 이는 중요한 요소이기는 하지만, 경제 변화에 대한 다른 구조적 설명을
무시하거나 간과하는 경향이 있다.

맥락 속에서 경제지리(1)

지금까지 이 장에서는 학교에서 경제지리를 가르치는 데 입지론과 정치경제
학 이론이라는 두 가지 접근 방식에 관해 설명했다. 이 시점에서 이 접근법들
을 역사적 맥락에 놓고 이해하는 것이 유용하다. 전후 직후부터 1970년대 중

반까지 25년은 독특한 성장과 안정의 시기였다. 전 세계적으로 보면 1947년부터 1974년까지는 매년 성장의 시기였다. 불평등이 여전히 존재했지만, 그 자체로 보면 자본주의 체제는 잘 작동하는 것처럼 보였다. 던(Dunn, 2009)은 여기에는 세 가지 요소가 있었다고 말한다. 첫째는 노동, 자본, 국가 간에 존재했던 합의였다. 둘째는 높은 수준의 군사비 지출을 보장하는 냉전 체제였다. 셋째는 새로운 축적 방식을 가능하게 한 미국의 지배력이었다.

이 경제적·사회적 안정의 시기는 사회과학이 자본주의 체제의 기술적 '문제해결사' 역할을 하도록 부름을 받았다는 것을 의미했다. 이는 공간적 균형의 개념을 가능하게 했고, 빈곤을 완화하며, 소득을 균등화하기 위한 지역 및 도시 정책 설계를 촉진시켰다. 1970년대 중반부터 이러한 경제성장과 안정의 시기는 흔들리기 시작했다. 경제사학자와 분석가들은 전후 체제 실패의 정확한 원인에 대해 의견이 분분하다. 1973~1974년 OPEC이 주도한 유가 인상이 직접적인 계기가 되었지만, 이는 그 이전부터 경제 침체가 시작된 원인을 설명하지 못한다. 또 다른 설명은 노동자들의 투쟁이 생산성 저하로 이어졌다는 것이다. 세 번째는 소비를 유지하고 체제 재생산을 지원하던 높은 수준의 국가 지출이 점점 더 비생산적으로 변하면서 기업이윤을 줄였다는 것이다. 정확한 원인이 무엇이든, 이러한 수익성 위기는 장기간의 경제 생산량 감소와 그에 따른 실업 및 빈곤 증가로 이어졌다. 이러한 사건의 영향은 공간적으로 차별적인 영향을 미쳤고 경제지리를 분열시켰다.

돌이켜보면 이 시기는 특정 경제체제가 해체되는 과정이었으며, 당시에는 무엇이 이를 대체할지 명확하지 않았다. 경제지리학자들은 이 시기를 경제, 사회, 문화 조직에 있어 획기적인 변화의 일부로 보고 있었다. 애시 아민(Ash Amin)은 이러한 변화를 다음과 같이 설명했다.

논란의 여지는 있지만, 1970년대 중반 이후의 시기가 자본주의 발전의 한 단계에서 새로운 단계로 넘어가는 과도기라는 점에서 사회과학계의 점차적인 합의가 형성되고 있다. 따라서 이 시기는 자본주의 세계를 주도하고, 안정시키며, 재생산하는 바로 그 힘에 획기적인 변화가 일어났다는 인식이 있다. '구조적 위기', '변화', '전환'과 같은 용어는 현재를 설명하는 일반적인 용어가 되었고, 우리 시대의 학자들은 새로운 자본주의 시대를 설명하기 위해 '포스트포디즘', '탈산업', '포스트모더니즘', '제5의 콘드라티예프', '탈집단주의' 같은 새로운 별칭을 만들어 냈다.

(Amin, 1994: 1)

개념화에는 분명한 차이가 있지만, 일반적으로 사회분석가들 사이에서는 경제 영역에서 일어나는 변화의 본질에 대해 폭넓은 합의가 이루어지고 있다. 1970년대에 대량 산업 생산과 자본축적의 경제체제가 흔들렸고, 이 위기 속에서 새로운 활기를 가진 글로벌 자본주의가 등장했다고 널리 선전되고 있다. 이 부흥의 배경에는 세 가지 요인이 있었다. 첫 번째는 제조와 유통 시스템을 변화시키기 시작한 새로운 정보 및 통신 기술의 발전이었다. 두 번째는 시장의 우위를 강조하고 (적어도 이론적으로는) 국가의 개입을 줄이려는 신자유주의 사상이 경제정책에 미친 영향이었다. 세 번째는 중산층 사이에서 정체성, 윤리, 소속감과 관련된 탈물질주의적 가치가 부상한 반문화적 가치의 등장이었다. 이러한 변화를 종합하여 신경제지리학이 등장하게 되었다. 이에 관해서는 다음 절에서 설명하고자 한다.

새로운 시대와 소비의 지리

1970년대와 1980년대의 경제 재구조화는 매우 다른 경관과 실천, 즉 신경제 지리학을 만들어 냈다. 1980년대와 1990년대에 관한 기록은 새로운 형태의 소비사회의 출현을 강조한다. 이전의 지리학자들은 소비를 노동과 생산의 '실제' 지리학에서 벗어난 것으로 보는 경향이 있었지만, 여러 사람들이 소비가 개인이 자신의 정체성을 정의하고 새로운 정치적 프로젝트를 구축할 수 있는 장소라는 점을 인식하기 시작했다. 사회의 탈전통화는 젠더, 계급, 섹슈얼리티, 나이, 민족 등 이전에 고정되어 있던 정체성이 느슨해지고 있다는 것을 의미했다. 정체성은 유동적이었고, 소비는 사람들이 자신의 정체성을 형성하는 수단 중 하나였다. 일부 논평가들에게 이러한 선택은 소비가 구별의 수단이자 개인이 되는 방식이었으며, 이는 획일적이고 열등한 국가 공급보다 시장의 우위를 강조하는 대처주의의 정치적 메시지와 맞닿아 있었다.

소비가 다양한 의미를 내포하는 능동적인 과정이라는 생각은 1990년대에 들어서면서 학계의 상식이 되었다. 인문지리학은 문화 연구 분야와 연결되면서 가장 중요한 분야 중 하나로 발전했다. 이 모든 연구를 다 다룰 수는 없지만, 중요한 기여를 한 연구들을 간략히 소개하고자 한다. 피터 잭슨(Peter Jackson, 1989)의『의미의 지도(Map of meaning)』는 소비의 실천과 지배 문화와 종속 문화가 존재하며, 소비가 저항의 장이 될 수 있다는 생각에 주목했다. 롭 색(Rob Sack)의『장소, 모더니티, 소비자들의 세계(Place, modernity and the consumer's world)』(1992)는 소비 공간이 자연과 사회로부터 어떻게 추상화되는지에 관한 중요한 연구였다. 색은 소비 공간을 진지하게 다룬 초기 연구자 중 한 명이었지만, 상품이 실제 생산 관계를 감추는 방식에 대해 비판적이었다. 그는 이러한 이유로 상품이 '비도덕적'이라고 지적했다. 1990년대

하나뿐인 지구에 꼭 필요한 비판지리교육학

에 들어서면서 지리학자들은 소비에 대한 연구에 더욱 적극적으로 참여하게 되었다. 이는 사회과학의 광범위한 변화의 일부였으며, 포스트모더니즘과 관련이 있었다. 롭 실즈(Rob Shields)의 『여백의 장소(Places on the margins)』 (1991)는 근대성의 대안적 공간을 탐구했으며, 이후 그가 공저한 『라이프스타일 쇼핑(Lifestyle shopping)』에서는 소비의 주체를 위한 새로운 공간을 탐구했다.

> 라이프스타일 쇼핑은 생활양식과 마케팅이라는 이데올로기의 승리를 기념하는 것이 아니라, 주관성, 미디어, 상품 소비의 사적 공간과 일상적인 공공 생활의 변화하는 공간적 맥락의 상호의존성을 비판적으로 보여주는 것이다.
>
> (Shields, 1994: 1)

소비문화에 대한 이러한 새롭고 대체로 긍정적인 평가는, 소비를 '개인을 스타일에 동화시키는 것이 아니라 코드와 유행을 자신의 것으로 만드는 적극적이고 헌신적인 자기자신과 사회의 생산'으로 취급하는 접근 방식을 지지했다. 소비문화를 "슬프고, 불연속적이며, 엘리트적이고, 아마도 폐경기적"이라고 비판한 앨런 톰린슨(Alan Tomlinson, 1990)의 견해를 거부했다. 실제로 실즈는 새로운 소비 공간에서 존재하고 행동하는 새로운 방식이 생겨났다고 주장한 것으로 보인다.

> 이제 많은 소비자가 교환의 불평등과 교환가치의 자의적 성격을 의식하는 아이러니한 쇼핑객이 되었다. 사회적 행위자로서 이들은 교환의 불평등을 피하면서 물건과 쇼핑몰 환경의 상징적 가치를 소비하려고 한다.

그들은 여가 활동으로 상점을 둘러보고, 좀도둑질을 하며, 더 저렴한 모
조품과 유사품을 구매하고, (보통 사적인) 공간을 시장 광장과 거리 행동
의 공공 영역으로 돌려놓는 군중 행위를 통해 소비의 장소를 되찾는다.

(Shields, 1994: 99)

쇼핑몰 외에도 지리학자들은 신용의 확대에 따라 등장한 새로운 소매 공간,
젠더와 민족성에 대한 개념, 레저 및 관광 문화, 탈산업 경제로 전환하는 도
심의 변화, 소비가 농촌 공간에 미치는 영향과 관련된 새로운 소비문화를 연
구했다. 도시지리학자들은 도심의 버려진 공간에서 불사조처럼 떠오르는 새
로운 소비와 유산의 장소에 관심을 갖게 되었고, 촌락지리학자들은 생산주
의 이후 농촌에서 전문직 중산층의 생활양식이 어떻게 반영되는지에 관심을
가졌으며, 경제지리학자들은 조직의 문화와 업무 성과에 관심을 가지게 되
었다. 일반적으로 시간이 지남에 따라 소비에 대한 지리적 설명은 진보 정치
의 가능성에 대한 주장을 점점 더 경계하게 되었다. 대신에 소비의 배타적 특
성이라고 할 수 있는 것에 더 초점을 맞추게 되었다. 예를 들어, 다문화도시
에서의 소비에 관한 메이(May, 1996)의 연구는 중산층 젠트리파이어(gentri-
fier)가 소비를 차별화의 수단으로 사용하는 방법을 강조하고, 자비스(Jarvis)
는 일상생활의 보다 평범한 측면에서의 경험에 주목한다(Jarvis et al., 2001;
Jarvis, 2005).
이러한 발전은 지리교육학자에게 몇 가지 중요한 시사점을 준다. 특히 학생
들이 소비 실천에 적극적으로 참여함에 따라 학교 지리에서 설명하는 세계
와 학생들이 소비하는 세계 사이에 불일치가 있을 수 있기 때문이다. 오늘날
지리교사들은 현대 경관을 단순히 '장소상실'로 보고, 대중관광과 대중소비
와 관련된 '무미건조한 경관(blandscapes)'을 비판하는 '렐프적(Relphian)' 관점

하나뿐인 지구에 꼭 필요한 비판지리교육학

을 채택하는 경우가 줄어들었다[인문지리학자 에드워드 렐프(Edward Relph)의
『장소와 장소상실(Place and placelessness)』(1976)은 현대 '대중'문화가 건조 환경의
특성과 진정성을 상실하게 했다는 주장의 고전으로 남아 있다]. 대신에 포스트모던
소비의 경관에 부호화된 의미를 해체하려는 시도가 있을 수 있다. 즉 경관은
텍스트로 읽을 수 있다. 일반적으로 지리교사는 어린이와 청소년의 소비와
여가 선택을 진지하게 받아들이고 존중할 것을 권장한다. 이러한 접근 방식
을 반영하는 패러다임의 텍스트(그리고 지리교육 문헌에서 자주 언급되는 텍스트)
는 아마도 트레이시 스켈턴과 질 밸런타인(Tracy Skelton and Gill Valentine)이
편집한『멋진 장소: 청소년 문화의 지리(Cool places: the geographies of youth
cultures)』(1998)일 것이다. 이 책은 청소년들의 주체성과 능동적 의식에 초점
을 맞춘 문화 연구 분야의 영향을 많이 받았다. 이 책에서는 지리학자들이 거
의 연구하지 않았던 장소를 찾아내고, 이러한 공간과 장소에서 어린이와 청
소년이 어떻게 공간과 정체성을 구성하는 데 적극적으로 참여했는지를 보여
주었다. 단순히 축하하는 서술만 있는 것은 아니며, 때때로 청소년의 주체성
과 그들 삶에 대한 통제를 가하는 구조적 요소에도 주목한다. 하지만 전반적
으로는 소비자로서의 청소년들에 대해 긍정적인 관점을 취한다.

『멋진 장소』의 글은 집, 거리, 클럽 등 다양한 지리적 공간과 정체성을 다룬
다. 이 책은 전반적으로 청소년들이 자신의 정체성을 적극적으로 구성하는
방법을 강조하는 문화 연구의 주장을 채택하는 경향이 있다. 여기서 정체성
은 매우 탈구조적인 방식으로, 가변적이고 유연한 것으로 취급된다[문화이론
가이자 사회학자인 스튜어트 홀(Stuart Hall)이 기억에 남는 은유로 표현한 것처럼, 정
체성은 한 장소에서 다른 장소로 이동할 수 있지만 그 이후에는 버릴 수 있다는 점에서
버스표와 같다]. 지리와 정체성에 관한 이러한 사고방식은 청소년들이 개인 지
리의 '공동 창조자'임을 강조한다는 점에서 매력적이다. 그러나 청소년들의

정체성을 형성하는 데 구조의 역할을 경시하는 경향이 있다. 예를 들어, 영국 무슬림 여성 청소년의 재현에 대해 드와이어(Dwyer, 1998)가 쓴 글에서, 우리는 소녀들의 복장과 스타일에 관해서는 많이 알지만, 그들의 가족 배경과 지위 또는 생산과 소비와 관련된 경제적 지위에 대해서는 거의 알지 못한다고 주장했다. 이들의 정체성은 '유동적'이라고 할 수 있으며, 이러한 포스트모던적 '선택과 혼합'의 실천은 여러 면에서 소녀들이 통제할 수 있는 영역에 속한다는 것을 암시한다.

● 탐구 질문

1. 대학에서 지리학을 공부했을 때, 또는 현재 학교에서 지리를 가르칠 때 소비 공간에 대한 문화적 전환과 아이디어의 영향을 어느 정도로 받았나요? 이러한 발전의 강점과 한계는 무엇이라고 생각하나요?
2. 청소년들이 자신만의 개인 지리를 가지고 있으며, 장소와 공간의 창조에 적극적으로 참여한다는 견해에 관해 어떻게 생각하나요? 이러한 관점이 지리교사로서 여러분의 연구에 어떤 의미가 있나요?

맥락 속에서 경제지리(2)

지리학자들이 연구하는 소비 공간과 장소는 신자유주의 경제학에서 상상하는 경제의 글로벌화와 불가분의 관계에 있다. 새로운 경제 경관은 기존의 계급 갈등을 넘어서는 새로운 정치에 대한 전망을 제시하는 것처럼 보였다. 특히 이들은 기존의 정착촌이 무너지면서 형성되고 있는 새로운 정체성에 주목했다. 이는 경제성장이 회복되고 신용의 확대로 점점 더 많은 사람이 후기 자본주의의 '멋진 신세계'에 참여할 수 있게 되면서, 여가와 소비의 공간에서

하나뿐인 지구에 꼭 필요한 비판지리교육학

부상하고 있던 보다 '근대적인' 영국과 맞물려 있는 것처럼 보였다(예: Mort, 1996 참조). 경제적 현실과 학문적 아이디어 사이에 단순한 연결고리는 없지만, 1990년대 문화적 변화의 낙관적인 분위기가 장소 연구에 갈수록 큰 영향을 미쳤다고 주장할 수 있다. 이 시기에 지리학이 독특한 문화적 전환을 맞이한 것은 결코 우연이 아니다. 슈머-스미스(Shurmer-Smith)는 다음과 같이 지적했다.

> 대학뿐만 아니라 미디어와 사적인 만남에서도 거의 모든 사람이, 모든 곳에서 경제, 정치, 사회 생활의 많은 매개변수가 변화한 상황에서 의미를 창출하는 문제에 대해 점점 더 의식하게 되었다.
>
> (Shurmer-Smith, 2002: 1)

이 과정에서 지리학자들은 시대정신과 발맞추어, 이러한 경제적 변화로 인해 영국이 어떻게 다른 장소가 되었는지를 인식하고, 그 결과 나타난 생활양식, 가치관, 태도 변화에 주목했다. 이는 도시를 변화시키고 있는 새로운 소비의 '플래그십(flagship)' 상점과 사람들이 여가 시간의 더 많은 부분을 보내는 새로운 교외 주택 단지에서 볼 수 있으며, 여가 및 여행 패턴, 즉 일 년 중 적어도 얼마간은 햇살을 피해 떠날 수 있는 저가 항공사의 부상과 새로운 노동의 형태에서도 볼 수 있다. 젠더 관계와 섹슈얼리티의 극적인 변화(Weeks, 2007), 기독교 영국의 쇠퇴(Brown, 2008) 등 문화적 변화도 있었다. 또한 사람들은 전통적인 권위에 덜 복종하고, 새로운 경험에 더 개방적이 되었다고 한다(예: Weight, 2002; Marr, 2007 참조). 문화지리학자들은 이와 같은 패턴과 새로운 발전을 매핑했다. 이들은 이러한 현상을 비판 없이 받아들이지는 않았으며, 사회적 삶의 범주들이 어떻게 구성되는지 이해하고 포섭과 배제의 과정을 강조하는 데 관심을 기울였다. 그러나 이 연구들의 상당 부분은 후기 제조업사회, 소비사회에서 살아가는 것이 무엇을 의미하는지를 설명하는 데 초점을 맞추고 있다.

지리학자들은 경제조직의 본질에 근본적인 변화가 일어났으며, 이는 생산의 대상, 방법, 장소가 바뀌었다는 것을 의미한다고 주장하면서, 문화에 초점을 맞추게 된 경제적 맥락이 중요하다고 말한다. 1970년대 초중반의 수익성 위기는 새로운 규제 방식, 새로운 수익 실현 수단을 요구했다. 이러한 재구조화를 위해서는 정부, 기업, 노동 간의 관계를 관리하는 방식에 변화가 필요했다. 데이비드 하비(David Harvey, 2005)는 제2차 세계대전 말부터 1970년대 중반까지 포디즘 시대의 상대적 안정성을 설명하기 위해 '내재적 자유주의(embedded liberalism)'라는 용어를 사용했다. 시장은 사회적·정치적 제약과 규제 환경의 그물망에 둘러싸여 경제발전의 매개변수를 설정했다. 신자유주의의 목표는 시장을 이러한 제약으로부터 분리하여 자본이 더 빠르고 더 넓은 범위로 순환할 수 있도록 하는 것이었다. 그 결과 글로벌 경제의 빠른 세계는 커뮤니케이션과 지식, 생산과 소비의 글로벌 네트워크를 통해 10억 명 정도의 사람들을 하나로 묶는 강렬한 연결성이 특징이다. 자본주의의 경쟁 구도는 새로운 시장을 개척하고 자본의 회전 시간을 단축하기 위한 끊임없는 노력으로 이어진다. 수많은 광고에서 알 수 있듯이 시간은 곧 돈이며, 그 필연적인 결과는 일상생활을 가속화한다. 동시에 우리의 일상적인 만남과 관계(예: 육아, 학교교육)의 대부분은 시장 메커니즘에 기반하고 있다. 상품화 이론에 따르면 사람들이 하는 일 중 점점 더 많은 것이 사고팔리며, 따라서 광고되는 상품과 서비스를 구매하기 위해 돈을 벌려고 일자리를 가져야 한다. '좋은 삶'의 접근성을 확보하기 위해 노동시간이 길어지고, 한 가구가 두 가지 이상의 소득에 의존하게 되면서 가정생활에 대한 스트레스와 일과 삶의 균형이 개인적·정책적 문제로 부상하고 있다.

이러한 변화가 일상생활에 미치는 영향은 매우 크다. 사람들의 자존감에 대한 개념은 갈수록 소비를 중심으로 조직화되고 있다. 일과 소비의 주기는 현대사회의 경제적·사회적 역학 관계의 기본이 되었다. 광고가 반영하고 자극하는 것처럼 속도는 소비 전반의 특징이 되었다. 빠른 속도와 바쁜 스케줄은 부정적인 이미지에서, 잘 조절되고 만족스러우며 칭찬할 만한 생활양식의 증상으로 바뀌었다. 녹스와 메이어(Knox and Mayer)의 말처럼, 자본주의는 말 그대로 '속도를 제공한다'.

> 배달 속도, 서비스 속도, 조리 시간 속도, 청구서 지불 속도, 캔 개봉 속도, 만족 속도.
>
> (Knox and Mayer, 2009: 15)

2008년의 금융 위기는 경제 위기로 급속히 전환되었고, 자본주의 규제 방식에 근본적인 변화가 필요하다는 주장이 널리 제기되었다. 이 장의 서두에서 설명한 경제지리학의 정의로 돌아가서, "현대 경제지리학의 과제는 경제의 공간적 조직에 대한 합리적인 설명을 제공하고, 특히 지리적 요소가 자본주의의 경제적 성과에 영향을 미치는 방식을 밝히는 것"(Benko and Scott, 2004)이므로, 새로운 형태의 경제지리학을 언제나 동반할 수밖에 없다.

경합되는 경제지리

새로운 밀레니엄의 첫 10년이 끝나는 지금 이 글을 쓰면서, 그 시대를 살았던 사람들은 지금 무너져 내리고 있는 많은 것이 처음 압도적인 위치를 차지했던 또 다른 10년을 떠올리지 않을 수 없다. 1980년대 대처주의와 로널드 레이건의 획기적인 10년, 개인주의와 경쟁, 금융과 금융화, 민영화와 상업화가 '현대' 경제와 사회에서 유일하게 가능한 방식으로 자리 잡았던 새로운 시대가 열렸다.

(Massey, 2009: 136)

이 장의 마지막 부분에서는 미래에 연구될 수 있는 경제지리학의 유형과 학교 지리에 대한 시사점을 살펴본다. 1970년대와 1980년대의 위기로 인해 팀 에덴서(Tim Edensor, 2005)가 "산업 폐허"라고 불렀던 곳이 투기적 투자의 장소로 부상한 것과 마찬가지로, 최근의 금융 위기와 그에 따른 경기 침체는 새로운 경제 지형의 출현을 가져올 것이다. 다음 글에서는 경제지리에 대한 일련의 대안적 미래에 관해 논의한다. 이는 예측을 위한 것이 아니라, 경제지리에 관한 토론과 논쟁의 유형을 제시하여 교육의 기초가 될 수 있도록 하기 위한 것이다.

1. 쿨한 자본주의와의 작별?(Farewell to cool capitalism?)

짐 맥기건(Jim McGuigan)은 『쿨한 자본주의(Cool capitalism)』(2010)에서 이윤 실현의 필요성에 따라 후기자본주의가 청소년들과 관련된 반문화의 측면을 어떻게 수용하여 자신의 문화에 통합했는지를 설명한다. 자본주의는 사람들에게 최신 휴대전화를 갖고 계절마다 패션을 바꾸는 것은 단순히 물건을 더 많이 사는 것이 아니라 생활양식을 발전시키는 것이라고 설득함으로써 그렇게 했다. 맥기건은 또한 많은 학자도 신자유주의적 자본주의의 '쿨한' 태도에 매료되어 소비를 개인이 정체성을 구축할 수 있는 장소로 찬양하는 경향이 있었다고 주장한다. 하지만 경제 위기가 닥치면서 이러한 낙관적인 입장은 점점 더 반박을 받고 있다. 1990년대 중반에는 대니얼 밀러(Daniel Miller, 1995)가 소비를 "역사의 선봉(vanguard of history)"이라고 표현하며(아마도 장난삼아) 소비의 복합적인 용도에 대한 찬사가 쏟아졌지만, 최근의 연구는 소비에 관한 좀 더 비판적인 연구로 돌아서고 있다. 킴 험프리(Kim Humphery)는 『과잉(Excess)』에서 선진 서구 경제에서의 반소비주의의 새로운 정치를 탐구한다.

> 물질문화와 사물과의 관계에 대해 구성적인 것으로 이해할 수 있는 부분이 많지만, 시장체제, 소비 결정, 특정 종류의 물건이 가지는 궁극적인 가치를 성찰하고 의문을 제기할 필요성에서 벗어날 수 없다. 이러한 필요성에 대한 준비가 오늘날의 반소비주의 비판을 깊이 있게 형성해 왔다.
>
> (Humphery, 2008: 16-17)

소비주의의 대가를 더 일반적으로 받아들이는 분위기가 확산되고 있다는 징후가 있다. 이는 개인과 사회에 대한 소비주의의 비용에 관해 접근하기 쉽고 생각을 자극하는 설명을 제공하는 닐 로슨(Neal Lawson)의 『모든 소비(All consuming)』(2009)에 반영되어 있다. 조 리틀러(Jo Littler)는 『급진적 소비(Radical consumption)』(2008)에서 급진적 소비가 진보적 변화를 가져올 수 있는 잠재력에 관해 이야기한다. 그녀의 책은 소비의 정치에 관한 가장 기민하고 복잡한 분석 중 하나이다. '진보적' 방식으로 소비하라는 요구가 어떻게 소비자 자본주의의 중심이 되었는지에 대한 증거를 제시하는 것으로 이 책은 시작한다. 슈퍼마켓을 둘러보고 잡지 광고를 보면 친환경적이고 윤리적 소비를 촉구하는 문구가 눈에 띄고, 마크스앤드스펜서(Marks & Spencer)나 맥도날드 같은 대기업은 자신과 자사 제품을 배려심 많고, 환경친화적인 것으로 홍보한다. 리틀러는 소비사회의 모순에 대한 도덕적 대응으로서 윤리적 소비의 부상을 추적하고, 소비자가 '활동가'가 되어 멀리 떨어진 곳의 사람들과 환경을 연결되도록 장려하는 세계주의적 배려의 형태, '기업의 사회적 책임(CSR)'의 출현, 반소비주의의 다양한 형태가 어떻게 불평등한 세계에서 우리의 위치와 녹색 소비의 생태를 반영하는지를 탐구한다.

리틀러는 소비에 대한 이러한 초점은 포디즘에서 포스트포디즘으로의 전환과 국가가 더 이상 사회 변화의 주체로서 효과적이지 않으며, 소비자와 민간 기업이 권력과 통제의 장이라는 개념에 자리 잡아야 한다고 주장한다. 그녀는 윤리적 소비가 기존의 부의 불평등을 강화하고, 기업이 대중을 호도하며, 허영과 과시를 조장하고, 보다 평등하고 환경적으로 지속가능한 사회를 만들기 위해 해야 할 일에서 사람들의 주의를 분산시키는 데 활용될 수 있다고 주장한다. 그러나 동시에 소비자협동조합을 통해 사람들이 '부를 공유'하고, 기업이 제품과 공급망의 사회적·환경적 영향에 주의하도록 압력을 가하며, 착취를 통해 생산된 제품을 대체할 수 있는 선택지를 사람들에게 제공하고, 사회적·심리적·환경적 지속가능성에 대한 우리의 필요성에 집중할 수 있도록 도울 수도 있다.

루이스와 포터(Lewis and Potter)의 『윤리적 소비(Ethical consumption)』(2010)에 실린 글은 윤리적 소비에 관한 아이디어를 바탕으로 지리 수업을 개발하는 데 풍부한 아이디어를 제공하며, 소비의 교육학을 탐구하는 유용한 논문은 샌들린과 맥라렌(Sandlin and McLaren, 2010)에서 찾아볼 수 있다.

배리 스마트(Barry Smart, 2010)는 방향 전환의 가능성에 대해 낙관적이지 않다. 그는 2009년에 전 세계 정부가 서로 연결된 두 가지 위기, 즉 경제 위기와 환경 위기에 직면했다고 결론지었다. 첫 번째 위기는 갑자기 나타난 반면, 두 번째 위기는 수십 년 동안 계속되어 왔다.

> 정치적 의지, 상상력 또는 이해 부족의 결과든, 대부분의 경우 소비적인
> 미래는 현재로부터 단순한 선형 추정치로 계속 제시되어 왔다. 정부는
> 계속해서 경제성장의 미덕을 찬양하고, 소비자 수요의 재생을 통해 경
> 제를 되살리기 위한 다양한 조치를 도입해 왔다.
>
> (Smart, 2010: 184)

이러한 방식이 지속가능할지는 여전히 미지수이다.

2. '자본주의의 녹색화'?

다른 주장은 『팩터 포(Factor four)』(von Weizsacker et al., 1997), 『자연자본주의 (Natural capitalism)』(Hawken et al., 2010), 『팩터 파이브(Factor five)』(von Weizsacker et al., 2007)와 같은 텍스트에서 찾을 수 있다. 『팩터 포』는 1997년에 로마클럽에 제출된 보고서인 『성장의 한계』(Meadows et al., 1972)를 최신화한 버전으로 등장했다. 이 보고서는 극도로 비관적이었지만, 『팩터 포』는 "자원 생산성이 4배 증가하면 세계는 현재보다 2배의 부를 누리는 동시에 자연환경에 가해지는 스트레스를 절반으로 줄일 수 있다."라고 주장하며 낙관적인 전망을 내놓았다. 1년 후 빌 클린턴 전 미국 대통령의 두 차례에 걸친 지지와 함께 출간된 『자연자본주의』는 새로운 에너지 및 자원 효율성 기술, 폐기물 제거, 청정 생산 시설을 기반으로 자본주의의 새로운 의제를 제시한다. 이 책의 메시지는 끊임없이 낙관적이며 풍요로움을 포기해야 한다는 생각에 도전한다. 경제체제로서의 자본주의는 생태적으로 지속가능하고 수익성 있는 방

식으로 변화할 것이다.

『팩터 포』와 『자연자본주의』는 엘리트 정책입안자, 기업 관리자, 투자자에게 어필하는 데 초점을 맞추고 있다. 이 책들은 에너지, 자재, 운송 생산성을 향상시킬 수 있는 수많은 혁신 사례를 제공한다. 그러나 이 접근 방식에는 몇 가지 명백한 약점이 있다. 무엇보다도 이 접근 방식은 과학과 기술에 대한 신뢰가 사회적·정치적 문제의 근원으로부터 주의를 돌리게 할 수 있다는 점이다. 복잡한 관계와 실체들이 자연자본이나 인적 자본으로 묶여 관리 대상이 되는 경향이 있다. 이를 동반하는 정치는 분명히 관리 중심적이다. 이러한 접근 방식은 역사적·지리적 특수성이 부족하다는 문제를 반영하는 경향이 있다.

3. 부정의에 도전하기

2008년 금융 위기 이후 주목할 만한 특징은 탐욕적이고 분열된 사회의 윤곽을 그려 내고 더 큰 정의와 평등을 요구하는 글과 책이 쏟아져 나왔다는 점이다. 수년간 이 주제를 둘러싼 논쟁 끝에 사회 분열, 불공정, 환경 파괴의 원인으로 자본주의를 '명명하고 비판하려는' 의지가 높아졌다. 심리학자 올리버 제임스(Oliver James)는 그의 책 『어플루엔자(Affluenza)』(2007)에서 새로운 사회적 병폐를 설명하고, 이어지는 저서 『이기적 자본주의(Selfish capitalism)』(2008)에서는 '이기적 자본주의'에 대한 증거들을 모았다. 2010년에는 영국에서 사회적 유대의 붕괴로 인해 스트레스와 우울증이 증가한 이유를 설명하는 『소파 위의 영국(Britain on the couch)』을 재출간했다. 또 다른 심리학자 수 거하트(Sue Gerhardt)는 그녀의 책 『이기적인 사회(The selfish society)』를 통해 이 문제에 관해 자세히 설명했다. 런던정치경제대학교의 경제학자 리처드 레이어드(Richard Layard)는 부유한 사회가 더 높은 수준의 행복과 만족을 가져다주지 않는다는 증거를 수집하고, 영국 아동의 상태에 대한 영향력 있는 연구를 주도했다. 2010년 5월 영국 총선이 끝난 후 열띤 논쟁을 불러일으킨 책에서 리처드 윌킨슨과 케이트 피켓(Richard Wilkinson and Kate Pickett, 2009)은 더 평등한 사회일수록 사회적 결속력이 높다고 주장했으며, 지리학자 대니얼 돌링(Daniel Dorling)은 엘리트주의, 배제, 편견, 탐욕, 절망이라는 새로운 불의(不義)의 다섯 가지 교리를 자세히 기록한 『불의란 무엇인가(In-justice)』(2010)를 통해 새로운 관점을 제시하고 있다. 돌링의 주장은 도발적이며, 사회의 가장 빈곤한 계층에 쌓여 있는 여러 상처에 주목한다. 그는 불평등의 심화를 1970년대 사회를 평등하게 하기 위해 고안된 프로그램을 뒤집으려는 움직임과 연관 짓는 역사적 접근 방식을 채택한다.

4. (우리가 알고 있는) 자본주의의 종말?

내가 이 책을 완성할 당시 영국은 공공지출을 대폭 삭감하는 방안 발표를 앞두고 있었다. 이러한 삭감 조치는 시장에서 투자자들의 신뢰를 회복하기 위해 필요하다는 이유로 설명되었고, 대중들 사이에서는 능력 이상으로 생활해 온 사회가 이제 그 대가를 치러야 할 시점이라는 인식이 퍼져 있었다. 이러한 긴축 조치가 수요 감소로 이어져 더블딥(double dip)* 경기 침체를 촉발할 것인지, 아니면 민간 부문의 일자리 창출이 급증할 것인지에 대한 중요한 경제적 논쟁이 있었다. 어쨌든 보수당-자유민주당 연립정부와 노동당 야당

---

* 역자주: 더블딥이란 문자 그대로 '두 번(double)' 그리고 '짧은 기간 동안 가라앉는다(dip)'는 단어가 더해진 것으로, 침체기에 빠졌던 경제가 짧은 기간 동안 회복하다가 다시 침체로 돌아서는 것을 말한다

모두 공공 부채를 대폭 줄이는 것 외에는 대안이 없다는 데 인식을 같이했다. 이 시나리오에서 자본주의는 전능한 힘으로 묘사된다. 마치 '대안은 없다'는 듯이 말이다. 그러나 경제지리학계에서 캐시 깁슨과 줄리 그레이엄(Kathy Gibson and Julie Graham, 1996, 공동 필명이 J. K. 깁슨-그레이엄)은 글로벌 자본주의를 일관되고 전능한 실체로 생각하는 것은 도움이 되지 않는다고 주장했다. 실제로 경제 생산과 사회적 재생산의 대부분은 화폐교환에 의존하지 않는 방식으로 이루어진다. 이러한 관점에서 생각하기 시작하면 경제를 만드는 여러 방식을 상상할 수 있다. 콜린 윌리엄스(Colin Williams, 2005)도 비슷한 주장을 펼치며, 경제생활이 공식적인 고용과 현금 거래에 대한 의존도가 줄어들고 있음을 보여 주는 신중한 실증적 증거를 통해 이를 뒷받침한다. 레이숀 등(Leyshon et al.)은 『대안적 경제 공간(Alternative economic spaces)』(2003)에서 다양한 대안경제에 대해 논의한다. 이 연구의 정치적 중요성은 분명하게 드러난다. 우리는 부자와 권력자들이 일상적으로 자본주의의 헤게모니와 지배를 선포하는 시대에 살고 있다. 레이숀 등이 공저한 이 책은 깁슨-그레이엄의 책과 마찬가지로, 대처 전 총리의 주장과는 달리 글로벌 신자유주의의 주류에 대한 대안이 항상 존재한다는 것을 보여 주고자 한다. 이 책은 '실제로 존재하는' 대안경제에 대한 일련의 실증적 연구로 구성되어 있다. 여기에는 신용조합, 지역화폐운동(LETS), '복고풍 소매업(retro-retailing)', 비공식 노동, 직원 소유 제도(employee-ownership), 사회적 경제, '귀농운동(back-to-the-land)' 등이 포함된다.

자본주의의 관계 외부에서 사회적·생태적으로 지속가능한 삶의 방식을 개발할 수 있는 공간이 있을 수 있다는 가능성은 존 홀러웨이(John Holloway)의 『크랙 캐피털리즘(Crack capitalism)』(2010)에서 살펴볼 수 있다. 홀러웨이에 따르면, 자본주의는 개인이 '교환가치'를 생산하기 위해 노동력을 제공함으로써(즉 자본가가 수탈하는 가치를 생산함으로써) 존재하고 살아남는다고 주장한다. 사람들이 '사용가치'를 깨닫고 자신에게 즐겁고 의미 있는 일과 활동을 할 수 있도록 하는 것이 중요한 과제라고 역설한다. 그렇게 함으로써 사적 소유의 논리를 약화시키고 개인의 욕구를 집단적으로 충족시킬 수 있는 공간이 창출된다. '나우토피아(Nowtopia)'라는 용어를 만든 크리스 칼슨(Chris Carlson, 2010)과 "사람들이 신자유주의 경제의 잔해를 다시 모으기 시작하면서 이러한 공동체 주도의 자원 활용이 증가할 것"이라고 주장한 채터턴(Chatterton, 2010)도 비슷한 주장을 펼쳤다.

● 탐구 질문
1. 학생들이 미래의 경제지리를 생각해 볼 수 있도록 학습활동을 계획해 보세요.

맺음말

경제적 프로세스는 학교에서 학생들의 미래 삶의 기회에 핵심적인 역할을 한다. 학생들은 현재 교사의 조언을 성실히 따르고 열심히 공부해 자격증을 취득했다. 하지만 실업이나 막대한 부채를 안고 고등교육을 마치는 '잃어버린 세대'에 대한 이야기가 많이 나오고 있다. 학교교육과정에서 경제에 관한 이해는 최소한의 제공에 불과하다. 경제지리학은 학생들이 자본주의의 공간적 역학(spatial dynamics of capitalism)을 이해하는 데 도움이 될 수 있는 잠재력을 제공한다. 이것은 정말 유용한 지식이 될 것이다. 그러나 학교에서 경제지리에 관한 이론적 지식을 충실히 가르치는 경우는 거의 없다. 이 장의 목표는 교사들이 자본주의 경제의 작동 방식을 반영하는 교육과정을 개발할 수 있는 맥락을 제공하는 것이다. 그러한 교육과정이 어떤 모습일지 빠르고 최종적인 답은 없지만, 여기에 제공된 자료와 참고문헌은 경제 공간의 재구조화에 대해 매일 보도하는 신문과 함께 출발점이 될 것이다.

탐구 활동

1. 학교 지리 수업(Key Stage 3, GCSE, AS level)에서 학생들이 배우는 경제지리를 분석해 보세요. 어떤 개념과 아이디어를 가르치나요? 이것이 이 장의 경제지리에 관한 논의와 어떤 관련이 있나요?

2. 학교 지리 수업에서 학생들이 소비의 비용과 편익을 인식하도록 돕기 위해 어느 정도까지 노력해야 한다고 생각하나요? 소비의 지리에 관해 가르치는 데 주요 요소는 무엇이어야 한다고 생각하나요?

3. 경제지리가 극적으로 재구조화되고 있는 세계에서, 지리 수업은 학생들에게 경제에 대해 무엇을 가르쳐야 한다고 생각하나요?

하나뿐인 지구에 꼭 필요한 비판지리교육학

8장

기후변화, 모빌리티와 인류세 지리

지금은 믿기 어려울지 모르지만, 한때 기업들은 기후변화라는 것이 존재
하지 않는다고 부정했던 시기가 있었다. 막대한 자금과 노력이 기후변화
대응의 필요성을 주장하는 과학적 근거를 무너뜨리기 위해 투입되었다.

(Newell and Paterson, 2010: 36)

피터 뉴웰과 매슈 패터슨(Peter Newell and Matthew Paterson)이 언급한 '한때'
는 불과 20년 전이다. 1990년대 중반부터 많은 기업이 온실가스 규제가 다가
오고 있음을 감지하고 "새로운 환경에서 경쟁하고 생존하기 위해 준비하는
것이 더 낫다는 것을 깨달았다"(Newell and Paterson, 2010). 정부의 태도도 변
화했다. 로빈 에커슬리(Robyn Eckersley)는 『녹색 국가(The Green state)』(2004)
에서 우리가 새로운 환경 정치의 출현을 목격하고 있다고 주장한다. 에커슬
리는 글로벌 정치에서 생태적 지속불가능성을 야기하는 세 가지 주요 요소
가 존재한다고 주장한다. 바로 국가 간 경쟁, 글로벌 자본주의, 그리고 민주

주의의 취약한 특성이다. 이 요소들은 지속불가능한 발전 패턴으로 이어졌으며, 이러한 발전 형태로 인한 문제들에 대응하는 데 제약이 되었다. 그러나 에커슬리는 세 가지 영역 모두에서 사회의 '녹색화'에 대한 희망적인 신호가 있다고 생각한다. 첫째, 기후변화에 대응하기 위해 국가들이 공동으로 협력하려는 '환경적 다자주의(environmental lateralism)'로의 이동이 나타나고 있다. 둘째, 자본주의는 생태적 근대화 과정을 통해 녹색화되고 있다. 마지막으로, 경제와 사회를 조직하는 대안적인 방법에 관한 모델을 제시하는 새로운 민주적 실천 실험이 등장하고 있다. 녹색 국가의 출현은 왜 지금 우리 학교가 기후변화와 지속가능한 발전 문제에 관한 학생들의 인식과 이해를 증진하고 2020년까지 지속가능한 학교가 되어야 하는지를 설명해 준다.

기업, 정부, 개인의 이러한 공동의 노력이 경제와 사회의 녹색화로 이어질 날을 기대하며 이 책을 매우 낙관적으로 마무리하고 싶다. 그러나 이 책의 마지막 장에서는 학교 지리에서 기후변화에 대해 가르칠 때의 어려움과 딜레마를 살펴본 다음, 이러한 논의에 최근의 모빌리티와 인류세 지리의 개념을 포함할 수 있도록 폭을 넓히고자 한다. 이 책에서 주장하는 비판적 지리교육의 관점에 따라, 학교에서 학생들이 이용할 수 있는 지식과 이해를 면밀히 검토하는 것이 필요하다.

지리교사의 기후 문제

몇 년 전, 지속가능한 지역사회에 관해 가르치는 방법을 두고 고민하는 지리교사 모임에 참석한 적이 있다. 토론 중에 한 교사가 지구온난화에 대한 '과학적' 합의에 도전하는 다큐멘터리 프로그램을 방송한 TV 방송사 채널4에 화가 났다고 소리쳤다. 그는 이 방송으로 인해 자신이 그동안 학생들과 함께

하나뿐인 지구에 꼭 필요한 비판지리교육학

해 온 모든 '좋은 일'이 물거품이 되었다고 말했다. 이 지리교사가 설명한 문제는, 나는 역사적으로 지리교육 연구 분야가 진화해 온 방식에서 비롯된 것으로 이해해야 한다고 생각한다. 지리교육 연구는 자연지리 분야와 인문지리 분야로 분리되는 경향이 있었고, 자연지리학 교육은 물리적 과정을 관찰하고 측정하려는 과학적 접근법의 영향을 강하게 받아 왔다. 실증주의 과학의 연구 방법과 접근 방식에 대한 이러한 신뢰는 학교에서 인문지리를 가르치는 방식에 영향을 미쳤다. 1970년대와 1980년대에 교육과정 개발에 영향을 준 신(新)지리학은 일반화할 수 있는 법칙, 규칙, 모델을 찾는 데 중점을 두었다. 인간이 존재하는 것들에 의미나 가치를 부여할 수 있다는 사실이 인정되었음에도 불구하고, 실제로 존재하고 관찰 가능한 현실 세계에 대한 이러한 믿음은 학교의 지리교육에 계속해서 영향을 미쳤다. 모임에 참석한 지리교사는 기후변화에 대해 받아들여지는 '사실'과 현실을 '왜곡'하려는 사람들 사이의 용납할 수 없는 간극을 우려했다.

이 책의 7장까지 나는 비인간적 존재(자연)의 물질성을 인정하는 인문지리학의 관점을 도입하여, 지리교육 연구의 자연지리 분야와 인문지리 분야 간의 관계에 대한 이러한 관점을 반박하려고 시도했다. 그러나 나는 비인간적 존재의 물질성을 인정하지만, 그들의 물질적 존재를 우리의 지식과 분리할 수 없다고 주장한다. 이 접근법은 자연에 관한 담론이 스스로 진리를 만들어 내는 방식을 강조한다. 3장에서 제시했듯이, 이러한 접근법이 반드시 무의미한 상대주의로 이어지는 것은 아니다. 대신에 자연과 환경에 관한 아이디어의 구성을 탐구하고, 이를 인간 행동에 대한 함의와 연관시키는 학문적인 교육적 접근이 필요하다.

이러한 사회적 자연 관점은 기후변화처럼 논란이 큰 주제에 대해 가르칠 때 널리 받아들여지는 '중립적 입장'을 강조하는 접근 방식을 비판한다. 중립적 입장의 접근 방식은 해당 주제에 관해 알려진 과학적 사실을 가르치는 것의 중요성을 강조하고, 교사의 역할은 주제의 틀을 잡고 '사실'을 가르치는 것이며, 학생들이 이 지식으로 무엇을 할지를 스스로 결정하게 한다. 이 주제를 가르치는 과정에서 대안적인 관점이나 주장을 인정할 수 있지만, 이러한 관점이나 주장은 과학적 합의의 외부에 서 있다는 점을 강조한다. 이와 같은 접근 방식은 기후변화에 관한 환경식품농촌부(DEFRA)의 장학자료(1장에서 설명)를 뒷받침하며, 여기에는 과학, 지리, 시민성 교과 교사를 위한 일련의 활동과 함께 앨 고어의 영화 '불편한 진실'이 제시되어 있다. 그러나 이 교육 방식에는 또 다른 요소가 있는데, 바로 가치와 관련된 것이다. 결국 이 지식을 사용하거나 행동으로 옮기지 않는다면, 이 지식이 무슨 소용이 있을까? 어윈과 마이클(Irwin and Michael)은 "과학적 문해력(또는 과학적 무지)은 민주주의에서 시민으로서 행동할 수 있는 역량과 동일시된다."라고 말한다. 요컨대 과학적 문해력이 향상된다는 것은 과학적 지식이 기본이 되는 자유민주주의의 프로세스에 기여할 수 있도록 지적 역량이 더 잘 갖추어진다는 뜻이다(Irwin and Michael, 2003). 이러한 관점에서 볼 때, 지구온난화에 대한 과학적 합의를 가르치고 배우려는 지리교사의 관심은 학생들이 정치적 선택에 참여하거나 삶을 살아가는 방법에 대해 현명한 선택을 할 수 있도록 하는 세계시민성(global citizenship)이라는 더 넓은 목표와 연결된다. 실제로 지리 수업은 이 지점에서 (말 그대로) 끝나며, 학생들은 그 지식으로 무엇을 할 것인지를 결정해야 한다.

이 접근 방식은 교육과정의 과학적 모델에서 파생된 것으로, '사실'과 '가치'를 분리한다. 이는 가치가 고려되지 않는다는 의미는 아니지만, 항상 증거를 바탕으로 평가되어야 한다는 뜻이다.

사회적 자연 관점에서 보면, 기후변화에 대한 이러한 교육 모델에는 문제가 있다. 비판적 지리교육의 첫 번째 과제는 학교 지리교육과정을 구성하는 지식에 문제를 제기하는 것이다. 여기에는 다음과 같은 질문이 포함된다. 지금 지리 수업에서 기후변화를 가르치는 이유는 무엇인가? 누가 결정한 것인가? 이전에도 가르친 적이 있는가? 기후변화에 관한 어떤 유형의 '지식'이 이 주제를 재현하는 데 포함되는가? 어떤 관점이 배제되었는가?

● 탐구 질문

1. 학교에서 기후변화(또는 지구온난화)를 어떻게 가르치나요? 어떤 모델이나 접근 방식을 사용하나요? 과학적 권위와 기후변화 회의론을 어떻게 다루나요?

학교에서 기후변화(특히 지구온난화)를 가르치는 것은 비교적 최근의 현상이다. 1970년대부터 1980년대 중반까지 학생들은 지리 수업에서 지구한랭화 이론에 관해 배웠을 것이다.[15] 그러나 1990년대 초반에 지리 교과서와 교사들은 온실효과, 즉 '강화된 온실효과'에 대해 이야기하기 시작했다. 기후변화가 시험에서 출제되기 시작했다. 누가 이것이 학교에서 가르쳐야 할 중요한 문제라고 결정했는지는 대답하기가 더 어렵다. 교육과정은 더 넓은 문화의 일부이기 때문에, 미디어와 학교교육과정 사이에는 복잡한 관계가 존재한다. 사이먼 코틀(Simon Cottle, 2009)은 글로벌 위기 보도의 증가를 설명하면서, 특정 사건이 상대적으로 국지적이거나 지역적인 측면이 있음에도 불구하고 어떻게 글로벌하게 분류되는지 설명한다. 또한 학교교육과정은 공공 영역으로서의 공공의 중요한 이슈들이 제기되고 논의되는 공간이라는 개념을 받아들일 수 있다는 좀 더 형식적인 답변도 있다.[16] 또 다른 주장은 학교교육과정은 국가가 모든 학생이 배워야 한다고 생각하는 공적 지식(official knowledge)을 나타낸다는 것이다(Apple, 2000). 이와 관련한 증거는 교사가 사용할 수 있는 기후변화에 관한 공식 지침에 나와 있다. 여기에 있는 질문은 교육과정 지식의 비판적 이론과 연결되어 있다. 이 이론에는 학교 지식이 중립적이거나 객관적이라는 것을 받아들이지 않지만, 강력한 사회집단의 이익을 반영할 수 있다고 주장한다. 이는 정규 교육과정을 뒷받침하는 강력한 이해관계가 무엇인지에 관한 몇 가지 흥미로운 질문을 제기한다. 여기서 1990년대 중반 이후 정부의 사고에 영향을 미친 생태적 근대화론자들과 경제에 개입하려는 움직임을 거부하는 사람들의 관점의 차이를 살펴보는 것이 유용하다. 이 책의 여러 지점에서 다음과 같이 언급한다.

> [생태적 근대화] 아이디어는 깨끗한 환경이 사실상 사업에 유리하다는 것이다. 왜냐하면 그것은 행복하고 건강한 노동자, 보존 기술을 개발하거나 친환경 제품을 판매하는 기업의 이익, 깨끗한 공기와 물 같은 생산의 고품질 재료 투입물, 자원 사용의 효율성을 의미하기 때문이다. 반면에 오염은 자원의 낭비를 나타내며 […] 환경 문제가 과도하게 커지기 전에 해결하는 것이 비싼 개선 조치보다 훨씬 저렴하다.
>
> (Dryzek and Schlosberg, 2001: 299)

생태적 근대화는 마크 화이트헤드(Mark Whitehead)의 『지속가능성의 공간(Spaces of sustainability)』(2007)에서 논의된다. 그는 환경에 대한 역대 영국 정부의 태도가 역설적이었다고 주장한다. 1970년대와 1980년대 대부분의 기간 동안 정부가 기업활동에 개입해야 한다는 생각은 외면받았다. 이는 경쟁력 상실의 우려 때문이었고, 영국 정부는 "국가 개입의 타당성을 뒷받침할 과학적 증거가 있는 경제 실천에만 개입할 의향이 있었다"(Whitehead, 2007)

하나뿐인 지구에 꼭 필요한 비판지리교육학

는 의미였다. 대처 총리는 1988년 왕립학회 연설에서 보수당이 "지구의 진정한 벗"이라고 주장하면서 변화를 예고했다. 1990년에 정부는 첫 번째 백서인 『우리의 공동 유산(Our common inheritance)』을 발표했고, 1994년에는 리우 지구정상회의에 대한 후속 조치로 『지속가능한 발전—영국 전략』을 발표했다. 화이트헤드는 1990년대 내내 생태적 근대화를 위한 새로운 정책이 개발되고 있었지만, "생태적 근대화가 영국 정책의 광범위한 원칙이 된 것은 1997년 신노동당 정부가 선출된 이후였다."라고 지적한다. 이 시기에 환경교육과 지속가능성 교육 분야에서 일하는 사람들이 점점 더 인정을 받기 시작했다. 지속가능한 발전을 위한 교육은 시장을 통한 경제성장과 사회정의 및 환경정의에 대한 관심 사이의 균형을 추구하는 사회민주주의 브랜드를 발전시키고자 하는 정부의 다양한 관심사의 일환으로 포함되었다. 1장에서 언급했듯이, 이러한 형태의 '녹색 거버넌스'와 그것이 교육에 미친 영향은 비판을 받고 있다. 기후변화에 대한 이러한 관심이 교육과정의 더 광범위한 왜곡의 일환이며, 학교가 '선한 의도'에 대해 가르치도록 요구받고 있다는 주장이 제기되고 있기 때문이다.

따라서 교육에서 기후변화에 초점을 맞추는 것은 그 중요성을 나타내는 광범위한 사회적 인식을 반영하는 것이며, 교육과정에 기후변화를 포함시키는 것은 환경시민성을 증진하기 위한 교육의 더 넓은 목적에 대한 비전의 일환이다. 이는 항상 기후변화에 관한 특정 유형의 지식이 선호된다는 것을 의미한다. 앨 고어의 영화 '불편한 진실'이 잉글랜드와 웨일스의 모든 주립학교에 장학자료로 배포될 정도로 교실에서 사용할 수 있는 자료로 여겨지는 이유를 생각해 보면 흥미로울 수밖에 없다(그 자체가 국가가 개입하는 지식의 흥미로운 사례이다).

'불편한 진실'이 학교에서 인기 있는 교수·학습 자료가 될 수 있는 이유는 쉽게 알 수 있다. 이 영화는 제작 가치가 높고, 강렬하고 드라마틱한 내러티브가 담겨 있으며, 고어 자신도 카리스마 넘치는 인물이기 때문이다. 그러나 더 비판적인 관점에서 보면, '불편한 진실'은 변화가 필요하다는 이상(ideal)에 호소할 만큼의 감각적인 요소를 제공하면서도, 해결책이 체제의 개혁에 있지, 체제의 급진적인 전환이 필요하다는 요구를 회피한다. 또한 고어는 개인이 '지구를 구하기 위해 할 수 있는 일'의 목록을 제공하여 미래의 환경에 대한 인식과 책임감 있는 시민을 양성하고자 하는 학교에 호소력을 발휘하고 있다. 이는 교육을 표방한 이데올로기라고 주장할 수도 있다. 조엘 코벨(Joel Kovel)은 『자연의 적(The enemy of nature)』에서 다음과 같이 주장한다.

> [⋯] '불편한 진실'은 '자본주의'라는 단어를 언급하지 않는다. [⋯] 기술 결정론으로 가득 차 있으며, 글로벌 남반구를 충분히 고려하지 않고, 산업 모델을 전혀 문제 삼지 않으며, 그의 접근 방식이 많은 부를 창출할 것이라고 약속하고, 올바른 사람들, 즉 자신과 같은 사람들을 선출하는 것 외에는 어떤 해결책도 제시하지 않는다. 따라서 자본도, 자본주의 국가도 전혀 문제시되지 않으며, 진정한 민주화도 제안되지 않는다.
>
> (Kovel, 2007: 166)

고어의 영화는 우리 모두가 문제의 일부분이며, 온실가스 배출을 줄이는 열쇠를 쥐고 있는 것은 개인이라는 이데올로기를 제시한다. 코벨은 우리가 할 수 있는 일을 지적하는 것이 '압도적인 위기에 직면했을 때 위험부담 없이 스스로를 기분 좋게 만드는 방법'이라는 점에서 당연히 인기가 있다고 인정한다. 하지만 이러한 전략은 실질적인 해결책이 될 수 없다. 그의 분석에 따르면, 지리교사는 학생들이 경제성장과 기후변화 간의 연관성을 인식하기 위해 자본주의가 작동하는 원리를 이해하도록 도와야 한다고 주장한다. 이것이 지리교사가 다루어야 할 영역이며, 다음 절에서는 이에 관한 의제를 설정하고자 한다.

● 탐구 질문

1. 앨 고어의 '불편한 진실'을 시청해 보세요. 영화를 본 후, 지구온난화의 원인과 해결책에 대해 영화가 제기하는 주장을 평가해 보세요. 기후변화를 이해하는 데 비판적으로 접근하는 단원에서 이 자료를 어떻게 사용할 수 있을까요?

기후 자본주의 수업

1. 자발성을 넘어서

신경제재단(New Economics Foundation)의 앤드루 심스(Andrew Simms, 2008)에 따르면, 지구를 구할 수 있는 시간은 100개월이 남았다. 즉 지구 평균기온을 산업화 이전 수준보다 +2°C 이내로 유지하기 위해 온실가스 농도를 줄여야 할 시간이 100개월 남았다는 의미이다. 이와 같은 증거는 인류 사회가 스스로를 조직하는 방식을 빠르고 급진적으로 변화시켜야 할 필요성을 느끼게 해 준다. 지난 몇 년 동안 기후변화 문제를 대중화하고, 개인이 기후변화에 맞서 싸우기 위해 할 수 있는 일에 관해 조언하는 책들이 쏟아져 나왔다. 여기에는 『기후 다이어트(The climate diet)』, 『더 핫 토픽(The hot topic)』, 『환경에 대한 헛소리(Crap at the environment)』 같은 '반환경적' 처방을 다룬 책들이 포함된다. 그러나 고어의 영화처럼, 이러한 해결책들은 개인적인 수준에 초점을 맞추고 있는 반면, 실제로 필요한 것은 기후변화에 대한 집단적 대응이다. 뉴웰과 패터슨(Newell and Paterson)은 다음과 같이 주장한다.

> 기후변화에 성공적으로 대응하려면 경제가 '탈탄소화'될 수 있도록 전면적인 변혁이 필요하다.
>
> (Newell and Paterson, 2010: 7)

개인으로서 우리는 각자의 삶의 측면을 분석하여 탄소 경제에 어떤 영향을 미치는지 이해하고 탄소발자국을 측정할 수 있다. 그리고 우리 모두에게 '개인 탄소 허용량'을 정해야 한다는 일부 정치인들의 주장을 받아들일 수도 있다. 하지만,

> […] 경제의 탈탄소화가 실제로 이루어지려면 더 다양한 스케일에서 이 문제를 해결해야 한다. 에너지 공급업체들이 재생 가능한 에너지로 전환할 수 있도록 인센티브를 제공해야 한다. 우리는 개인적이고 불필요한 자동차 사용을 부추기지 않는 교통 시스템을 갖추어야 하며, 이는 결국 탄소가 제한된 세상을 위한 계획 시스템의 변화를 의미한다.
>
> (Newell and Paterson, 2010: 8)

이것이 '경제의 탈탄소화'가 매우 어려운 이유인데, 우리가 삶을 살아가는 방식의 거의 모든 측면이 경제와 얽혀 있기 때문이다. 경제체제는 탄소에 의존하여 성장하고 있으며, 계속 성장하지 않으면 1930년대와 최근에는 2008년 금융 붕괴의 여파에서 보았듯이, 경제는 위기로 붕괴하게 된다.

2. 탄소 자본주의의 지리

경제와 환경이 얼마나 밀접하게 관련되어 있는지 기억하기 위해 '기후 자본주의'라는 용어를 사용해야 한다는 뉴웰과 패터슨의 주장은, 학교 지리 수업에서 교사들이 기후변화의 출현을 더 광범위한 역사적·지리적 발전의 역사와 연관시켜야 한다는 것을 시사한다. 1970년대에 성장한 세대의 학생들은 '탄소 자본주의'의 지리에 대해 배웠다. 이는 석탄이나 주요 탄전과 같은 자원 지도와 대도시의 제조업이 탄전과의 근접성과 어떻게 연결되어 있는지에 반영되었다. 여러 면에서 이 지리는 1960년대 북해 자원의 발견과 개발에 힘입어 석유와 천연가스 사용으로 전환되면서 변화했다. 이러한 자원들은 글로벌 경제 발전과 성장을 촉진하는 원동력이 되었다. 1970년대 초반 석유 가격 상승으로 인한 석유파동으로 값싼 에너지 공급이 중단될 수 있다는 우려가 제기되었지만, 새로운 공급원이나 기술적인 해결책이 반드시 있을 것이라는 낙관론과 믿음이 일반적이었다. 실제로 이러한 초기의 충격은 그 자체로 흥미로운 지리를 만들어 냈다. 영국과 노르웨이의 경우 자국 영토 내에서 에너지 자원(북해 석유 및 가스)을 찾는 데 자극을 받았다. 다른 국가에서는 이와 같은 선택지가 없었기 때문에 다른 접근 방식을 개발했다. 예를 들어, 프랑스는 원자력 생산을 발전시켰고, 덴마크는 풍력에너지를 장려하면서 대체 에너지원을 개발했다.

이러한 화석연료에 기반을 둔 경제성장이 진행되는 동안, 과학자들은 지구 온난화를 '발견'하는 과정에 있었다. 1960년대 초반에는 이산화탄소 수치가 상승하고 있다는 사실이 밝혀졌다. 인간이 유발한 기후변화에 대한 지식이 발전하고 있었음에도 불구하고, 이는 1970년대 중반 이후 특정 경제성장의 형태와 크게 분리되어 있었다. 7장에서 지적했듯이, 신자유주의는 시장의 효율성에 대한 신념, 거래와 투자 속도를 높이기 위한 금융 규제 완화, 평균 번영이 증가한다면 더 높은 수준의 부의 불평등이 용인될 수 있다는 믿음 등을 중요한 특징으로 삼고 있었다.

뉴웰과 패터슨은 경제에 대한 이러한 주된 사고방식이 경제의 탈탄소화를 추구하는 독특한 방식으로 이어졌으며, 이는 시장이라는 개념에 기반하고

뉴웰과 패터슨의 탄소 자본주의 미래에 대한 시나리오

가. 탄소 자본주의 유토피아

탄소배출권 거래 시장의 도입은 재생에너지, 에너지 효율, 탄소 포집 및 저장, 첨단 대중교통, 새로운 친환경 도시 인프라 개혁에 대한 투자로 이어진다. 이러한 과정을 통해 화석연료 사용으로부터의 급속한 전환이 이루어진다. 금융시장 규제 당국은 기업들이 이산화탄소 사용량을 공개하고 부과된 탄소 허용량을 준수하도록 강제하고 있다. 세계은행은 자금 지원 정책을 탈탄소화하여, 화석연료 중심의 개발 프로젝트를 지원하지 않도록 한다. 서구 선진국의 납세자들은 자신들의 탄소 소비를 개인 탄소 할당량을 통해 줄이려는 상황에서, 화석연료 프로젝트에 대한 재정 지원을 자신들의 세금으로 보증하는 것을 더 이상 용인하지 않으려 한다. 이러한 시장 혁신의 결과로 20~30년 동안 전반적인 에너지 수요는 안정화되고, 에너지 믹스(energy mix)는 석탄, 석유, 가스 사용이 90%에서 재생에너지 70%로 전환된다. 나머지 화석연료는 최대한 에너지 효율적인 방식으로 채굴하여 사용한다.

나. 침체

탄소시장은 금융 및 은행 부문이 돈을 벌기 위해 운영하는 또 다른 금융 사기로 간주된다. 탄소시장은 정당성을 잃고, 경제 위기가 지속되면서 기업들은 단기적으로 수익을 극대화하기 위해 노력하게 된다. BP와 셸(Shell)과 같은 기업은 재생에너지에 대한 투자를 줄인다. 각국 정부는 탄소시장에 대해 약한 규제를 적용하여 기업이 약한 탄소 감축 목표와 자발적 규범을 설정하도록 설득하고, 이를 준수하는지 모니터링한다. 높은 실업률을 우려하는 각국 정부는 석유와 가스 등 기존 거대 제조업에 대한 지원을 계속하고 있다. 국제적으로 탄소 배출량 감축에 대한

하나뿐인 지구에 꼭 필요한 비판지리교육학

합의는 국가 간 경쟁과 협력에 대한 소극적인 태도로 지연되고 있다.

허리케인, 홍수, 가뭄 등 지속적인 기후변화와 관련된 주기적인 위기로 인해 기후변화는 공공 의제에서 여전히 높은 지위를 유지하고 있지만, 진전이 없으면 냉소와 절망을 불러 일으킨다. 보험회사는 취약한 지역에 거주하는 사람들에게 보험을 제공하는 것을 거부하며 대응하고 있다. 부유하지만 기후변화에 우려를 표하는 개인들은 많은 것을 할 수 없다고 느끼며, 환경 난민이 유입될 가능성을 점점 더 걱정하고 있다.

다. 탈탄소화 디스토피아

탄소 가격이 행동에 영향을 미치기 시작하면서 투자 자금은 빠른 해결책, 기술적 해결책, 급진적인 조치로 향하게 된다. 이러한 조치들은 투자자들에게 이익을 가져오지만, 불균형적이고 불공평한 결과를 초래한다. 기후변화의 영향에 관련한 증거가 늘어남에 따라 과학자들의 계획(예: 이산화탄소 흡수 속도를 높이기 위해 해저에 철분을 뿌리는 것)과 지구공학적 '해결책'을 서둘러 수용하고 있다. 바이오 연료 생산에 투자가 쏟아지면서 끔찍한 노동조건을 갖춘 대규모 단일 작물 농장이 생겨나고 있다. 높은 탄소 가격은 원자력 발전에 대한 투자를 촉진하며, 이들 발전소는 빈곤층과 소외계층이 거주하는 지역에 입지한다.

탄소 배출을 줄이기 위해 정부는 개인에게 부담을 전가하고 규정 준수를 감시하고 단속하는 데 엄청난 노력을 기울이며, 이로 인해 감시 문화가 확산된다. 부유한 사람들은 더 많은 탄소배출권을 가난한 사람들로부터 쉽게 구매할 수 있고, 가난한 사람들은 점점 더 연료 빈곤에 시달리며, 모든 소비를 줄여 탄소 소비를 줄여야 하는 상황에 처하게 된다.

라. 기후 케인스주의

탄소시장에 대한 자유방임적 접근 방식을 비판하는 사람들이 정치적 논쟁에서 승리하면서, 정부는 시장이 투기가 아닌 탈탄소화라는 목표에 맞추어지도록 조치를 취하기 시작했다. 엄격한 목표가 설정되고 거래 규칙의 허점이 차단되어, 결과적으로 이산화탄소 사용에 대한 투명성이 확보되었다. 정부는 시장만으로는 원하는 수준의 탈탄소화를 달성하기에 충분하지 않다는 것을 깨달았다. 주택의 에너지 효율을 높이고, 마을과 도시의 교통 인프라를 개선하여 사람들이 자동차 사용을 줄이도록 유도하는 대규모 공공 투자 프로그램에 착수했다. 이러한 투자는 건설업을 안정시키고 자동차 사용을 필요로 하는 투기적 주택 건설 계획을 방지하는 효과를 가져온다.

있다고 주장한다. 화석연료 사용을 줄이는 대신, 탄소배출권 시장, 재생에너지 기술의 신규 또는 확장 시장, 새로운 투자 기회를 창출하는 방식으로 대응해 왔다. 이는 '탄소시장'이라는 개념에 반영되어 있다. 이러한 접근 방식의 공통점은 탄소를 거래할 수 있는 상품으로 전환한다는 점이다. 뉴웰과 패터슨은 향후 20~30년 내에 자본주의의 탈탄소화가 어떻게 이루어질지에 관한 일련의 시나리오를 설명한다. 이 시나리오는 더 광범위한 수업 단원의 일부로 개발되고 교육되며, 학교 지리에서 분석 및 논의의 기초가 될 수 있다.

뉴웰과 패터슨의 책이 자본주의 이후의 미래 고찰을 다루지 않는 것은 중요하다. 이들은 기후변화에 대한 대응이 '지금까지는 대부분 탄소 배출 시장 구축을 중심으로 조직되어 왔다'는 점을 인식해야 한다고 주장한다. 탄소 배출에 가격을 매겨 오염을 유발하는 사람들에게 비용을 명확히 부과하는 것이 목표였다. 뉴웰과 패터슨은 자본주의가 이 문제를 해결할 수 있는지에 심각한 의구심을 가지고 있지만, 이 문제가 해결되어야 할 정치적·사회적 맥락을 자본주의가 설정한다고 주장한다. 이 과정에서 갈등이 발생할 것이라는 점을 인식하고 있으며, 2008년 금융 위기 이후 금융인들은 자신들의 활동에 대한 규제를 강화해야 한다는 요구에 저항해 왔다. 또한 경제를 '탈탄소화'하기 위한 중대한 조치를 취할 합의가 제때에 이루어질 수 있을지에 대한 의구심도 있다.

뉴웰과 패터슨은 이 과정에서 승자와 패자가 있을 것이며, 공정성과 사회정의의 관점을 인정하는 방식으로 이러한 변화를 관리해야 한다고 주장한다. 하지만 한 가지 분명한 점은 다음과 같다.

글로벌 시스템이 효과적이고 일관성을 가지려면 현재 글로벌 경제를 지배하는 행위자들을 관여하게 하고, 참여시키며, 변화시켜야 한다는 것이다.

하나뿐인 지구에 꼭 필요한 비판지리교육학

(Newell and Paterson, 2010: 187)

이러한 행위자들은 강력한 정부 지도자, 글로벌 기업가, 비즈니스 리더, 그리고 글로벌 금융과 부의 흐름을 결정하는 사람들이다. 이들은 피트(Peet, 2008)가 "권력의 지리(geography of power)"라고 부르는 영역에서 활동하는 사람들이다. 이는 학생들에게 좋은 환경 시민으로서 행동하도록 촉구하는 지리 수업은 학생들이 현재와 미래의 사회 및 환경 관계를 형성하는 힘을 이해하도록 돕는 데에는 충분하지 않다는 것을 시사한다.

모빌리티와 기후변화

기후변화 문제에 관한 또 다른 관점은 사회학자 존 어리(John Urry)가 제시한다.

> [⋯] 기후변화는 강력한 고탄소 경로의존적 시스템이 다양한 경제 및 사회 제도를 통해 고착화된 20세기의 유산이다. 그리고 세기가 전개됨에 따라 이러한 고착화는 세계가 점점 더 많은 탄소 유산을 남겼다는 것을 의미했다. 전기, 철강 및 석유 자동차, 교외 거주와 관련 소비는 이러한 고착화된 유산 중 세 가지에 해당한다.
>
> (Urry, 2010: 198)

이러한 진술은 강력한 메시지를 담고 있다. 이는 증가하는 탄소 배출을 줄이는 것은 '사회생활의 재조직화', 그 이상도 이하도 아님을 요구한다는 의미를 내포하기 때문이다. 어리는 이러한 고탄소 시스템이 모바일 생활의 부상과 함께 발전해 왔다고 주장한다. 모빌리티, 즉 이동 능력은 '부유한' 세계의 사람들이 성공과 행복을 정의하는 방식에서 핵심이 되었다. 사람들의 삶은 더 이상 지역에 국한되지 않으며, 누구와 교류할지에 대한 '슈퍼마켓' 같은 다양한 선택지가 주어진다. 장소의 감정가이자 수집가가 되고자 하는 사람들의 욕구는 다양한 장소를 여행하려는 동기를 부여한다. 현대 자본주의는 사람들이 자신의 정체성을 정의하는 데 도움이 되는 경험을 찾아 새로운 장소를 여행할 때, 적어도 주기적으로 지역적 제약에서 비교적 자유로울 수 있다고 전제한다.

뉴웰과 패터슨의 분석을 인용한 어리는 자본, 상품, 사람이 마음대로 이동할 수 있는 권리를 가정하는 신자유주의 경제관이 지배하면서, 지난 수십 년 동안 이러한 고탄소 모빌리티 복합체의 확장 속도가 빨라졌다고 주장한다. 자유시장의 개념은 국가가 이러한 모빌리티의 과정을 중단하려는 시도를 저지한다. 그 결과 '과잉소비의 장소들'이 등장했다. 최근 몇 년간의 대표적인 사례는 두바이의 변모이다. 두바이는 석유 생산의 중심지에서 엘리트와 과잉소비의 장소로 변모했으며, 인공섬 '더 월드(The World)', 세계 유일의 7성급 호텔, 돔형 스키 리조트, 세계에서 가장 높은 건물, 그리고 육식 공룡들이 있는 곳이 되었다(Davis, 2006). 어리는 불길하게 결론을 맺는다.

> 20세기 자본주의는 가장 극명한 모순을 만들어 냈다. 그 전방위적이고, 모빌리티가 높으며, 무분별한 상품화는 전례 없는 에너지 생산과 소비 수준을 요구했고, 그 결과 우리는 고탄소 사회의 어두운 유산을 점점 더 체감하고 있다. 이 모순은 자본주의를 스스로의 무덤을 파는 존재로 전락시키며, 많은 시스템의 광범위한 역전을 초래할 수 있다.
>
> (Urry, 2010: 208)

모빌리티 지리학

존 어리는 랭커스터 대학교의 사회학자이다. 1980년대 중반부터 공간과 사회의 변화하는 본질을 탐구하는 방대한 양의 연구를 발표했다. 그의 최근 연구는 환경 지속가능성에 대한 중요한 질문을 제기한다.

1987년 스콧 래시와 존 어리(Scott Lash and John Urry)는 20세기 후반이 '조직된 자본주의(organized capitalism)에서 해체된 자본주의(disorganized capitalism)로의 전환'을 특징으로 하는 시기라고 주장한 『조직된 자본주의의 종말(The end of organized capitalism)』을 출판했다. 래시와 어리의 출발점은 마르크스와 엥겔스(1848)의 공산당 선언으로, 자본주의를 혁명적 힘으로 규정하며, 과거의 사회적 관계를 무너뜨리고 새로운 생산 및 작업 방식, 새로운 생활양식을 대체하는 것으로 보았다. 이들은 마르크스와 엥겔스를 모더니티의 선지자로 바라보며, "모든 견고한 것은 공중으로 녹아 사라진다."라는 문구로 그 변화를 설명했다. 『조직된 자본주의의 종말』에서는 20세기 말 마르크스와 엥겔스가 언급한 자본주의가 "특정 사회에서 종말에 이르렀다."라고 한 주장을 검토했다. 이들은 19세기 자유주의적 자본주의에서 시작되는 시대 구분을 제시하는데, 이 시기에는 자본의 순환이 지역적 또는 지방적 수준에서 운영되었다. 20세기에 조직된 자본주의가 부상하면서 자본, 생산 수단, 소비재, 노동력이 전국적인 단위에서 크게 유통되기 시작했다. 20세기 말에는 자본, 상품, 화폐의 순환이 국제적인 규모로 이루어졌다. 이러한 의미에서 자본주의는 '해체되었다'고 평가되는데, 이는 주체와 객체의 흐름이 점점 더 국경 내에서 동기화되지 않기 때문이다. 『조직된 자본주의의 종말』은 미국, 영국, 독일, 스웨덴의 경제발전을 조사하여, 이 모든 국가가 조직된 자본주의에서 해체된 자본주의로 전환하는 과정에 있다고 주장했다.

이후 래시와 어리는 자본, 상품, 이미지, 사람들이 점점 더 빠른 속도로 더 먼 거리를 이동하는 시공간 압축 과정을 특징으로 하는 세계를 묘사한 『기호와 공간의 경제(Economies of signs and space)』(1994)에서 분석을 발전시켰다. 연령, 계급, 가족, 젠더에 따른 사회구조가 해체되면서, 개인은 자신의 삶을 이해할 수 있는 안정된 지표가 거의 남지 않게 되었다. 여러 논평가들은 이를 '존재론적 불안정'과 정체성 상실로 이어지는 부정적인 발전으로 보고 있다. 그러나 래시와 어리는 『기호와 공간의 경제』에서 상품, 이미지, 사람들의 이동속도가 빨라지면서 새로운 형태의 주체성이 생겨날 수 있다고 강조한다.

우리가 보기에 현대 정치경제의 이러한 공간화와 기호화는 여러 학자들이 제안하는 것만큼이나 부정적이지 않다. […] 이러한 변화는 또한 성찰성을 발전시키며 […] 조직된 자본주의의 종말과 함께 수반되는 주체의 성찰성 증가는 친밀한 관계, 우정, 노동관계, 여가, 소비 등 사회적 관계에 커다란 긍정적인 가능성을 열어 준다

(Lash and Urry, 1994: 31)

존 어리는 『기호와 공간의 경제』를 출간한 이후 모빌리티를 주제로 한 일련의 저서에서 이러한 아이디어를 발전시켰다. 『사회를 넘어선 사회학(Sociology beyond societies)』(2000)에서 그는 "사람, 사물, 이미지, 정보, 폐기물의 다양한 모빌리티와 이러한 다양한 모빌리티 간의 복잡한 상호의존성과 사회적 결과를 탐구"하는 사회학에 대한 선언문을 발표했다. 어리는 다양한 글로벌 네트워크와 흐름의 발전이 일반적으로 사회학적 담론에서 스스로 재생산하는 힘을 가진 것으로 간주되어 온 내생적 사회구조를 어떻게 약화시키는지 고찰하고자 한다. 사회학의 핵심이었던 '사회' 개념은 더 이상 세계가 작동하는 방식을 적절하게 설명하지 못하며, 따라서 그는 '사회를 넘어선 사회학'을 요구한다. 이러한 논의는 지리학에도 중요한 함의를 갖는다. 기존 지리학은 공간을 고정되고 비교적 안정된 배경으로 간주해 왔으며, 다양한 모빌리티를 통해 이러한 패턴이 형성된 방식을 충분히 고려하지 않았다. 공간은 단순히 사회적 행동의 배경이 아니라, 다양한 모빌리티에 의해 끊임없이 재구성되는 동적 요소임을 강조한다. 존 어리의 2007년 저서 『모빌리티(Mobilites)』*는 그가 "모빌리티 전환"이라고 부르는 현상에 대한 증거를 제시한다.

사스(SARS)에서 비행기 추락 사고, 공항 확장 논란에서 문자 메시지, 노예무역에서 글로벌 테러리즘, '자녀 등하교 픽업'으로 인한 비만에서 중동의 석유 전쟁까지 […] 내가 '모빌리티'라고 부르는 문제는 많은 정책과 학문적 의제에서 중심에 서 있다.

---

* 역자주: 존 어리의 『모빌리티』는 강현수·이희상 번역으로 2014년에 아카넷에서 출판되었지만, 지금은 품절이다. 이후 2022년에 김태한 번역으로 앨피 출판사에서 『모빌리티』 번역서가 나왔다. 존 어리에 대해서는 이희상, 2016, 『존 어리, 모빌리티』, 커뮤니케이션북스를 참조하면 좋다. 모빌리티에 대한 깊은 이해는 팀 크레스웰 지음, 최영석 옮김, 2021, 『온 더 무브: 모빌리티의 사회사』, 앨피를 참고하면 도움이 된다.

(Urry, 2007: 6)

어리에 따르면, 이러한 모빌리티 전환은 사회과학 전반에 확산되고 있으며, '역사적으로 고정되어 있고, 공간을 고려하지 않았던 '사회구조'에 대한 분석마저 움직이게 만든다.

기후 자본주의에 대한 이러한 논의는 학생들의 일상적인 삶의 장소와 공간과의 보다 구체적인 연결이 필요할 수 있다. '모빌리티 지리학'의 글상자는 기후변화가 후기자본주의 사회를 규정하는 모빌리티 시스템과 어떻게 연결되어 있는지에 초점을 맞추고 있다.

이 분석은 물리적 시스템에 대한 지식과 이해를 경제 및 사회 시스템에 대한 지식과 이해와 결합하는 데 도움이 된다. 어리는 최근 앤서니 엘리엇(Anthony Elliott)과 함께 쓴 『모바일 라이프(Mobile lives)』라는 책에서 이러한 아이디어를 발전시켰는데, 그 출발점은 다음과 같다.

> 오늘날 사람들은 이전과는 비교할 수 없을 정도로 '이동 중'이다. 글로벌화, 모바일 기술, 집약적 소비주의, 기후변화와 같은 거대한 사회적 변화는 전 세계적으로 사람, 사물, 자본, 정보, 아이디어의 끊임없는 이동과 관련이 있다.
>
> (Elliott and Urry, 2010: ix)

이와 같은 맥락에서 엘리엇과 어리는 이러한 이동이 '삶을 살고, 경험하고, 이해하는 방식'에 어떤 영향을 미치는지에 관심을 갖고 있다. 특히 모바일 생활이 사람들의 개인적 관계, 사회생활, 업무 실행, 소비 패턴에 미치는 영향에 관심이 많다. 이들은 모바일 생활에는 이익과 위험이 모두 존재한다는 것을 잘 알고 있다.

> 제도적 차원에서 볼 때, 모바일 생활(우리가 '글로벌'이라고 부르는 특권적이
> 고 폐쇄적인 세계)은 끝없는 조직 리모델링, 기업 규모 축소, 적기생산 방
> 식, 탄소 위기, 전자 오프쇼어링(offshoring)을 포함한다. 개인적 차원에
> 서는 오늘날 모바일 생활의 가속화로 인해 성형수술, 사이버 치료, 스피
> 드 데이트, 다양한 직업이 등장했다.
>
> (Elliott and Urry, 2010: x)

『모바일 라이프』는 21세기 초반 자본주의의 '기호와 공간의 경제'를 살펴보
는 흥미진진한 여정이다. 두 번째 장에서는 '과잉소비'라는 제목으로 엘리트
소비에 기반을 둔 특별한 새로운 장소의 출현을 다루며, 가장 악명 높은 사례
로 두바이를 든다. 이러한 과잉소비주의 장소에는 독점성, 보이지 않는 노동
력에 대한 의존, 화려한 꿈의 세계와 소비의 환상에 대한 호소 등 여러 특징
이 있다. 그러나 궁극적으로 가장 중요한 특징은 20세기의 초고도 탄소 사회
를 극단으로 끌어올렸다는 점이다. 이는 거대한 건물, 에너지와 물의 방만한
사용, 사람들을 이곳으로 이동시키는 데 필요한 막대한 석유 사용을 통해 실
현된다. 마지막으로, 엘리엇과 어리는 『모바일 라이프』에서 해체된 자본주
의의 환경적 한계를 직시하고, 이 책이 포스트모던 사회과학(또는 포스트모던
지리학)이 아니라 포스트탄소(탈산소) 사회 이론에 기여하는 책이라고 주장한
다. 화석연료 소비 감소 가능성과 불확실한 기후변화의 세계에 비추어, 엘리
엇과 어리는 논쟁적 미래 시나리오를 논의한다(글상자 참조).

엘리엇과 어리의 논쟁적 미래 시나리오

가. 국지적 지속가능성

기후변화, 피크 오일(석유 생산 정점), 경제 위기의 정치적 결과로 인해, 여행은 크게 줄어들고 훨씬 더 지역적으로 변한다. 자동차가 더 이상 도로를 독점하지 않게 된다. 의료 서비스의 악화와 식량 공급 감소로 인해 전 세계 인구는 더 줄어들 것이다. 더 지역적이고 규모가 작은 생활양식으로 전환된다. 친구를 더 가까운 곳에서 사귀고, 가족이 성장해도 멀리 떠나지 않으며, 집 근처에서 일자리를 찾고, 지역 학교와 대학에서 교육을 받으려 할 것이다. 푸드마일이 줄어들면서 식료품은 제철 식재료가 될 것이며, 대부분의 상품과 서비스는 현지에서 조달될 것이다.

나. 지역 군벌주의

이 미래에는 석유, 가스, 물이 부족하고, 간헐적인 전쟁이 발생한다. 생활수준이 하락하고 이동이 크게 줄어들며, 지역 '군벌'이 재활용된 형태의 이동 수단과 무기를 장악한다. 물, 석유, 가스의 통제권을 둘러싼 자원 전쟁도 빈번하게 일어난다. 이것이 바로 '매드 맥스(Mad Max) 2'의 시나리오이다.

다. 하이퍼모빌리티(hypermobility)

자원 부족과 기후변화의 영향은 특히 부유한 북반구 선진국의 사람들에게는 덜 심각한 것으로 나타났다. 공간과 시간의 한계를 극복하는 새로운 종류의 차량과 연료의 개발로 이동이 더욱 광범위하고 빈번해진다. 개인 맞춤형 항공 여행이 보편화되고, 자동차는 다소 부차적인 이동 수단이 될 것이다.

라. '디지털 넥서스(digital nexus)'의 미래

새로운 소프트웨어는 만남, 이동, 또한 한곳에 머무르는 것을 포함하여 최적의 방식으로 작업을 수행할 수 있도록 지능적으로 조율한다. 가상 커뮤니케이션을 통한 '대면' 회의가 더 많이 사용된다. 거리에는 작고 스마트한 초경량 배터리 기반 차량이 소유가 아닌 대여 방식으로 이용된다. 온디맨드(on-demand)* 미니버스, 자전거, 하이브리드 차량이 도입되어 집과 직장, 여가 장소까지의 이동을 하나로 연결하는 통합된 이동 수단을 제공한다. 주거 지역은 도시 확산을 줄이도록 재설계된다. 개인별 탄소 허용량을 통해 이동량을 제한함으로써 전체 에너지 수요를 줄인다.

---

* 역자주: 온디맨드는 공급 중심이 아니라, 수요가 모든 것을 결정하는 시스템이나 전략 등을 총칭하는 말이다.

● 탐구 질문

1. 사회가 자본, 상품, 사람, 정보의 이동과 흐름으로 규정되는 모빌리티에 초점을 맞추는 것이 학교에서 지리를 가르치는 전통적인 방식에 어느 정도 도전이 된다고 생각하나요? 모빌리티 개념을 중심으로 구성된 지리교육과정은 과연 어떤 모습일까요?

인류세 지리

이 장에서는 학생들이 기후변화와 더 넓은 모빌리티 경제체계 간의 관계를 탐구할 수 있도록 기후변화 교육 방법 개발에 관한 질문에 초점을 맞춘다. 이는 이 주제에 대한 단 하나의 접근 방식에 불과하며, 기후변화의 영역에서는 이러한 현상을 이해하는 방법에 관련한 진정한 논란이 존재한다는 점을 기억하는 것이 중요하다[믹 흄(Mick Hulme)의 『우리는 왜 기후변화에 대해 동의하지 않습니까?(Why we disagree about climate change?)』(2009)에 유용하게 설명되어 있다].

이 장에서 함축된 더 큰 논점은 인간이 이제 점점 더 자신이 만들어 낸 환경 속에서 살아가고 있다는 사실이 명확해졌다는 것이다. 외부 환경이 어떤 방식으로든 인간 활동에 영향을 미친다는 가정은 환경 변화를 이해하는 데 더 이상 유용한 출발점이 아니다. 오존층 연구로 노벨화학상을 수상한 파울 크뤼천(Paul Crutzen, 2002)과 다른 과학자들은 생물권을 형성하는 데 있어 '인간 요인'의 역할을 강조하기 위해 현시대를 독자적인 지질시대인 인류세(An-thropocene)라고 주장하고, 생물권의 변화를 주도하는 인간이 '영향을 미치는 새로운 메커니즘'을 강조할 것을 제안했다.* 2008년 런던지질학회의 층서위원회는 "우리는 지금 인류세에 살고 있는가?"라는 질문을 던졌다. 21명의 위원들은 홀로세 시대(농업과 도시 성장이 가능했던 안정된 기후의 간빙기)가 끝났다는 가설을 뒷받침하는 증거를 평가한 결과 만장일치로 '그렇다'고 답했다. 그들은 다음과 같이 보고했다.

> 멸종, 전 세계적인 종의 이동, 자연식생이 농업용 단일 작물로 광범위하게 대체되면서 현대의 독특한 생물 층서학적 신호가 나타나고 있다. 이러한 영향은 영구적이며, 미래의 진화는 살아남은 (그리고 종종 인간에 의해 재배치된) 종들로부터 시작될 것이다.
>
> (Zalasiewicz et al., 2008: 6)

환경역사가들은 인류세가 언제 시작되었는지 논쟁을 벌이지만, 핵심적인 발전은 산업혁명에서 화석연료의 광범위한 사용의 출현으로 간주되는 경우가 많다. 이는 수억 년 동안 생명 과정에 의해 대기에서 격리되었던 탄소를 다시 공기로 전환시키는 지질학적 역전 현상을 일으켰다. 스테픈 등(Steffen et al., 2007)은 1750년 이후 대기 중 이산화탄소 농도를 추적했다. 산업화 이전 270~275ppm이었던 대기 중 이산화탄소는 1950년에는 약 310ppm까지 상승했다. 연구팀은 1950년 이후 대기 중 이산화탄소 농도가 310ppm에서 380ppm으로 상승하는 '대가속(great acceleration)'이 있었으며, 산업화 이전 시대 이후 총 상승량의 약 절반이 지난 30년 동안에 발생했다고 밝혔다.
사이먼 돌비(Simon Dalby)는 이러한 변화를 일상생활에 의미를 부여할 수 있는 용어로 다음과 같이 설명한다.

---

* 역자주: 인류세(Anthropocene)는 1980년대 초 미국 생물학자 유진 F. 스토머(Eugene F. Stoermer)가 처음 사용한 용어로, 인간 활동이 지구 환경에 끼친 영향을 표현하기 위해 비공식적으로 제안되었다. 이후 화학자 파울 크뤼첸이 2000년 국제 생물지구화학 프로그램(IGBP) 회의에서 이를 공식적으로 제안하며 학문적으로 정착시키고 대중화했다.

우리가 글로벌화라는 측면에서 이야기하는 경제 현상들은 사실 물리적 현상이다. 글로벌 무역은 지구 반대편에서 만들어진 물건을 사기 위해 쇼핑몰로 가는 길에 자동차의 연료 탱크를 채우기 위해 멈추는 것과는 달리, 인류가 지형학적·기후학적 행위자가 되었음을 의미하는 방식으로 물건을 지구 곳곳으로 옮기고 암석을 공기로 바꾸고 있다. 인간 활동의 엄청난 스케일은 그 자체로 전례 없는 것이며, 우리는 생물권에 대규모 변화를 일으키기 시작했다.

(Dalby, 2009: 105)

이러한 글로벌화는 사실 전 지구적 도시화(global urbanisation)로, 우리는 점점 더 상호 연결된 글로벌 도시 경제체계 속에서 살아가고 있다. 돌비는 이를 인식하기 위해 '글로벌 도시화(glurbanisation)'라는 용어를 제안한다. 그의 분석은 인류세 지리를 이해하는 데 도움이 될 수 있는 새로운 지리적 상상력과 개념이 필요하다는 점을 시사한다. 이는 전통적인 지리학이 공간에 경계를 설정하고 이를 도시, 농촌, 황무지, 관광지, 보호구역 등으로 라벨링하는 경향을 넘어서는 것을 의미한다. 관광객 또는 자동차 운전자라는 소비자 정체성은 본질적으로 지구 자원을 소모하는 도시 생활양식에 관한 것이다. 기존 지리학의 매핑 중심 접근에서는 국가, 주, 지역이라는 정적인 범주 안에 갇히지 않는 흐름을 이해하는 문제와 조화를 이루기 어렵다. 현재로서는 지리정보시스템(GIS)과 관련된 시각화의 놀라운 발전에 많은 기대가 걸려 있다. 하지만, 이들 중 상당수는 세계를 전체적으로 바라보고 포착하려는 경향에 치우쳐 있다. 이는 인간과 지구 간의 불안정한 관계를 이해하는 데 필요한 일시성, 연결성, 불확실성을 발전시키기보다는, 세상을 고정된 방식으로 바라보려는 한계를 드러낸다. 인류세에 적합한 지리교육 연구를 진행하는 데는 이

하나뿐인 지구에 꼭 필요한 비판지리교육학

러한 도전 과제가 여전히 크게 남아 있다.

● 탐구 질문

1. 사이먼 돌비는 도시 생활이 글로벌 경제체제의 일부임을 인식하기 위해 '글로벌 도시화(glurbanisation)'라는 용어를 제안합니다. 그는 또한 지리학이 인간과 생물권 및 대기권과의 관계보다 육지에만 초점을 맞추기 때문에 '대지중심주의(terrestrocentrism)'에 빠졌다고 비판합니다. 이러한 새로운 개념이 인류세 지리를 가르치는 데 얼마나 유용할까요?

탐구 활동

1. 환경교육자 데이비드 셀비(David Selby, 2008)는 최근 다음과 같이 주장했습니다.

> 기후변화에 대한 학교의 '적절한 대응'을 위해서는 상당한, 그리고 엄청난 문화적 전환이 필요하다. 이를 위해서는 불확실성의 문화, 시스템 의식, 주관성과 다양한 목소리의 역동적 공유, 실천 중심 학습 문화가 필요하다. 그러나 교육과정의 분절화된 특성으로 인해 기후변화는 과학교육과정 내 하나의 주제로만 여겨지고 있다. 교사 연수 과정은 '두 문화(two culture)'를 연결할 기회가 거의 없이 이러한 분열을 더욱 악화시킨다.
>
> (Selby, 2008: 254)

여러분은 셀비의 주장에 어느 정도로 동의하거나 동의하지 않나요? 여러분이 근무하는 학교에 기후변화 교육에 관한 학교 전체 정책이 있나요?

그 정책은 어떤 모습인가요?

2. 이 장에서 제시된 시나리오와 같은 접근법을 사용하여 복잡한 환경 문제를 가르치는 것의 장점과 단점은 무엇인가요?

3부

실천

9장

하나뿐인 지구에 꼭 필요한 지리 수업하기
– 현실을 직시하자

지리교사는 이상주의자이다. 지리교사들은 지리가 학생들이 세상을 바라보는 방식에 변화를 가져올 수 있다고 믿는다. 그래서 학교에서 지리를 가르치는 것을 업으로 삼는 경향이 있다. 일부 지리교사는 학생들이 장엄한 경관을 접할 때(종종 자신의 여행 경험을 통해) 느끼는 '경외감과 경이로움'을 직접 경험하도록 하고 싶어 한다. 또 다른 지리교사들은 학생들이 지구를 지키고 함께하는 데 일조할 수 있는 '세계시민'이 되도록 돕고자 하는 열망을 가진다. 또 어떤 지리교사들에게는 지리학 연구를 통해 배운 것을 전수하고 싶은 열망이 있다. 영국지리교육협회(GA)의 선언문인 「다른 관점(A different view)」에 지리가 중요한 이유에 대해 간결하게 표현하고 있다.

지리는 지구의 아름다움, 지형을 형성하는 강력한 자연의 힘 등 우리를 매료시키고 영감을 주는 요소들을 통해 일상으로부터 벗어날 수 있게 만든다. 지리적 탐구는 호기심을 충족시키고 자극한다. 지리는 이해를 깊어지게 한다. 기후변화, 식량 안보, 에너지 선택 등 많은 현대적 과제는 지리적 관점 없이는 이해할 수 없다.

지리는 중요한 교육목표를 달성하는 데 기여한다. 지리적 사고와 의사결정은 우리가 자신의 지역사회를 글로벌 환경 속에서 인식하는 지적인 시민으로서 살아갈 수 있도록 돕는다.

(GA, 2009: 5)

이것은 강력한 진술이며, 이 책의 주장을 뒷받침하는 지리적 상상력을 잘 담아 낸다. 「다른 관점」에서도 설명하듯이, 학문으로서의 지리학이 제공하는 개념과 관점에 기반한 교육의 필요성이 강조된다. 지리교사들은 이 과정에서 핵심적인 역할을 하며, 교육과정을 구성하는 데 적극적으로 참여한다. 「다른 관점」은 많은 지리교사가 학교에서 교과목에 대한 엄격한 접근 방식을 개발하는 데 어려움을 겪고 있는 상황에서 이러한 주장이 제기되고 있음을 인식하는 것이 중요하다고 강조한다. 점점 더 많은 지리교사가 학습 목표, 도입 활동 및 정리 활동과 함께 정해진 교수·학습 과정안에 따라 수업을 계획하도록 요구받고 있다. 또한 모든 수업이 '학습을 위한 평가(assessment for learning)'를 염두에 두고 계획되어야 하며, 사고력과 개인 맞춤형 학습을 통합해야 한다고 요청받는다. 교사들은 때때로 '교수'보다는 '학습'이 공적으로 더 중요하게 여겨지는 학교에서 일하며, 학교에서는 학생들이 무엇을 배우는지보다 어떻게 배우는지가 더 중요하다는 인식이 자리 잡고 있다. 또한 역량 함양과 전이력을 강조하는 교육 환경에서 근무하기도 한다. 이러한 상황 속에서, 지리교사들이 자신의 지리적 지식과 이해를 심화시키기 위해 교육과정을 계획할 시간이 거의 없다고 보고하는 것은 어쩌면 당연한 일이다.

이것이『하나뿐인 지구에 꼭 필요한 비판지리교육학』이 쓰여진 (비관적인) 맥락이다. 이 마지막 실질적 장에서는 이 책에서 제안한 지리교육 방식이 실제로 얼마나 발전될 수 있는지에 대한 질문을 다룬다.

지금부터는 '하나뿐인 지구에 꼭 필요한 지리 수업하기'에서 전개된 관점을 명확히 하는 것으로 시작하고자 한다. 1부의 여러 장에서는 학교 지리교육의 내용과 지리학 전반의 아이디어와의 관계를 분석하고 있다. 이 장들은 학교 지리에서 사회와 자연을 재현하는 방식을 검토하는 일종의 생태 비판으로 이해할 수 있다. 이 비판은 학교 지리의 지배적인 형태가 사회와 환경에 대한 이데올로기적 이해를 조장해 왔으며, 학생들이 지리적 현상이 어떻게 형성되고 재구성되는지를 이해할 수 있도록 하려면 정치경제학과 사회적 구성주의에 뿌리를 둔 지리적 지식을 개발할 필요가 있다고 제안한다. 이러한 접근은 교사와 학생들이 환경 문제에 관한 재현을 해체하고 경관과 환경에 대한 대안적 해석을 개발할 수 있도록 한다.

이것이 비판적 지리교육의 전통의 일부라는 점을 강조하는 것이 중요하다. 오늘날 흔히 비판지리학이라고 불리는 이 접근은 1960년대에 리처드 피트 (Richard Peet)와 데이비드 하비(David Harvey) 같은 지리학자들이 도시와 글로벌 스케일에서의 지리적 불평등에 대응하면서 시작되었다. 급진지리학 (radical geography)은 제국주의적이고 성차별적인 지리적 지식의 성격에 대해 비판했다. 이와 같은 관점에서 볼 때, 학문으로서의 지리학은 권력자의 이익을 대변하는 것으로 여겨졌다. 페미니스트 지리학자들은 이러한 통찰을 발전시켜 지리학이 전 세계 인구의 절반에 해당하는 여성들의 관점을 배제하는 데 어떻게 기여했는지 보여 주었다. 이러한 비판은 지리학자들이 사회와 공간의 관계에 대한 이론을 연구하기 시작하면서 점점 더 큰 영향력을 갖게 되었다. 공간적 패턴을 공간적 과정의 관점에서 설명하기보다는, 사회와 공간이 상호구성적이라는 인식이 확산되었다. 그 순간부터 지리가 중요하다는 주장이 가능해졌다. 이는 지리학과 광범위한 사회과학 간의 관계를 더욱 강화할 수 있는 기반을 마련했다. 1980년대 대부분의 기간 동안 지리학의 새로운 모델은 정치경제학과 연결되었지만, 공간과 장소를 형성하는 경제적 힘을 강조하는 이러한 접근 방식은 문화와 의미의 중요성에 관한 아이디어와 결합되었다. 점점 더 많은 지리학자가 사람들이 세상을 이해하는 방식에 영향을 미치는 재현의 중요성에 주목했다. 다시 말하지만, 이는 문화적 전환과 관련된 사회과학의 광범위한 변화의 일환이었다. 경관, 장소, 환경은 쓰이고 해석되어야 하는 텍스트로 볼 수 있었다. 문학 이론의 아이디어에 따라, 텍스트가 포함하고 있는 것과 배제된 것을 읽어 낼 수 있게 되었다. 때때로 텍스트에 대한 이러한 관심은 경관에 대한 최종적이고 단일한 해석은 없으며, 다중 지리(multiple geographies)에 대한 해석이 존재하고 언어적 논쟁의 끝없는 순환에 빠지게 되는 경향이 있었다. 그러나 최선의 경우, 지리학에서의 비판적 접근은 장소와 환경의 재현을 권력과 경제의 역할을 인식하는 물질적 과정에 배치하려고 노력해 왔다.

우리는 '교육'이 비판지리학의 더 넓은 프로젝트에서 상당히 주변적인 위치에 있었다는 점을 인식하는 것이 중요하다. 그러나 이 관점에서 유용하고 도전적인 글들이 일부 작성된 사례가 있다.

지리교육과정의 가장자리에서

비판지리학의 언어와 접근법은 학교 지리교육의 지배적 방식과 쉽게 조화되지 않는다. 비판지리학은 정치경제학 이론과 사회적 구성주의를 강조하는 반면, 학교 지리교육에서는 주로 전통적인 방식으로 지리를 가르치기 때문이다. 이로 인해 학교 지리와 대학 지리 간의 격차가 점점 더 커지고 있다는 것을 많은 논평가가 인식하고 있다. 이 절에서는 교사 연구의 특성 변화라는 좀 더 넓은 맥락에서 학교 지리교육의 변화하는 특성을 설명하고자 한다.

노먼 그레이브스(Norman Graves)는 『지리교육학개론(Geography in education)』(1975)에서, 1950년 교편을 잡기 시작했을 때 교사들이 교육과정에 대해 논의한 기억이 거의 없다고 회고한다. 주로 시험이 끝난 후 5학년과 6학년 학생들을 어떻게 지도할 것인지를 논의하는 데 그쳤다고 한다. 그레이브스는 '교육과정 관성(curriculum inertia)'의 배경을 이해하는 것이 중요하다고 말한다. 그레이스(Grace)는 1920년대의 정치적·경제적·사회적 위기에서 다음과 같은 상황이 발생했다고 주장한다.

> 교육과정, 교수·학습 방법과 평가 방식에서 영국 공립학교의 자율성은 점진적으로 증가했으며, 1960년대에는 외부의 규제 기관으로부터 영국 학교는 상당한 자율성을 확보했다.
>
> (Grace, 1995: 13)

1960년대에 들어서면서 이러한 상황은 변화하기 시작했다. 현대 기술 중심의 사회가 발전하면서 학교에서 학생들에게 제공되는 교육과정과 학습 유형에 대한 의문이 제기되었다. 제2차 세계대전 이후 모든 어린이를 대상으로 한 학교교육이 확대되고, 풍요와 개인 소비수준의 증가에 따른 문화적 변화로 인해 많은 교사가 학생들의 필요에 맞추기 위한 방법을 찾도록 만들었다. 이로 인해 변화를 갈망하는 젊은 교사와 선배 교사들 사이에 갈등이 생겨났다. 이는 1960년 정부가 '교육과정의 비밀 정원(the secret garden of the curriculum)'에 더 큰 관심을 기울여야 한다는 데이비드 에클스(David Eccles) 교육부 장관의 발언을 계기로 1964년 학교위원회(Schools Council)가 결성되면서 더욱 탄력을 받게 되었다. 일부에서는 학교위원회가 교육과정에 관련하여 학교와 교사의 자율성을 침해할 수 있다고 우려했지만, 실제로 학교위원회의 전체 정신은 개별 학교와 교사가 자체 교육과정을 발전시킬 책임을 명백히 강조했다. 이는 롤링(Rawling, 2000)이 학교 지리에서 "교육과정 개발의 황금기"라고 묘사한 시대로 가는 길을 열었다. 특히 지리교사들에게 '새로운 전문성'을 발전시키는 계기가 되었다. 3개의 학교위원회 지리교육과정 프로젝트는 새로운 교육과정 및 교수법에 대한 언어를 개발할 수 있게 했다. 이는 대학과 학교 지리의 관계를 이해하는 새로운 방법을 제시하고, 교수와 학습의 접근 방식에 중요한 변화를 가져왔다. 교육과정 개발은 단순히 새로운 교재를 개발하고 새로운 교수요목을 작성하는 것이 아니라, 지리교사라는 의미의 본질을 바꾸는 것이었다. '지리 14-18 프로젝트'의 연구에 대해 논의한 히크먼 등(Hickman et al., 1973)은 다음과 같이 말했다.

1. 교사들이 '지리에서 지적 도전'을 제공하는 학습을 더 효과적으로 구현하려면, 새로운 아이디어를 논의하고 평가할 기회가 더 많이 필요하다.
2. 새로운 아이디어를 채택하고 적용하며, 교육과정을 재구성하는 능력은 지리교육 분야에서 핵심 역량이 되고 있으며, 이는 과목의 변화가 지속될 것이기 때문이다.
3. 교사 주도의 교육과정 개발은 교사들이 충분한 동기, 지원 및 피드백을 받을 때 실현 가능하고 보람 있는 일이 될 수 있으며, 새로운 아이디어의 형태, 속도 및 평가에 영향을 미칠 수 있다.

이러한 발전은 예비 지리교사 교육과 지속적인 전문성 개발에 관여하는 대학 교육학과와 연계되었다. 노먼 그레이브스(Norman Graves, 1979), 빌 마스든(Bill Marsden, 1976), 데이비드 홀(David Hall, 1976)과 같은 지리교육학자들은 모두 학교 지리에서 무엇을 가르칠지 선택할 때 논리적이고 합리적인 근거를 제시하는 것처럼 보이는 '합리적 교육과정 계획'의 원칙을 교사들에게 소개하는 책을 저술했다. 이로 인해 학교 지리에 관한 논의에 합리적 교육과정 계획 모델이 통합되었다. 비슷한 시기에 대학에서 지리학은 기술적 학문(지역지리학)에서 체계적 학문(계통지리학)으로 재정의되고 있었다. 새로운 모델은 합리적 교육과정 계획을 뒷받침할 중요한 새로운 내용을 제공했다. 이러한 변화의 결과 중 하나는 학교에서 지리는 과학적 학문으로 자리 잡을 수 있게 되었고, 이에 따라 교과로서 위상이 높아졌다.

지리교육과정 계획에 대한 이러한 관점은 우리가 접근할 수 있는 객관적인 세계가 존재한다고 가정하는 지리적 지식에 대한 관점과 일치했다. 또한 일반화와 핵심 아이디어를 찾고, 단순하고 질서 정연한 인과 과정을 발견하며, 현실을 문제없이 재현할 수 있다는 믿음과도 부합했다. 지리적 지식에 대한 이러한 관점을 통해 교육과정 계획은 본질적으로 무엇을 공부할지, 그 공부를 최대한 효과적으로 조직하는 방법을 결정하는 기술적인 실행(technical exercise)이 되었다.

합리적 교육과정 계획을 넘어서

합리적 교육과정 계획을 발전시키려는 이러한 움직임들은, 교육과정을 단순한 투입과 산출의 시스템으로 축소시키고 인간의 의미와 창의성을 부정하는 기술관료적 경향을 반영한다고 주장하는 이들에 의해 도전을 받았다. 이러한 비판은 합리적 교육과정 계획에 반영된 인간관계의 협소한 버전을 비판한 프레드 잉글리스(Fred Inglis)의 『이데올로기와 상상력(Ideology and imagination)』(1975)에 잘 표현되어 있다. 동시에 신교육사회학과 관련된 학자들은 학교 지식의 조직 자체(정규 교육과정)가 학생들을 변별하기 위해 작동하는 방식을 탐구했다. 이 신교육사회학은 지식의 내용과 형식에 초점을 맞추었다. 학교교육과정과 지식에 집중함으로써 학교의 일상적 실천 수준에서 사회적 재생산이 어떻게 이루어졌는지 설명하고자 했다. 이를 통해 지식이 정치적 맥락에 '무관하다는' 생각에 도전했다. 마이클 영(Michael Young)이 편집한 『지식과 통제(Knowledge and control』(1971) 논문집의 기고자들은 학계에서 특정 종류의 지식, 즉 순수하고 일반적이며 학문적인 지식이 검증되는 방식에 관해 논의했다. 반면에 응용적이고 구체적이며 직업적인 지식은 소외되고 있다고 주장한다. 이러한 구분은 자의적이지만, 특정 엘리트 집단이 정규 학교교육과정을 통제하는 역할을 한다고 설명했다.

마이클 애플(Michael Apple, 1979) 같은 연구자들은 학교교육과정의 내용과 조직이 이데올로기적이고 사회의 기존 불평등을 정당화하는 역할을 한다고 주장하며, 보다 급진적인 관점을 제시했다. 학교는 계급으로 나뉜 사회에서 자신의 역할을 받아들이는 법을 배우는 곳이었다. 마들렌 아르놋(Madeleine Arnot)은 이러한 아이디어가 발전한 맥락을 설명한다. 첫째, 자유주의 이데올로기는 학교교육이 진보적인 사회적 변화에 기여하고, "기술 지식의 경계를 넓히고, 이러한 진보를 통합하여 일상생활로 가져올 수 있는" 인재를 양성하는 것으로 대표되었다(Arnot, 2006). 둘째, 교육은 사회적 불평등을 시정할 수 있는 사다리 역할을 하며, 사회적 계층 상승을 위한 경로로 여겨졌다. 마지막으로, 교육과 교육이 생산하고 전수하는 문화는 우리 사회의 독립적이고 자율적인 요소로 간주되었다. 교육정책은 학문적 연구와 교육과정 개혁을 지원함으로써, 지식과 지식을 갖춘 개인을 양성하는 데 초점을 맞췄다. 자유주의 전통의 이상주의는 문화와 학교교육을 정치적으로 중립적인 사회적 변화의 힘으로 제시했다.

이러한 주장은 합리적 교육과정 계획을 설계하는 데 바쁜 사람들에게 큰 영향을 미치지 못했다. 예를 들어, 그레이브스(Graves, 1975)는 신교육사회학자들이 교육과정과 강력한 이해관계 간의 관계를 '통찰력 있게' 설명했다고 인정했지만, '교육과정을 계획하는 데 사용해야 할 기준에 대한 규범적 질문에 답하지 못한다'는 이유로 이를 거부했다. 그레이브스의 해결책은 지리적 지식은 중립적이며, 교육과정 문제는 단순히 무엇을 가르칠지, 어떻게 가르칠지, 어떻게 전달할지에 대한 개인적이고 집단적인 선택에 불과하다고 보았다.

이 책에서 분석의 출발점이 된 영국의 학교 지리교육 발전을 다룬 또 다른 설명은 「지리와 학교교육(Geography and schooling)」이라는 제목의 존 허클(John Huckle)의 글에서 찾을 수 있다. 이 글에서 허클(1985)은 합리적 교육과정 계획의 기반이 되는 가정을 뒤집었다. 허클은 교육과정이 지리교사가 통제할 수 있는 것이 아니라, 더 큰 사회적·경제적 힘의 산물이라고 주장했다.

> 여러 지리교사들의 믿음과는 달리, 학교교육의 본질, 교육과정 내용과 교수법의 변화는 지식의 성장이나 지리학자와 교육자들의 관심 변화에 단순히 대응하는 것이 아니다.
>
> (Huckle, 1985: 294)

하나뿐인 지구에 꼭 필요한 비판지리교육학

허클은 지리교육과정이 경제구조를 반영한다고 강조했다. 교육의 주요 역할 중 하나는 이데올로기를 전달하는 것이라고 보았다. 따라서 허클에 따르면, 대부분의 지리 수업은 '기존의 사회적·공간적·환경적 관계에 자발적으로 순응하는 태도를 기르는 것'이다. 그는 지리 과목이 학교에서 성공을 거둔 이유는 그것이 자본과 국가의 요구에 맞는 형태를 채택했기 때문이라고 설명했다. 허클은 특히 전후 지리학의 발전에 비판적이었으며, 이 시기를 '황금기'로 보는 관점에 반대했다. 그는 그것이 엘리트주의적 운동이자, 소수 학생의 학교교육을 보다 '기술관료적이고 직업적으로 적실성이 높은' 것으로 만들려는 시도였다고 주장했다. 이 과정에는 평가위원회(examinations board), 영국지리교육협회(GA), 여왕 폐하의 학교장학관(Her Majesty's Inspectors of Schools), 교과서 출판사들이 협력했다. 교사들은 '새로운 전문성'에 대한 약속으로 동참하게 되었다. 신지리학은 합리적 교육과정 이론과 실증주의 지리학을 결합한 대학 교육학과의 교육학자들이 주장했다. 이는 이후 보급과 전문성 개발의 기초가 되었다. 그러나 이 관점에서 보면, 교육과정 프로젝트는 진보적인 교육 발전이 아니라, 국가가 새로운 도전에 직면해 구조를 재편하려는 변화 관리와 교육자 집단의 특정 이해관계에 더 중점을 둔 것이었다. 그러나 동시에 자본주의의 위기가 고조되면서 새로운 교육적 사고가 필요했고, 허클은 일부 지리학자들이 환경 파괴, 글로벌 불평등, 도시 재개발과 같은 주제에 관한 수업을 설계하기 위해 인간주의 및 구조주의 철학을 어떻게 사용했는지를 설명한다. 이는 경기 침체와 자본의 수익성 회복 시도로 촉발된 '교육의 위기'에 대한 직접적인 대응이었다. 이는 사회민주주의의 해체와 정치적 합의의 붕괴와 맞물려 있었다. 당면한 문제는 청년 실업률이 높은 시기에 의욕적이고 훈련된 노동자를 배출하는 데 필요한 태도와 가치를 증진하는 방법을 찾는 것이었다. 허클은 전통적인 학문적 교육과정이 다시 강조되는 것을 감지했다. 그는 이것이 '교육과정에 대한 더 엄격한 통제', 장학관의 더 강력한 역할, 교사 교육의 변화로 이어질 것이라고 예측했다. 이러한 변화는 학교교육과 경제 간의 보다 강력한 대응을 추구하고 교사들이 누려온 자율성을 약화시켰다. 이에 대응하여, 허클은 지리교사들이 대학에서 일어나는 발전과 인간주의적이고 급진적인 대안을 제시하는 교육이론에 대해 더욱 주목하게 되었다고 주장했다.

1984년부터 1987년까지 교육과정개발협회(Association for Curriculum Development)에서 발행한『지리와 교육의 현대적 쟁점(Comtemporary Issues in Geography and Education)』저널에서 이러한 대안의 일면을 엿볼 수 있다. 이 저널은 인종차별, 성차별, 부와 빈곤, 환경 파괴, 전쟁과 갈등에 관한 주제를 다루었다. 이러한 논쟁에 참여함으로써 지리교사들은 학교교육의 본질과 더 넓은 의미의 교육이 어떻게 다른지에 대한 논쟁에 적극적으로 참여했다. 저널의 목표는 다음과 같았다.

> […] 해방적 지리학을 촉진하는 것, 즉 미래는 우리가 창조하거나 파괴할 수 있는 것이며, 교육이 인간의 필요, 다양성, 역량에 부응하는 세계를 구축하는 데 어느 정도 책임이 있다는 것을 입증하는 것이다.
>
> (ACDG, 1983: 1)

좀 더 구체적인 목표가 포함되어 있다.

- 현재 교육과정에 대한 비판 개발
- 여러 지리교육의 근간이 되는 가정을 탐구하고, 이를 명시적으로 드러내기

하나뿐인 지구에 꼭 필요한 비판지리교육학

- 정치적 맥락과 관련하여 지리교육의 이데올로기적 내용을 조사하기

(ACDG, 1983)

지금까지 나는 지리교사의 연구에 관한 서로 다른 해석을 제공하는 두 가지 독특한 지리교육의 전통을 제시했다. 첫 번째는 자유주의적 인간주의 관점에서 비롯된 것으로, 교육이 사회 진보와 기술 발전에 기여한다는 생각에 뿌리를 두고 있다. 두 번째는 교육을 학교교육과는 별개의 것으로 간주하고, 지리교육을 명시적 교육과정과 잠재적 교육과정을 전달하는 수단으로 간주한다. 전자에서는 지식이 중립적이지만, 후자에서는 지식이 자본의 경제적 이익을 위해 생산된다. 1980년대 후반 이후 학교 지리 발전의 핵심적인 특징은 지리적 이해의 변화에 따라 교사들이 학교교육과정을 선택하고 정의하며 발전시키는 교사의 능력을 상실했다는 것이다.

교사 재량권과 자율성의 축소

교육사상가 로이 로(Roy Lowe)는 『진보 교육의 죽음: 교사는 어떻게 교실에 대한 통제권을 잃었는가(The death of progressive education: how teachers lost control of the classroom』(2007)에서 교사의 업무가 점점 더 국가의 통제하에 놓이게 된 과정을 설명한다. 전후에 교사들은 그레이스(Grace)가 "자격증을 소지한 자율성(licensed autonomy)"이라고 부르는 것을 누렸다. 이는 사실상 교사들이 교육과정을 해석하고 학생들에게 가장 적합하다고 생각되는 방식으로 교수·학습 방법을 개발할 수 있는 여유를 가졌음을 의미했다. 물론 이

로 인해 다양한 수업이 이루어졌고, 실제로는 대학 입시(public examination)*의 힘이 교사의 가르치는 내용을 크게 규정했다. 1970년대 내내 보수당은 집권할 경우, 모든 어린이에게 동일한 내용을 가르치는 국가교육과정을 도입하겠다는 입장을 명확히 했다. 또한 이 교육과정은 교과 중심으로 설계되어 '유행'하는 진보적인 교육 방식을 종식시키기 위한 것이었다. 국가교육과정은 모든 학생에게 '권리'를 보장한다는 명목으로 교사들에게 전달되었지만, 교사 노조는 무엇을 가르칠지에 대한 교사들의 전문적 자율성을 상실한 것을 한탄했다.

1997년 신노동당 정부가 선출되면서 학교교육과 교사의 업무에 더 큰 변화가 생겼다. 1997년 백서 『학교의 우수성(Excellence in schools)』은 학교의 성과에 대한 도전적인 목표를 설정했다. 신노동당은 '학교 효과성' 연구에 큰 영향을 받았다. 교육전문대학원(Institute of Education)의 연구자들은 성과가 높은 학교와 상관관계가 있는 것으로 보이는 열한 가지 요인을 찾아냈다는 결과를 발표했다. 이는 관리, 조직, 커뮤니케이션 요인이었다. 장관은 이러한 아이디어를 바탕으로 학교 개선의 기초가 되어야 한다고 주장하며, 학교가 사회계층('가난은 변명이 되지 않는다')과 같은 요인으로 성과를 설명하는 것은 더 이상 용납될 수 없다고 발표했다.

교육과정 내용의 문제가 더 이상 지리교사들의 핵심 관심사로 여겨지지 않으면서, 모든 학생이 '한계'에 도달할 수 있도록 하는 교육과정에 더 많은 관심이 집중되었다. '우수 실천 사례'에 관한 공통된 접근 방식을 교육계 전반에서 공유하려는 움직임이 있었다. 이러한 국가전략은 교실에서 '무엇을 공

---

* 역자주: public examination은 우리나라 수능시험과 비슷한 유형으로, 이 시험에서 얻은 점수를 토대로 영국 내 대학에 진학하게 된다. 이 시험을 치르기 위해서는 GCSE, AS, A level을 이수해야만 시험을 칠 수 있는 자격이 주어진다.

부하느냐(what works)'에 대해 전달할 때 매우 효과적이었다. 지리교사들이 읽기와 쓰기에 관한 특정 접근법을 채택하도록 장려하는 중등 문해력 전략(Secondary Literacy Strategy)과 지리적 요소가 포함된 수리력 전략(Numeracy Strategy)이 있었다. '사고력', '목표 기반 수업', '학습을 위한 평가'와 같은 기술에 관한 조언을 제공하는 키 스테이지 3(Key Stage 3) 전략은 큰 영향을 미쳤다. 여러 교사들이 측정된 학생의 성과 향상에 따른 만족감과 보람을 느꼈을지 모르지만, 이러한 발전은 시간이 지남에 따라 개발되어 온 과목별 교수법을 소외시키는 효과를 가져왔다는 점에 유의해야 한다. 결정적으로, 교육은 지적 또는 창의적 활동이라기보다는 기술적 활동으로 간주되었고, 실무자(흔히 그렇게 불렸던)는 '단원 전달자'에 대한 국가 지침을 준수하고 '학습 결과'를 극대화하기 위한 전략을 채택하는 것으로 간주되어야 했다. 이러한 교수법은 대학원 교육과정에서 주입되었으며, 이 과정은 교사 자격 기준(Professional Standards for Qualified Teacher Status)'을 외부 기관, 즉 학교를 위한 교육개발원(Training and Development Agency for Schools)에서 설정한 역량 모델을 기반으로 한다. 에인리와 앨런(Ainley and Allen, 2010)은 이와 같은 정책의 영향을 다음과 같이 요약한다.

교사들이 처한 현실은 시키는 대로 하고, 수업 계획을 따르며, 중앙에서 정한 학습 목표를 달성하는 동시에, 학교에서 시간을 보내는 방식을 정당화해야 하는 미세 관리의 철창(iron-cage)에 갇혀 있는 것*과도 같았다.[17]

---

* 역자주: 막스 베버는 사회를 'iron cage'라고 불렀다. 인간은 스스로를 보호하기 위해 '사회'라는 시스템을 고안했으나, 그 시스템에 갇혀 버린다는 것이 아이로니컬한 현실을 표현한 날카로운 정의이다.

(Ainley and Allen, 2010: 66)

최근 몇 년 동안 교사의 자율성과 창의성을 인정하려는 움직임이 있었지만, 교사의 교과에 대한 지식과 이해를 개발하는 데 중점을 두는 노력은 눈에 띄게 줄어들었다. 이에 관련한 대표적인 (그리고 영향력 있는) 사례로, 데이비드 하그리브스(David Hargreaves, 1999)의 '지식 창조 학교(knowledge-creating schools)'가 있다. 그는 학교는 교실을 넘어 외부 세계에 개방되어야 하고, 지속적인 개선을 위한 헌신과 열정의 문화를 개발하며, 위계적 관계보다는 비공식적이고 업무와 관련된 관계를 장려하고, 실수를 '학습 경로(paths to learning)'로 보는 정신으로 새로운 아이디어를 실험할 준비가 된 모습을 보여야 한다고 주장한다.

일반적으로 교사의 업무 변화에 관한 문헌에 따르면, 교사의 업무 방향에 대한 자율성이 줄어들고 책임감이 증가하는 방식을 지적한다. 영국에서는 1990년에 국가교육과정이 수립되고 이와 관련된 시험 및 평가 제도가 도입되었다. 이는 학교 순위표의 공개와 교사 개개인의 성과에 따라 급여를 책정하는 성과급 제도 도입으로 이어졌다. 데이 등(Day et al., 2007)은 교사의 경력 경로에 관한 종단 연구에서 2001~2005년에 추진된 성과주의가 다섯 가지 결과를 가져왔다고 제시한다.

- 교사들이 암묵적으로 (시험을 위해) 무비판적으로 가르치도록 장려되었다.
- 교사의 본질적 정체성에 도전했다.
- 교사들이 학생 개인들과 관계를 맺고, 돌보고, 그들의 필요를 채워 줄 수 있는 시간이 줄어들었다.

하나뿐인 지구에 꼭 필요한 비판지리교육학

- 교사의 주체성과 회복탄력성이 위협받았다.
- 교사의 역량을 유지하는 동기부여, 효능감, 헌신성이 도전받았다.

(Day et al., 2007: 8)

이들은 최근의 개혁이 교사들에게 업무량을 관리하고 전문성 계발 활동을 수행하기 위한 추가 자원과 시간을 제공하며, 교수 및 학습과 관련된 리더십 역할을 확대하려고 노력했지만, '교사들의 사기와 헌신 수준이 높아졌다'는 증거는 거의 없다고 지적한다. 이러한 변화는 이 책에서 줄곧 주장하는 것처럼, 지리적 지식과 아이디어의 더 깊은 이해를 발달시키기 위해 학문적인 지적 노력을 기울이는 데 도움이 되지 않는다.

좋은 교사란 무엇인가에 대한 담론의 중요한 변화를 기록한 무어(Moore, 2004)는 교사의 업무에서 일어난 변화와 관련한 추가적인 통찰을 제공한다. 무어는 1980년대에 교사교육은 카리스마적이거나 '준비된' 교사 모델에 기반을 두고 있었으며, 개별 교사의 개인적 자질(예: 배려심이나 개인적 헌신)이 성공과 실패를 결정했다고 주장한다. 1990년대 초반에는 교사를 학습자이자 이론가로 보는 반성적 실천가 개념을 중심으로 한 교육 담론이 더욱 영향력을 갖게 되었다. 이 담론은 10년이 지나면서 교육이 본질적으로 특정한 역량을 필요로 하는 일종의 기술(craft)이라고 보는 교육 담론으로 대체되었다. 마지막으로, 무어는 효과가 있다고 인식되는 다양한 것들을 절충적으로 활용하는 교사에 대한 개념을 바탕으로 한 실용주의 담론의 출현에 주목한다. 이 실용주의 담론은 정부 전략에 의해 촉진되었으며, 이는 효과적인 교수법이 무엇인지를 근거 기반 전략으로 제시한다고 주장한다. 중요한 것은 이 실용주의적 접근 방식이 교사의 역할을 비정치적인 것으로 보는 경향이 있으며, 무어의 연구에 따르면 교사들이 기초적인 문해력과 수리력, 사회성, 창의성,

사고력 간의 균형, 교육과정 영역 내 내용 선택, 교복의 장단점과 같은 중요한 교육적·사회적 문제에 관해 논의하기를 꺼리는 모습을 보였다는 점이다. 전체적으로 보면, 지리교사가 교육과정을 만드는 역할을 할 수 있는 역량이 점차 감소하고 있다는 것이다. 국가교육과정의 점진적인 개정으로 교사들이 지역교육과정에 대한 자체적인 대응책을 개발할 여지가 많아졌지만, 최근의 교육과정은 개념 기반이며, 다루어야 할 내용에 대한 지침이 최소화되었다. 그러나 학교 현장에서 교사들이 교육과정 구성의 원칙을 재고할 시간과 여유를 가질 수 있는지는 의문이다.

어떻게 해야 할까?

패트릭 에인리와 마틴 앨런(Patrick Ainley and Martin Allen)의 『잃어버린 세대? 청소년과 교육을 위한 새로운 전략(Lost generation? New strategies for youth and education)』에서는 학생들의 호기심을 자극하여 청소년들이 세상을 바꾸는 데 필요한 자신감을 키우기 위해 집중하기보다는, 고용주가 선택하거나 거부할 수 있는 자격증 취득 학생을 대량으로 배출하는 '시험 공장'에 불과한 학교, 단과대학, 종합대학이 되었다고 주장한다.

> 그 결과 모든 학습 수준의 학생들이 학습에서 소외되고, 대부분 공부에 도구적인 접근 방식을 취하고 있다. 그들은 필요한 특정 부분을 암기하고, 기출문제를 끝없이 풀어야 하며, 무비판적으로 '모범 답안'을 만들어 시험 기술을 향상시키는 데 엄청난 시간을 할애한다.
>
> (Ainley and Allen, 2010: 133)

하나뿐인 지구에 꼭 필요한 비판지리교육학

이 책에서 나는 지리 수업에서 교육과정의 내용으로 학생들에게 제공되는 지식의 유형을 고려할 때, 이러한 전략은 어쩌면 놀라운 일이 아니라고 생각한다. 지리 수업에서는 인문환경과 자연환경을 형성하는 경제적·사회적 프로세스에 대한 역사적으로 근거 있는 설명을 제시하기보다는, 단순한 모델(예: 흡인-배출 요인, 이익과 손실, 재개발이나 젠트리피케이션과 같은 복잡한 개념의 단순화된 버전)을 주로 제공한다. 대안이 제시되더라도 피상적인 방식으로 처리되는 경우가 많다. 이러한 상황은 인터넷 검색 기반 학습이 증가하면서, 정보검색과 재생에 대한 '슈퍼마켓' 접근 방식을 조장하는 경향이 있어 더 나아지지 않는다(Brabazon, 2008).

지리학자 존 피클스(John Pickles)가 1986년에 쓴 것처럼, 사회는 그 사회에 걸맞은 지리교육을 받고 있다. 1980년대에 들어서면서 교육은 경제의 필요와 연결되었다. 처음에는 사회 통제와 관련된 것이었지만[1984년 클라크와 윌리스(Clarke and Willis)가 제안한 것처럼, '실업수당을 위한 학교교육(schooling for the dole)'에 관한 것이었다], 1990년대에 접어들면서 글로벌 지식경제에서 살아갈 사람들을 준비시키기 위한 것으로 전환되었다. 자본주의 경제가 더 이상 미래의 노동자들에게 평생 직업을 보장할 수 없다는 사실은 교육이 '평생' 이루어져야 한다는 것을 의미했고, 학생들은 스스로를 가르칠 수 있는 기술, 즉 '학습하는 법을 배워야' 했다. 이는 무엇을 배우느냐보다 어떻게 배우느냐가 더 중요하다는 생각의 기반이 되었다. 글로벌 경제에서 삶의 불안정한 본질을 깨닫게 됨에 따라 학교는 시민성과 자기관리의 기술을 배우는 장소가 되었고, 이는 명확하게 치료적 성향을 지닌 교육 분위기로 이어졌다(Ecclestone and Hayes, 2008). 가장 중요한 것은 학교가 단지 일의 규율을 배우는 곳에서 놀고, 창의적이고, 낙관적인 태도를 배우는 '멋진 장소'가 되었다는 점이다.

학생들에게 제공되는 교육 유형과 경제 및 사회 생활이 조직되는 방식 사이에는 상관관계가 있다. 점점 더 높은 수준의 소비를 지향하는 사회와 이러한 생활양식을 위해 사람들이 더 오래 더 열심히 일할 수 있게 해 주는 직업윤리는, 항상 이러한 가치와 태도를 우선시하는 교육에 의존한다. 그러나 학교는 사회를 반영하며, 대안적인 '상상'을 위한 공간도 존재한다. 케이트 소퍼(Kate Soper)는 영국지속가능발전위원회(UK Sustainable Development Commission)에 제출한 보고서에서 다음과 같이 주장했다.

> 학교와 대학에서 학생들은 이타적이고 시민적인 윤리를 함양하고, 사회적 목적과 가치를 성찰하도록 장려받는 동시에, 경쟁적인 자기 이익과 이윤에 대한 무비판적 헌신이 가장 높은 존경과 보상을 받는 직업 세계에 대비하도록 준비된다.
>
> (Soper, 2007: 5)

학교교육과 경제 사이의 변증법적 관계를 가정한다면, 가까운 미래에는 현재의 교육정책이 강조하는 '더 많이, 더 빠르게, 더 나은' 학습 목표와 생산 및 소비를 지속가능한 방식으로 조직하는 방법에 대한 진지한 논의의 필요성 사이에 긴장이 심화될 가능성이 높다. 지리교사들은 하나뿐인 지구에 꼭 필요한 지리 수업하기 측면에서 이러한 발전에 중요한 기여를 할 수 있다.

탐구 활동

1. 이 장에서 지리교사들이 시간이 지남에 따라 교육과정에 대한 통제력을 상실했다는 주장에 얼마나 동의하나요?

하나뿐인 지구에 꼭 필요한 비판지리교육학

2. 사회 및 정치 이론의 요소를 활용한 비판적 학교지리 접근법이 교육과정
   에서 자리 잡기 어려운 이유가 무엇일까요?

3. 학교교육과 더 넓은 사회 간의 관계를 어떻게 보는지 간단히 설명해 보세
   요. 여러분의 경험에 비추어 볼 때, 학교 지리가 사회의 강력한 힘을 지지
   하는 사상과 가치를 조장하는 경향이 있다는 데 동의하나요?

근대* 학교 지리에서
진정한 포스트모던 학교 지리까지

도시는 언제나 근본적으로 동일한 성격을 유지해 왔다. 왜냐하면 도시는 세대가 바뀌어도 거의 변하지 않는 사람들의 거의 변하지 않는 요구를 충족시키기 위해 존재해 왔기 때문이다. 그러나 이제 갑자기 놀랍도록 새로운 습관이 생겨났다. 단 몇 년간의 발전으로, 모든 남성과 여성이 걷는 속도의 10~20배 빠른 개인 이동수단을 사용할 수 있게 되었다. 이는 단순히 도로 몇 개를 건설하는 문제가 아니라, 새로운 사회적 상황에 대처하는 문제이다. 죽음과 부상, 소음과 악취, 혼란을 피하려면 새로운 도시 배치가 필요하다. 그렇지 않으면 새로운 교통수단을 포기하거나, 적어도 극도로 제한하지 않는 한 기존의 방식으로는 충분하지 않을 것이

---

* 역자주: 이 글에서는 modern을 '근대'로 번역한다. 근대는 영국의 산업화, 제국주의, 사회 구조 변화 등을 모두 포함할 수 있는 포괄적인 표현이기 때문에 많은 고민이 있었다. 영국 근대 사회 (Modern British Society)는 영국의 사회적 변화와 문화적 발전을 강조할 때를 말하며, 또한 20세기 중반 이후, 특히 복지국가의 도입과 탈산업화 시기를 포함하므로 이 용어('근대')를 쓰기로 정했다. 또한 문맥에 따라 '모더니티'를 그대로 쓸 때도 있다.

다. 이는 우리 도시의 미래에 있어 매우 중요한 선택임이 분명하다.

(Buchanan, 1958: 207)

콜린 뷰캐넌(Colin Buchanan)의 『혼재된 축복: 영국에서의 자동차(Mixed blessing: the motor car in Britain)』에 나오는 이 글은 1970년대 중반까지 학교에서 지리를 가르친다는 것이 어떤 의미였는지 그 본질을 포착한 것 같다. 한편으로 학교에서 지리를 가르친다는 것은 다음 세대에게 전통적이고 거의 변하지 않는 사람들의 요구를 충족시키기 위해 존재했던 땅에 새겨진 모습을 설명하는 것이었다. 이 모습은 물리적 과정과 문화가 혼합되어 만들어진 것이었다. 반면에 교문 너머에는 새로운 사고와 느낌, 행동양식이 생겨나는 생기 넘치고 근대적인 지리, 즉 변화의 과정에 있는 세계가 있었다. 뷰캐넌은 자동차와 자동차가 약속하는 자유가 단순히 땅의 모습을 바꾸고 있을 뿐만 아니라, 새로운 유형의 사람들을 만들어 내고 있다고 생각했다. 학교 지리는 때때로 불완전했지만, 전통 경관과 모더니티 경관 사이를 중재하는 역할을 했다.

모더니티의 약속은 더 많은 부, 더 많은 만족, 더 많은 자유를 가져다준다는 것이었고, 이는 소비의 확대와 함께 광고와 TV 프로그램을 통해 홍보되었다. 이 프로젝트에 대한 지리학의 기여는 적어도 그 과정이 합리적이고 질서 있게 진행되도록 하는 데 일정 부분 역할을 한 것이다. 이러한 지리학은 1969년과 1970년에 『지오그래피컬 매거진(The Geographical Magazine)』에 실린 일련의 기사로 구성된 『영국의 미래를 위한 자원(Resources for Britain's future)』(Chishom, 1972)이라는 작은 책에 반영되어 있다. 이 책의 뒷표지는 다음과 같이 우려를 요약하고 있다.

근대 기술은 이전에는 불가능하다고 생각했던 거대한 규모의 돌이킬 수 없는 약탈과 파괴를 일으키고 있다. 나무를 벌목하든 석탄을 채굴하든 천연자원의 착취는 최근까지 착취자의 물질적 풍요를 위해 행해져 왔다. 그러나 이제는 모든 자원을 서로, 그리고 우리 자신과의 관계에서 고려하여 올바른 결정을 내릴 수 있는 위치에 서야 한다.

여기에는 근대사회가 나아가고 있는 방향에 대한 비판이 있지만, 문제에 관한 논리적이고 합리적인 해결책이 있으며, 이러한 측면에서 지리학자들이 도움을 줄 수 있다는 믿음이 있다. 이 시리즈의 글을 편집한 마이클 치점(Michael Chisholm)은 「앞으로의 지리적 과제(The geographical task ahead)」라는 제목으로 서문을 썼다. 저자들은 해당 분야의 저명한 전문가로 권위를 가지고 글을 썼으며, 자신의 목소리가 권력자들에게 들릴 것이라고 믿는 것처럼 보였다.

나는 1983년 A레벨 학생으로서 『영국의 미래를 위한 자원』을 처음 접했다. 이 무렵에는 이 책에 담긴 것처럼, 질서 정연하고 합리적인 계획이 경제 불황과 사회적 갈등으로 인해 혼란을 겪고 있다는 사실이 분명해졌다. 1980년대가 지나면서 산업 갈등, 분열의 정치, 전후 사회적 합의의 해체와 함께 이러한 긴장은 더욱 분명해졌다. 질서를 제공하겠다는 근대 지리학의 약속은 공허하게 들렸다.

바로 이 지점에서 포스트모던 지리학이 등장했다. 포스트모던 지리학은 주제에 대해 보다 유연하고 덜 독단적인 사고방식을 제공하는 것처럼 보였다. 이 지리학은 기존 지리학이 백인 중산층 남성이 지배하는 경향이 있다는, 우리가 이미 알고 있던 사실을 명확히 해 주었다. 지리학자들은 과학이라는 외피 뒤에 자신의 가치를 숨기고 기술의 약속에 매료되었다. 오랫동안 자신을 포스트모던 지리학자라고 선언한 사람은 거의 없었지만, 포스트모던 연구, 글쓰기, 사고방식의 영향은 계속되었다. 포스트모더니즘이 더 넓은 문화에 스며들면서, 학교 역시 진리가 잠정적이라는 것, 감정의 중요성을 동등하게 인식해야 한다는 것, 그리고 가능한 한 많은 목소리와 서사를 수용해야 한다는 주장에 영향을 받았다.

스튜어트 심(Stuart Sim)이 『모더니티의 종말(The end of modernity)』(2010)에서 주장한 것처럼, 포스트모더니티는 사실 모더니티의 연장선상에 있었다. 모더니티라는 메타내러티브(metanarrative)가 과장된 주장임을 비판하고, 다양한 집단과 비인간적 자연의 관점을 배제하는 방식을 지적했다. 그러나 이러한 비판의 목적은 근대의 혜택(더 많은 부, 더 많은 자유)을 모든 사람이 누릴 수 있도록 하기 위한 것이었다. 포스트모던 지리학은 우리에게 다중 지리(multiple geographies)의 존재를 알려 주었다. 심에 따르면, 지난 반세기 동안 점진적으로 진행된 환경 위기와 지난 30년간 지배해 온 경제체제의 급속한 붕괴가 충돌하면서, 우리는 더 이상 끝없는 성장과 진보가 지속될 수 없는 '진정한 포스트모던' 시대에 살고 있다. 그는 우리가 자연의 한계를 인식하는 '탈진보' 세계의 전망에 직면해 있다고 강조한다. 이것이 이 책이 쓰여진 맥락이며, 이 책을 집필한 목표는 학교에서 지속가능성에 관한 진지한 질문을 던지는 **진정한 포스트모던 지리학**의 구성에 몇 가지 잠정적인 '로드맵'을 제공하는 것이었다. 아마도 이것이 21세기 지리교육 분야에 가장 큰 도전 과제가 될 것이다.

이 책과의 첫 만남은 2012년이었습니다. 한국교원대학교 대학원 석사과정 중 권정화 교수님의 권유로 3장을 번역하게 되었을 때입니다. 오랜만에 영어 텍스트를 다루는 일이 쉽지 않아 그때의 고군분투가 아직도 생생합니다. 그로부터 시간이 많이 흘렀고, 최근에 그때 번역해 두었던 원고를 다시 펼쳐 보며, 이 원고가 이제는 어떤 의미로 다가올지 깊이 생각하게 되었습니다.

코로나19 팬데믹 이후, 우리 시대의 가장 큰 위협 중 하나로 기후위기가 지목되고 있습니다. 바로 인간과 비인간이 어우러져 살아가는 환경이 큰 문제가 되고 있습니다. 지리학은 전통적으로(현재까지도) 인간과 환경 관계를 다루어 왔습니다. 이 책은 환경을 중심으로 한 비판지리교육학을 담고 있습니다. 지금이야말로 학교 현장 수업, 대학 강의, 예비 교사들의 지리교육 지평 확장에 이 책이 유용하게 쓰일 수 있으리라는 확신이 생겼습니다.

2022 개정 교육과정은 생태전환교육과 민주시민교육을 강조하며, 생태시민성과 세계시민성 함양을 중점에 둡니다. 또한 2025학년도부터 전국 고등학교에서 고교학점제가 시행되면서 학생들은 자신의 진로, 흥미, 관심 분야에 맞는 과목을 선택하여 이수할 수 있게 되었습니다. 해마다 선택과목 시즌을 앞두고 전국 지리 선생님들의 고민이 더 깊어지고 있습니다. 학생들에게 지리 과목이 과연 어떤 도움이 되고, 무엇을 제공할 수 있을까 등의 질문이 곳곳에서 들려옵니다.

저 또한 학교 지리의 역할에 대해 의문이 들었습니다. 학생들이 지리를 배우면서 사회현상을 지리적 관점으로 이해하고 해석하며, 문제를 해결할 힘을 기를 수 있을지 고민했습니다. 숙고 끝에 기존의 틀을 벗어나야만 새로운 가능성이 열린다는 결론을 내렸습니다.

2022 개정 교육과정에서는 전통적인 '한국지리'와 '세계지리' 과목이 사라지고, '세계시민과 지리', '도시의 미래 탐구', '한국지리 탐구', '여행지리', '기후변화와 지속가능한 세계'와 같은 새로운 과목들이 등장했습니다. 지리 수업이 보다 다채로워져 학생들의 선택의 폭은 매우 확대되었지만, 동시에 전국의 지리 선생님들이 더 큰 도전을 맞이할 수도 있습니다. 그러나 이 길 위에 혼자 서 있는 것이 아님을 깨닫고, 동료 지리 선생님을 서로 믿으며, 함께라면 잘해 낼 수 있을 것이라 확신합니다. 2015 개정 교육과정의 새로운 과목(통합사회, 여행지리 등)이 만들어졌을 때에도 네트워크의 힘으로 잘 극복해 온 경험이 있습니다.

2022 개정 지리교육과정을 개발하면서 정말 많은 고민과 논의의 시간을 거쳤습니다. 우리나라 학교 지리 과목은 국가교육과정과 대학수학능력시험의 구조 속에서 여전히 위축되어 있습니다. 9장을 번역하며, 지리학과를 졸업하고 정치권을 비롯한 사회 여러 분야에 진출하는 것이 당연시되는 영국에서조차 지리교사의 전문성과 자율성이 위축되고 있음을 알게 되었습니다. 지리학과 지리교육의 선진국인 영국이 그러한데, 우리나라의 현실은 어떨까요?

그럼에도 학교 현장에서 지리를 지키기 위해 애쓰는 많은 지리 선생님이 계십니다. 이분들은 학생들에게 지리를 배우고 세상을 넓게 바라볼 기회를 선물하는 '지리 전사'들입니다. 이분들의 헌신 덕분에 우리 학생들이 지리와 만날 수 있음을 잊지 않고, 진심으로 응원과 감사를 전합니다.

이 책이 선생님들의 수업에 작게나마 도움을 주고, 지리교육과정 재구조화에 영감을 줄 수 있기를 바랍니다. 의미가 온전히 전달되도록 문장 하나하나에 신경을 기울였지만, 부족함이 있다면 모두 저의 미숙함 때문일 것입니다. 책이 출판될 때마다 뿌듯함과 동시에 두려움이 밀려오는 이유입니다. 이제 이 책은 저자와 역자의 손을 떠나, 독자 여러분의 손에 닿았습니다. 앞으로는 이 책이 독자들의 시간 속에서 새로운 의미를 찾아가기를 기대합니다. 그 시간 속에서 지리교육학적으로 깊이 있고, 의미 있으며, 여러 영감을 받으셨으면 좋겠습니다.

저는 운 좋게도 여러 책을 쓰고, 번역할 수 있었습니다. 이 자리에 오기까지, 저를 이끌어 주신 교수님들과 최선을 다하는 지리 선생님 모임(최지선), 지리 쌤테이블 모임, 광주지리교육연구회(광지연), 전국지리교사모임(전지모)의 동료분들이 있었습니다. 이제는 저도 후배와 동료 선생님들에게 조금이라도 보탬이 될 수 있는 존재가 되고자 합니다.

이 고민의 결과로, 『하나뿐인 지구에 꼭 필요한 비판지리교육학』을 번역하여 세상에 내놓습니다. 끝맺음을 했지만, 이는 또 다른 시작을 의미합니다. 지리와의 운명적인 만남 이후, 학교 지리와 지리학, 지리교육에 어떻게 기여하며 살아갈지 고민하고 실천해 왔습니다. 말과 생각, 행동이 일치하는 내면의 온전함(Integrity)을 이루며, 학생들과 함께 성장해 나가기를 소망합니다.

항상 곁에서 사랑과 지지를 보내 주는 가족, 아내와 하린이, 하민이(하하 남매)에게 진심으로 고마움을 전합니다.

2022년 개정 교육과정이 시행되는 첫해, 2025년 초

역자 서태동 올림

참고문헌

ACDG (1983) 'Editorial: An introduction to contemporary issues in geography and education', *Contemporary Issues in Geography and Education* 1(1): 1-4.

Adair, G. (1986) *Myths and memories.* London: Fontana.

Ainley, P. and Allen, M. (2010) *Lost generation? New strategies for youth and education.* London: Continuum.

Amin, A. (1994) Post-Fordism: a reader. Oxford: Blackwell. Angotti, T. (2006) 'Apocolyptic antiurbanism: Mike Davis and his planet of slums', *International Journal of Urban and Regional Research*, 30(4): 961-967.

Apple, M. (1979) *Ideology and curriculum.* London: Routledge. 박부권 역(2023), 이데올로기와 커리큘럼, 한울림.

Apple, M. (2000) *Official knowledge: democratic education in a Conservative age.* London: Routledge.

Arnot, M. (2006) 'Retrieving the ideological past: critical sociology, gender theory, and the school curriculum', in L. Weis, C. McCarthy and G. Dimitriadis (eds) *Ideology, curriculum, and the new sociology of education.* London: Routledge, 17-36.

Ashley, B., Hollows, J., Jones, S. and Taylor, B. (2004) *Food and cultural studies.* London: Routledge.

Bale, J. (1985) 'Industrial geography 11-19' in G. Corney (ed.) *Geography, schools and industry.* Sheffield: Geographical Association, pp.28-36.

Beatley, T. (2000) *Green urbanism.* Washington DC: Island Press.

Beck, U. (1992) *The risk society.* London: Sage. 홍성태 역(1997), 위험사회: 새로운 근대(성)을 향하여, 새물결.

Belasco, W. (2008) *Food: the key concepts.* Oxford: Berg Publishers.

Bell, D. and Valentine, G. (1997) *Consuming geographies: we are where we eat.* London: Routledge.

Benko, G. and Scott, A. (2004) 'Economic geography: tradition and turbulence', in G. Benko and U. Strohmayer (eds), pp.47-63. *Human geography: a history for the*

21st century. London: Arnold.

Benton-Short, L. and Short, J. R. (2008) *Cities and nature*. London: Routledge.

Bjerknes, J. and Solberg, H. (1922) 'The life cycle of cyclones and the polar front theory of atmospheric circulation', *Geofysiske Publikationer* 3(1): 3-18.

Blaikie, P., Cannon, T., Davis, I. and Wisner, B. (2004) *At risk:natural hazards, people's vulnerability, and disasters*. London: Routledge.

Boserup, E. (1965) *Conditions of agricultural growth: the economics of agrarian change under population pressure*. Chicago, IL: Aldine.

Bowers, J. K. and Cheshire, P. (1983) *Agriculture, the countryside and land use: an economic critique*. London: Methuen.

Brabazon, T. (2008) *The University of Google: education in the (post) information age*. Aldershot, UK: Ashgate.

Brown, C. (2008) *The death of Christian Britain*, 2nd edn. London: Routledge.

Buchanan, C. (1958) *Mixed blessing: the motor car in Britain*. London: Leonard Hill Books.

Buchanan, C. (1964) *Traffic in towns*. London: HMSO.

Burke, G. (1976) *Townscapes*. London: Penguin.

Butcher, J. (2003) *The moralisation of tourism: sun, sand - and saving the world?* London: Routledge.

Capra, F. (1982) *The turning point*. London: Fontana. 구윤서·이성범 역(2007), 새로운 과학과 문명의 전환(개정판), 범양사.

Carlson, C. (2010) *Nowtopia*. New York: AK Press.

Carson, R. (1962) *Silent spring*. Boston, MA: Houghton Mifflin. 김은령 역(2011), 침묵의 봄, 에코리브르.

Castree, N. (2005) *Nature*. London: Routledge.

Castree, N. (2009) 'The environmental wedge: neoliberalism, democracy and the prospects for a new British left', in P. Devine, A. Pearmain and D. Purdy (eds) *Feelbad Britain: how to make it better*. London: Lawrence & Wishart, 222-233.

Castree, N. and Braun, B. (eds) (2001) *Social nature: theory, practice and politics*. Oxford: Blackwell.

Castree, N., Coe, N., Ward, K. and Samers, M. (2003) *Spaces of work: global capitalism and geographies of labour*. London: Sage.

Castree, N., Demeritt, D., Liverman, D. and Rhoads, B. (eds) (2009) *A companion to environmental geography.* London: Sage.

Chatterton, P. (2010) 'Do it yourself: a politics for changing our world', in K.Birch and V.Mykhenko (eds) pp.188-205, *The rise and fall of neoliberalism. The collapse of an economic order?* London: Zed Books.

Chisholm, M. (ed.) (1972) *Resources for Britain's future: a series from the Geographical Magazine.* Harmondsworth, UK: Penguin.

Christian, G. (1966) 'Education for the environment', *The Quarterly Review,* April.

Clarke, J. and Willis, P. (1984) 'Introduction', in I. Bates., J. Clarke, P. Cohen, D. Finn, R. Moore and P. Willis (eds) pp.1-16 *Schooling for the dole? The new vocationalism. Basingstoke,* UK: Macmillan.

Clements, D., Donald, A., Earnshaw, M. and Williams, A. (eds) (2008). *The future of community (reports of a death greatly exaggerated).* London: Pluto Press.

Clements, R. E. (1928) *Plant succession and indicators.* New York: H. W. Wilson.

Colls, R. (2002) *Identity of England.* Oxford: Oxford University Press.

Commoner, B. (1970) *Science and survival.* New York: Ballantine Books.

Cons, G. J. and Fletcher, C. (1938) *Actuality in school: an experiment in social education.* London: Methuen.

Cottle, S. (2009) *Global crisis reporting: journalism in the global age.* Buckingham: Open University Press.

Cronon, W. (1991) *Nature's metropolis: Chicago and the Great West.* New York: W. W. Norton.

Cronon, W. (ed.) (1996) *Uncommon ground: rethinking the human place in nature.* New York: Norton.

Crutzen, P. (2002) 'Geology of mankind', *Nature* 415: 23.

Dalby, S. (2009) *Security and environmental change.* Cambridge: Polity Press.

Davis, M. (1998) *Ecology of fear: Los Angeles and the imagination of disaster.* London: Picador.

Davis, M. (2006) *Planet of slums.* London: Verso. 김정아 역(2007), 슬럼, 지구를 뒤덮다: 신자유주의 이후 세계 도시의 빈곤화, 돌베개.

Day, C., Sammons, P., Stobart, G., Kington, A. and QingGu (2007) *Teachers matter: connecting lives, work and effectiveness.* Maidenhead, UK: Open University Press.

Department for the Environment (1972) *How do you want to live? A report on the hu-*

man habitat. London: HMSO.

Devine, P., Pearmain, A. and Purdy, D. (eds) (2009) *Feelbad Britain: how to make it better*. London: Lawrence & Wishart.

Diamond, J. (2005) *Collapse: how societies choose to fail or succeed*. London: Penguin. 강주헌 역(2005), 문명의 붕괴, 김영사.

Dobson, A. and Bell, D. (eds) (2005) *Environmental citizenship: getting from here to there. Cambridge*, MA: MIT Press.

Doddington, C. and Hilton, M. (2007) *Child-centred education: reviving the creative tradition*. London: Sage.

Donald, A. (2008) 'A green unpleasant land', in D.Clements, A.Donald, M.Earnshaw and A.Williams (eds) *The future of community (reports of a death greatly exaggerated)*. London: Pluto Press.

Donald, A., Williams, R., Sharro, K., Farlie, A., Kuypers, D. and Williams, A. (2008) *Mantownhuman: towards a new humanism in architecture*. London: ManTown-human. www.futurecities.org.uk/images/mantownhuman.pdf

Donnelly, M. (2005) *Sixties Britain: culture, society and politics*. London: Pearson.

Dorling, D. (2010) *Injustice: why social inequality persists*. Bristol: Policy Press. 배현 역 (2012), 불의란 무엇인가: 사회 불평등을 지속시키는 다섯 가지 거짓말, 21세기북 스.

Douglas, I. (1984) *The urban environment*. London: Edward Arnold.

Dryzek, J. and Schlosberg, D. (2001) *Debating the Earth*. Oxford: Oxford University Press.

Dunn, B. (2009) *Global political economy: a Marxist critique*. London: Pluto Press.

Dwyer, C. (1998) 'Contested idenitites: challenging dominantrepresentations of young British Muslim women', in T. Skelton and G. Valentine (eds) *Cool places: geographies of youth cultures*. London: Routledge, 50-65.

Ecclestone, K. and Hayes, D. (2008) *The dangerous rise of therapeutic education*. London: Routledge.

Eckersley, R. (2004) *The green state: rethinking democracy and sovereignty*. Cambridge, MA: MIT Press.

Edensor, T. (2005) *Industrial ruins: spaces, aesthetics and materiality*. London: Berg.

Ehrlich, P. and Ehrlich, A. (1968) *The population bomb*. New York: Ballantine Books.

Elkington, J. and Hailes, J. (1988) *The green consumer guide*. London: Gollancz.

Elliott, A. and Urry, J. (2010) *Mobile lives*. London and New York: Routledge.

Engels, F. (1849, 2005) *The condition of the working class in England in 1844*. London: Penguin. 이재만 역(2014), 영국 노동계급의 상황, 라티오.

Ferguson, M. (1980) *The Aquarian conspiracy*. Los Angeles: J. P. Tarcher. 정성호 역 (2011), 의식혁명: 2000년대를 변혁하는 '투명지성', 민지사.

Fien, J. and Gerber, R. (eds) (1988) *Teaching geography for a better world*. London: Oliver & Boyd.

Fine, B. and Milonakis, D. (2009) *From economics imperialism to freakonomics: the shifting boundary between economics and other social sciences*. London: Routledge.

Forsyth, T. (2003) *Critical political ecology: the politics of environmental science*. London: Routledge.

Foster, J. (2009) *The sustainability mirage: illusion and reality in the coming war on climate change*. London: Earthscan.

Frank, R. H. (2008) *The economic naturalist: why economics explains almost everything*. London: Virgin Books. 안진환 역(2007), 이코노믹 씽킹: 핵심을 꿰뚫는 힘, 웅진 지식하우스.

Frankel, B. (1987) *The post-industrial utopians*. Cambridge: Polity Press.

Friedan, B. (1963) *The feminine mystique*. New York: Norton.

Furedi, F. (2009) *'What happened to radical humanism?'* in J. Pugh (ed.) What is radical politics today? Basingstoke: Palgrave Macmillan 27-35.

GA (2009) *A different view: a manifesto from the Geographical Association*. Sheffield: Geographical Association.

Gandy, M. (2002) *Concrete and clay: re-working nature in New York City*. Cambridge, MA: MIT Press.

Gerhardt, S. (2010) *The selfish society: how we all forgot to love one another and made money instead*. London: Simon & Schuster. 김미정 역(2011), 이기적인 사회: 우리는 어떻게 사람이 아닌 돈을 사랑하게 되었나?, 다산북스.

Gibson-Graham, J.-K. (1996) *The end of capitalism (as we knew it)*. Oxford: Blackwell. 이현재 · 엄은희 역(2013), 그따위 자본주의는 벌써 끝났다: 여성주의 정치경제 비판, 알트.

Goldsmith, E., Allen, Pz., Allaby, M., Davoll, J., and Lawrence, S. *A Blueprint for Survival*. London: Penguin.

Goodman, D. and Redclift, M. (1991) *Refashioning nature: food, ecology and culture.* London: Routledge.

Grace, G. (1995) *School leadership: beyond education management.* Brighton, UK: Falmer Press.

Graves, N. (1975) *Geography in education.* London: Heinemann. 이희연 역(1986), 지리교육학개론, 교학연구사.

Graves, N. (1979) *Curriculum planning in geography.* London:Heinemann

Gray-Donald, J. and Selby, D. (2008) 'Introduction' in J. Gray-Donald and D. Selby (eds.) *Green frontiers: environmental educators dancing away from mechanism.* Rotterdam: Senso Publishers, pp.1-10.

Greig, S., Pike, G. and Selby, D. (1987) *Earthrights: education as if the planet really mattered.* London: Kogan Page/WWF-UK.

Hall, D. (1976) *Geography and the geography teacher.* London: Allen& Unwin.

Hanlon, B., Short, J. R. and Vicino, T. (2010) *Cities and suburbs: new metropolitan realities in the United States.* London: Routledge.

Hannigan, J. (2006) *Environmental sociology*, 2nd edn. London:Routledge.

Hargreaves, D. (1999) 'The knowledge-creating school', *British Journal of Educational Studies* 47(2): 122-144.

Harrison, B. (2009) *Seeking a role: the United Kingdom 1951-70.* Oxford: Oxford University Press.

Hartshorne (1939) *The Nature of Geography.* Lancaster, PA. Association of American Geographers. 한국지리연구회 역(1998), 지리학의 본질, 민음사.

Harvey, D. (1974) 'What kind of geography for what kind of public policy?' *Transactions of the Institute of British Geographers*, 63, pp.18-24.

Harvey, D. (1996) *Justice, Nature and the geography of difference.* Oxford: Blackwell.

Harvey, D. (2005) *A brief history of neoliberalism.* Edinburgh: Edinburgh University Press. 최병두 역(2017), 신자유주의: 간략한 역사, 한울아카데미.

Harvey, D. (2010) *The enigma of capital (and the crises of capitalism).* London: Profile Books. 이강국 역(2012), 자본이라는 수수께끼: 자본주의 세계경제의 위기들, 창비.

Hawken, P., Lovins, A. and Hunter Lovins, L. (2010) *Natural capitalism; the next industrial revolution*, 2nd edn. London: Earthscan.

Henderson, G. and Waterstone, M. (eds) (2009) *Geographic thought: a praxis perspec-*

하나뿐인 지구에 꼭 필요한 비판지리교육학

tive. London: Routledge.

Herbert, D. (1972) *Urban geography: a social perspective.* Newton Abbot, UK: David & Charles.

Herbertson, A. J. and Herbertson, F. D. (1899/1963) *Man and his work: an introduction to human geography*, 8th edn. London: A. & C. Black.

Herod, A. (2009) *Geographies of globalization: a critical introduction.* Chichester: Wiley.

Hewitt, K. (ed.) (1983) *Interpretations of calamity from the viewpoint of human ecology.* Boston, MA: Allen & Unwin.

Heynen, N., Kaika, M. and Swyngedouw, E. (eds) (2006) *In the nature of cities: urban political ecology and the politics of urban metabolism.* London: Routledge.

Hickman, G., Reynolds, J. and Tolley, H. (1973) *A new professionalism for a changing geography.* London: Schools Council.

Holloway, J. (2010) *Crack capitalism.* London: Pluto Press. 조정환 역(2013), 크랙 캐피털리즘: 균열혁명의 멜로디, 갈무리.

Hoskins, W. G. (1955) *The making of the English landscape.* London: Hodder & Stoughton. 이영석 역(2007), 잉글랜드의 풍경의 형성, 한길사.

Hough, G. (1984) *City form and natural process.* London: Croom Helm.

Howard, E. (1898/1985) *Garden cities of to-morrow: a peaceful path to real reform.* Eastbourne, UK: Attic Press. 조재성, 권원용 역(2016), 내일의 전원도시, 한울아카데미.

Huckle, J. (ed.) (1983) *Geographical education: reflection and action.* Oxford: Oxford University Press.

Huckle, J. (1985) 'Geography and schooling', in R.Johnston (ed.) *The future of geography.* London: Methuen, 291-306.

Huckle, J. (1986) 'Ecological crisis: some implications for geographical education', *Contemporary Issues in Geography and Education* 2(2): 2-13.

Huckle, J. (1988-93) *What we consume: The teachers' handbook* and eight curriculum units. A module of WWF's Global Environmental Education Programme. Godalming and Oxford: WWF and Richmond Publishing.

Huckle, J. and Martin, A. (2001) *Environments in a changing world.* London: Pearson.

Hudson, R. (2000) *Producing places.* New York: Guilford Press.

Hudson, R. and Williams, A. (1986) *The United Kingdom*. London: Harper and Row.

Hulme, M. (2009) *Why we disagree about climate change*. Cambridge: Cambridge University Press.

Humble, N. (2005) *Culinary pleasures: cookbooks and the transformation of British cuisine*. London: Faber & Faber.

Humphery, K. (2008) *Excess*. Cambridge: Polity Press.

Ilbery, B. and Bowler, I. (1998) 'From agricultural productivism to post-productivism' in B.Ilbery (ed.) pp.54-84, *The geography of rural change*. Harlow: Longman.

Inglis, F. (1975) *Ideology and imagination*. Cambridge: Cambridge University Press.

Inness, S. (2006) *Secret ingredients: race, gender and class at the dinner table*. New York and Basingstoke: Palgrave Macmillan.

Irwin, A. and Michael, M. (2003) *Science, social theory and public knowledge*. Maidenhead, UK: Open University Press.

Jackson, P. (1989) *Maps of meaning: an introduction to cultural geography*. London: Unwin Hyman.

James, O. (2007) *Affluenza*. London: Vermillion. 윤정숙 역(2012), 어플루엔자, 알마.

James, O. (2008) *The selfish capitalist: origins of affluenza*. London: Vermillion.

James, O. (2010) *Britain on the couch: how keeping up with the Joneses has depressed us since 1950* (first published 1998). London: Vermillion.

Jarvis, H. (2005) *Work/life city limits; comparative household perspectives*. Basingstoke: Palgrave Macmillan.

Jarvis, H., Pratt, A. and Cheng-ChangWu (2001) *The secret life of cities: the social reproduction of everyday life*. London: Prentice Hall.

Joad, C. E.M. (1935) *The book of Joad: a belligerant autobiography*. London: Faber & Faber.

Johnston, J. and Baumann, S. (2010) *Foodies: democracy and distinction in the gourmet foodscape*. London: Routledge.

Johnston, R. (1989) *Environmental problems: nature, economy and state*. London: Belhaven Press.

Johnston, R. and Taylor, P. (eds) (1986) *A world in crisis? Geographical perspectives*. Oxford: Blackwell.

Kaika, M. (2005) *City of flows: modernity, nature and the city*. London: Routledge.

Keil, R. and Graham, J. (1998) 'Reasserting nature: constructing urban environments after Fordism', in B.B raun and N. Castree (eds) *Remaking reality: nature at the millennium*. London: Routledge, 100-125.

Klingle, M. (2007) *Emerald City: an environmental history of Seattle*. New Haven: Yale University Press.

Knox, P. (2011) *Cities and design*. London: Routledge.

Knox, P. and Mayer, H. (2009) *Small town sustainability*. Basel: Birkhäuser Verlay AG.

Kovel, J. (2007) *The enemy of nature: the end of capitalism or the end of the world?*, 2nd edn. London: Zed Books.

Kunstler, J. H. (2005) *The long emergency: surviving the converging catastrophes of the twenty-first century*. London: Atlantic Books.

Lang, T., Barling, D. and Caraher, M. (2009) *Food policy: integrating health, environment and society*. Oxford: Oxford University Press.

Lappé, F. M. (1971) *Diet for a small planet*. New York: Ballantine Books.

Lash, S. and Urry, J. (1987) *The end of organized capitalism*. Madison, WI: University of Wisconsin Press.

Lash, S. and Urry, J. (1994) *Economies of signs and space*. London: Sage. 박형준 · 권기돈 역(1998), 기호와 공간의 경제, 현대미학사.

Lawson, N. (2009) *All consuming*. London: Penguin.

Levitt, S. and Dubner, S. (2006) *Freakonomics: a rogue economist explores the hidden side of everything*. London: Penguin. 안진환 역(2007), 괴짜경제학(개정증보판): 상식과 통념을 깨는 천재 경제학자의 세상 읽기, 웅진지식하우스.

Lewis, and Potter (eds) (2010) *Ethical consumption*. London: Routledge.

Leyshon, A., Lee, R. and Williams, C. (eds) (2003) *Alternative economic spaces*. London: Sage.

Littler, J. (2008) *Radical consumption*. Buckingham: Open University Press.

Lowe, P. et al. (1986) *Countryside conflicts*. Aldershot: Cower.

Lowe, R. (2007) *The death of progressive education: how teachers lost control of the classroom*. London: Routledge.

McGuigan, J. (2010) *Cool capitalism*. London: Pluto Press.

Machon, P. (1987) 'Teaching controversial issues: some observations and reflections', in P. Bailey and T. Binns (eds) *A case for geography*. Sheffield, UK: Geographical Association.

Macnaghten, P. and Urry, J. (1998) *Contested natures*. London: Sage.

Marr, A. (2007) *A history of modern Britain*. London: Macmillan.

Marsden, W. (1976) *Evaluating the geography curriculum*. London: Oliver & Boyd.

Marsden, W. E. (1996) *Geography 11-16: re-kindling good practice*. London: David Fulton.

Marston, S., Jones, J. P. III and Woodward, K. (2005) 'Human geography without scale', *Transactions of the Institute of British Geographers* 30(4): 416-432.

Martin, R. (1999) 'The new geographical turn in economics: some critical reflections', *Cambridge Journal of Economics*, 23(1): 65-91.

Massey, D. (1984) *Spatial divisions of labour*. Basingstoke: Macmillan.

Massey, D. (2009) 'Invention and hardwork', in J.Pugh (ed.) *What is radical politics today?* Basingstoke: Palgrave Macmillan, 136-142.

Matthews, J. and Herbert, D. (eds) (2004) *Unifying geography: common heritage, shared future*. London: Routledge.

May, J. (1996) 'A little taste of something more exotic: the imaginative geographies of everyday life'. *Geography*, 81(1), 57-64.

Meadows, D. H., Meadows, D. L., Randers, J. and Behrens, W. W. III (1972) *The limits to growth*. London: Earth Island. 김병순 역(2012), 성장의 한계: 30주년 기념 개정판, 갈라파고스.

Mercer, C. (1975) *Living in cities*. London: Penguin.

Milanokis, D. and Fine, B. (2009) *From political economy to economics*. London: Routledge.

Miller, D. (ed.) (1995) *Acknowledging consumption*. London: Routledge.

Miller, D. and Dinan, W. (2008) *A century of spin: how public relations became the cutting edge of corporate power*. London: Pluto Press.

Milonakis, D. and Fine, B. (2009) *From political economy to economics: method, the social and the historical in the evolution of economic theory*. London: Routledge.

Monk, J. and Hanson, S. (1982) 'On not excluding half of the human in human geography', *Professional Geographer*, 34(1): 11-23.

Moore, A. (2004) *The 'good' teacher: dominant discourses in teaching and teacher education*. London: RoutledgeFalmer.

Moore, P., Chaloner, B. and Stott, P. (1996) *Global environmental change*. Oxford:

Blackwell.

Moran, J. (2007) 'Subtopias of everyday life'. *Cultural and Social History* 4(3) pp.401-421.

Mort, F. (1996) *Cultures of consumption*. London: Routledge.

Nairn, I. (1964) *Your England revisited*. London: Hutchinson.

Neill, J. R. (2000) *Something new under the sun: an environmental history of the twentieth century*. London: Penguin. 홍욱희 역(2008), 20세기 환경의 역사, 에코리브르.

Newby, H. (1979) *A green and pleasant land? Social change in rural England*. London: Penguin.

Newell, P. and Paterson, M. (2010) *Climate capitalism: global warming and the transformation of the global economy*. Cambridge: Cambridge University Press.

O'Connor, J. (1996) '*The Second Contradiction in Capitalism*', in T. Benton (ed.) *The Greening of Marxism*. New York: Guilford Press, 197-221.

O'Keefe, P., Westgate, K. and Wisner, B. (1976) 'Taking the naturalness out of natural disasters', *Nature* 260: 566-567.

O'Riordan, T. (1976) *Environmentalism*. London: Pion.

Oliver, J. (2001) *Happy days with the naked chef*. London: Michael Joseph.

Outka, E. (2009) *Consuming tradition: modernity, modernism and the commodified authentic*. New York: Oxford University Press.

Page, M. (2008) *The city's end. New Haven*, CT and London: Yale University Press.

Panayi, P. (2008) *Spicing up Britain: the multicultural history of British food*. London: Reaktion Books.

Park, R. E. and Burgess, E. N. (1967) *The city. Chicago*, IL: Phoenix Books.

Patel, R. (2008) *Stuffed and starved: the hidden battle for world food*. London: Portabello. 유지훈 역(2008), 식량전쟁: 배부른 제국과 굶주리는 세계, 영림카디널.

Peet, R. (2008) *Geography power: the making of global economic policy*. London: Zed Books.

Pepper, D. (1984) *The roots of modern environmentalism*. London: Routledge. 이명우·오구균·김태경·최승 역(1989), 현대환경론, 한길사.

Pepper, D. (1986) 'Why teach physical geography?' *Contemporary Issues in Geography and Education*, 2(2), pp.62-71.

Phillips, M. and Mignall, T. (2000) *Society and exploitation through nature*. London: Pearson.

Pickles, J. (1986) 'Geographic theory and educating for democracy', *Antipode* 18: 136-154.

Pike, G. and Selby, D. (1988) *Global teacher, global learner*. London: Hodder and Stoughton.

Pollan, M. (2004) *The omnivore's dilemma*. London: Bloomsbury. 조윤정 역(2008), 잡식동물의 딜레마, 다른세상.

Pollan, M. (2008) *In defence of food: the myth of nutrition and the pleasures of eating*. London: Allen Lane. 조윤정 역(2009), 마이클 폴란의 행복한 밥상: 잡식동물의 권리 찾기. 다른세상.

Porritt, J. (1984) *Seeing green*. Oxford: Basil Blackwell.

Porritt, J. (2005) *Capitalism as if the world matters*. London: Earthscan. 안의정 역(2012), 성장 자본주의의 종말: 자본주의, 환경의 손을 잡다, 바이북스.

Preston, W. C. (1883) *The bitter cry of outcast London: an inquiry into the condition of the abject poor*. London: James Clarke & Co. www.archive.org/details/bittercryofout-ca00pres

Project Environment (1975) *Ethics and environment*. London: Schools Council/Longman.

Pye-Smith, C. and Rose, C. (1984) *Conservation in crisis*. London: Penguin.

QCDA (2009) *Sustainable development in action - a curriculum planning guide for schools*. Coventry: Qualifications and Curriculum Development Agency.

Rawling, E. (2000) *Changing the subject: the impact of national policy on school geography 1980-2000*. Sheffield, UK: Geographical Association.

Relph, E. (1976) *Place and placelessness*. London: Pion. 김덕현·김현주·심승희 역(2005), 장소와 장소상실, 논형.

Robbins, P. (2004) *Political ecology: a critical introduction*. Chichester: Wiley. 권상철 역 (2008), 정치생태학: 비판적 개론, 한울.

Robbins, P., Hintz, J. and Moore, S. (2010) *Environment and society: a critical introduction*. Chichester: Wiley. 권상철·박경환 역(2014), 환경퍼즐, 한울아카데미.

Roberts, P. (2009) *The end of food: the coming crisis in the world food industry*. London: Bloomsbury. 김선영 역(2010), 식량의 종말: 지금 당신의 밥상은 안전합니까, 민음사.

Roberts, P., Ravetz, J. and George, C. (2009) *Environment and the city*. London:

하나뿐인 지구에 꼭 필요한 비판지리교육학

Routledge.

Sack, R. (1992) *Place, modernity and the consumer's world*. Baltimore: John Hopkins Press.

Sandbrook, D. (2005) *Never had it so good: a history of Britain from Suez to the Beatles*. London: Abacus.

Sandlin, J. and McLaren, P. (eds) (2010) *Critical pedagogies of consumption: living and learning in the shadow of the shopocalypse*. London: Routledge.

Sayer, A. (1986) 'Systematic mystification: the 16-19 project', *Contemporary Issues in Geography and Education*, 2(2), pp.86-93.

Schaefer, F. K. (1953) 'Exceptionalism in geography: a methodological examination', *Annals of the Association of American Geographers* 43: 226-245.

Schlosser, E. (2002) *Fast food nation: what the all-American meal is doing to the world*. London: Penguin. 김은령 역(2001), 패스트푸드의 제국, 에코리브르.

Schlosser, E. and Wilson, C. (2006) *Chew on this: everything you don't want to know about fast food*. New York: Houghton Mifflin. 노순옥 역(2007), 맛있는 햄버거의 무서운 이야기: 패스트푸드에 관해 알고 싶지 않은 모든 것, 모멘토.

Schumacher, E. F. (1973) *Small is beautiful: economics as if the planet mattered*. London: Harper and Row.

Seager, J. (1993) *Earth follies: coming to feminist terms with the global environmental crisis*. New York: Routledge.

Selby, D. (2008) 'The need for climate change in education', in J. Gray-Donald and D. Selby (eds) *Green frontiers: environmental educators dancing away from mechanism*. Rotterdam: Sense, 252-262.

Shields, R. (1991) *Places on the margins: alternative geographies of modernity*. London: Routledge.

Shields, R. (ed.) (1994) *Lifestyle shopping*. London: Routledge.

Shoard, M. (1980) *The theft of the countryside*. London: Temple Smith

Short, J. R. (2008) *Urban theory: a critical appraisal*. Basingstoke: Macmillan.

Shurmer-Smith, P. (2002) *Doing cultural geography*. London: Sage.

Sim, S. (2010) *The end of modernity: what the financial and environmental crisis is really telling us. Edinburgh*: Edinburgh University Press.

Simms, A. (2008) *Ecological debt: global warming and the wealth of nations*, 2nd edn. London: Pluto Press.

Sims, P. (2003) 'Previous actors and current influences: trends and fashions in physical geography', in S.Trudgill and A.Roy (eds) *Contemporary meanings in physical geography: from what to why?* London: Arnold, 3-23.

Skelton, T. and Valentine, G. (eds) (1998) *Cool places: geographies of youth cultures.* London: Routledge.

Sklair, L. (2009) 'Commentary from the Consumerist/Oppressive City to the Functional/Emancipatory City'. *Urban Studies* 46(12), 2703-2711.

Slater, C. (2003) *Entangled Edens: visions of the Amazon.* Berkeley, CA: University of California Press.

Smart, B. (2010) *The consumer society.* London: Sage.

Smith, D. (1971) *Industrial location.* London: Wiley.

Smith, D.M. (1974) 'Who gets what, where, and how: a welfare focus for geography', *Geography: An International Journal* 59: 289-297.

Smith, N. (1984) *Uneven development: nature, capital and the production of space.* Athens, GA: University of Georgia Press. 최영진·황성원·이영아·최영래·최병두 역(2017), 불균등발전: 자연, 자본, 공간의 생산, 한울아카데미.

Smith, N. (1993) 'Homeless/global: scaling places', in J. Bird (ed.) *Mapping the futures.* London: Routledge, 87-119.

Smith, N. (2007) 'Nature as accumulation strategy', in L. Panitch and C. Leys (eds), pp.16-36, *Coming to terms with nature.* London: Verso.

Soper, K. (2007) 'Paper from Kate Soper to Sustainable Development Commission Meeting on "Living well (within limits) - exploring the relationship between growth and wellbeing"',www.sd-commission.org.uk/publications/downloads/kate_soper_thinkpiece.pdf

Soper, K. (2009) 'The fulfilments of post-consumerism and the politics of renewal', in P.Devine, A.Pearmain and D.Purdy (eds) *Feelbad Britain: how to make it better.* London: Lawrence & Wishart, 130-140.

Speth, J.G. (2008) *The bridge at the end of the world: capitalism, the environment and crossing from crisis to sustainability.* Newhaven, CT: Yale University Press. 이경아 역(2008), 미래를 위한 경제학: 자본주의를 넘어선 상상, 모티브북.

Stamp, D. and Beaver, S. (1954) *The British Isles: a geographic and economic survey*, 4th edn. London: Longman.

Standish, A. (2009) *Global perspectives in the geography curriculum: reviewing the*

하나뿐인 지구에 꼭 필요한 비판지리교육학

moral case for geography. London: Routledge. 김다원·고아라 역(2015), 글로벌 관점과 지리 교육, 푸른길.

Stanford, J. (2008) *Economics for everyone: a short guide to the economics of capitalism*. London: Pluto Press. 안세민 역(2010), 자본주의 사용설명서: 일하는 사람이 알아야 할 경제의 모든 것, 부키.

Steel, C. (2008) *Hungry city: how food shapes our lives*. London: Chatto and Windus

Steffen, W., Crutzen, P. and McNeill, J. R. (2007) 'The Anthropocene: are humans now overwhelming the great forces of nature?', *Ambio* 36(8): 614-621.

Storm, M. (1973) 'Schools and the community: an issues-based approach' in J.Bale, N. Graves and R. Wilford (eds.) *Perspectives in Geographical Education*. London: Oliver and Boyd, pp.289-303.

Stott, P. (2001) 'Jungles of the mind: the invention of the "Tropical Rain Forest"', *History Today* 51 (5): 38-44.

Stott, P. and Sullivan, S. (eds) (2003) *Political ecology: science, myth and power*. London: Arnold.

Stretton, H. (1976) *Capitalism, socialism and the environment*. Cambridge: Cambridge University Press.

Susman, P., O'Keefe, P. and Wisner, B. (1983) 'Global disasters, a radical interpretation', in K. Hewitt (ed.) *Interpretations of calamity from the viewpoint of human ecology*. Boston, MA: Allen & Unwin, pp.263-283.

Svensen, H. (2009) *The end is nigh: a history of natural disasters*. London: Reaktion Books.

Swyngedouw, E. (2007) 'Impossible "sustainability" and the postpolitical condition', in R.Krueger and D.Gibbs (eds) pp.13-40, *The sustainable development paradox: urban political economy in the United States and Europe*. New York: Guilford Press.

Szerszynski, B. (2005) *Nature, technology and the sacred*. Oxford: Blackwell.

Tainter, J. (1988) *The collapse of complex societies*. Cambridge: Cambridge University Press.

Taverne, R. (2005) *The march of unreason: science, democracy and the new fundamentalism*. Oxford: Oxford University Press.

Tester, K. (1991) *Animals and society: the humanity of animal rights*. London: Routledge.

Thompson, D. (1952) 'Your England - and how to defend it', The Use of English Pamphlet No. 1.

Timberlake, L. (1985) *Africa in crisis*. London: Earthscan.

Tomlinson, A. (1990) 'Introduction: consumer culture and the aura of the commodity', in A.Tomlinson (ed.) p.1-40, *Consumption, identity and style: marketing, meanings, and the packaging of pleasure*. London: Routledge.

Tomlinson, A. (ed.) (1990) *Consumption, identity and style*. London: Routledge.

Townsend, A. (1993) *Uneven regional change in Britain*. Cambridge: Cambridge University Press.

Tudge, C. (2004) *So shall we reap: what's gone wring with the world's food - and how to fix it*. London: Penguin.

Urry, J. (2000) *Sociology beyond societies: mobilities for the twenty-first century*. London and New York: Routledge. 윤여일 역(2012), 사회를 넘어선 사회학: 이동과 하이브리드로 사유하는 열린 사회학, 휴머니스트.

Urry, J. (2007) *Mobilities*. Cambridge: Polity Press. 김태한 역(2022), 모빌리티, 앨피.

Urry, J. (2010) 'Consuming the planet to excess', *Theory, Culture and Society*, 27(2-3), 191-212.

Ward, C. (1978) *The child in the city*. London: Penguin.

Weeks, J. (2007) *The world we have won*. London: Routledge.

Weight, R. (2002) *Patriots: national identity in Britain 1940-2000*. London: Macmillan.

von Weizsacker, E., Lovins, A. and Hunter Lovins, L. (1997) *Factor four: doubling wealth, halving resources use*. London: Earthscan.

von Weizsacker, E., Hargroves, K., Smith, M., Desha, C. and Stasiniopoulos, P. (2009) *Factor five: transforming the global economy through 80% improvements in resource productivity*. London: Earthscan.

Wheeler, K. (1975) 'The genesis of environmental education' in G.Martin and K. Wheeler (eds.) *Insights into environment education*. Edinburgh: Oliver and Boyd.

Wheeler, K. and Waites, B. (eds) (1976) *Environmental geography: a handbook for teachers*. St. Albans: Hart-Davis Educational.

White, D. and Wilbert, C. (eds) (2009) *Technonatures: environments,technologies, spaces and places in the twenty-first century*. Waterloo, ON, Canada: Wilfrid

Laurier University Press.

Whitehead, M. (2007) *Spaces of sustainability*. London: Routledge.

Whitehead, P. (1985) *The writing on the wall: Britain in the seventies*. London: Michael Joseph.

Wilkinson, R. and Pickett, K. (2009) *The spirit level: why equality is better for everyone*. London: Penguin.

Williams, A. (2008) *The enemies of progress: dangers of sustainability*. London: Societas.

Williams, C. (2005) *A commodified world? Mapping the limits of capitalism*. London: Zed Books.

Williams, R. (1976) *Keywords*. London: Fontana. 김성기·유리 역(2010), 키워드, 민음사.

Williams-Ellis, C. (1928) *England and the octopus*. Penryhndeudraeth, Wales, UK: Portmeiron.

Williams-Ellis, C. (ed.) (1937) *Britain and the beast*. London: Dent.

Wolch, J. (2007) 'Green urban worlds', *Annals of the Association of American Geographers* 97: 373-384.

Wolch, J. and Emel, J. (eds) (1998) *Animal geographies*: place, politics and identity in the nature-culture borderlands. London: Verso.

Work Foundation (2006). *Ideopolis: Bristol Case Study*. London: Work Foundation. Available at: http://www.theworkfoundation.com/research/publications/publicationdetail.aspx?oItemId=130&parentPageID+102&PubTypre= (last accessed 6 June 2011).

World Commission on Environment and Development (1987) *Our common future*. Oxford: Oxford University Press.

Worldwrite (2002) *Time to ditch the sustainababble: a critical memorandum*. London: Worldwrite. www.worldwrite.org.uk/criticalcharter.pdf

Wright, W. and Middendorf, G. (eds) (2007) *The fight over food: producers, consumers and activists challenge the global food system*. University Park, PA: Penn State University Press.

Young, M. F. D. (ed.) (1971) *Knowledge and control: new directions for the sociology of education*. London: Collier Macmillan.

Zalasiewicz, J. et al. (2008) 'Are we now living in the anthropocene?' *GSA Today*. 18(2): 4-8.

주

1 이 책의 원고는 보수당−자유민주당 연립정부가 구성된 첫 달(2010년 5월)에 완성되었다. 당
시만 해도 새 정부가 '지속가능한 발전을 위한 교육'을 어떻게 바라볼지 불투명했다.

2 이 책의 독자들은 전직 지리교사인 알렉스 스탠디시(Alex Standish, 2009)가 쓴 여러 글과
최근 저서에서 학교 지리가 가치와 도덕적 문제의 교육에 대한 우려로 인해 약화되고 있다고
주장한 것을 알고 있을 것이다. 그의 입장은 진보와 발전이라는 개념이 어떻게 도전을 받고 있
는지에 관한 광범위한 분석의 한 예로 볼 수 있다.

3 Donald et al.(2008). 맨타운휴먼은 비판적 건축과 디자인을 위한 포럼이다. 누리집 주소는
다음과 같다. www.mantownhuman.org/who.html

4 실제로 일부 사람들은 이 절에서 논의한 저자 그룹이 친시장 및 친개발 단체의 이익을 대변
하기 위해 정치권에 '진입'하는 일종의 '진입주의'라고 주장하기도 한다.

5 독자들은 이 시리즈(as if planet matters)가 여기서 차용한 것이라고 눈치챘을 것이다. 부분
적으로는 맞기는 하다. 그러나 포릿의 책 제목은 E. F. 슈마허(Schumacher)의 고전 『작은 것
이 아름답다』(1973)의 부제인 'economics as if the planet mattered'에서 차용한 것이다.

6 제임스 구스타브 스페스 저, 이경아 역(2008), 『미래를 위한 경제학: 자본주의를 넘어선 상
상』, 모티브북을 읽어 보자. 스페스는 자본주의 기업에 깊이 연루되어 자본주의가 해결책이
아니라 문제라는 결론을 내렸기 때문에, 포릿과는 정반대의 길을 걸어온 것으로 보인다.

7 데니스 톰프슨은 서머싯의 요빌스쿨의 교장이 되었다. 그는 영어 수업의 권위자로, 『영어 용법
(The Use of English)』이라는 저널을 만들었다. 그의 아주 상세한 글에서는 문화와 환경 내에서
발견한 주제들을 자세히 설명하는 것을 지속한다.

8 전간기(戰間期)에 작성된 자연지리학이나 지형학 관련 텍스트를 한눈에 살펴보면, 현대 자
연지리학의 창시자 중 한 명인 W. M. 데이비스의 영향력을 금방 알 수 있다. 데이비스는 주
로 미국 동부에서 활동했으며, 진화론과 동일과정설(uniformitarianism)을 지형과 침식 주기
를 설명하고 발전시켰다. 진화론의 아이디어는 큰 영향력을 발휘하여 다른 자연지리학 분야
에도 영향을 미쳤다. 교사들은 이 이론에 익숙할 것이다. 예를 들어, 생물지리학에서 클레멘츠
(Clements, 1928)는 공간과 시간에 대한 식물종의 분포는 식물 군집이 일련의 환경 조건이나
통제에 적응하면서 천이(succession)한 결과이며, 궁극적으로 기후라는 주요 통제에 따라 극
상군집(climax community, 극상의 식물군을 이루는 군락을 극상군락, 산림을 극상림 또는
산림극상이라고 한다. 우리나라처럼 적습, 적온이면 보통 극상군락은 키 큰 산림이고, 저온,

    하나뿐인 지구에 꼭 필요한 비판지리교육학

건조 때문에 숲이 성립할 수 없는 곳이나 해안, 고층습원 등에서는 황원이나 초원 극상군집이 된다: 역자주)을 형성한다고 설명했다. 기후학에서 비에르크네스와 솔버그(Bjerknes and Solberg, 1922)는 저기압 형성과 전선 발생의 개념을 사용하여 중위도 저기압의 생애 주기에 대해 논의했다.

데이비스의 연구가 현대 자연지리학에 미친 영향을 과소평가해서는 안 된다. 그의 연구는 1950년대까지 교육과정에서 널리 사용되었으며, 1970년대 후반까지 스몰(R. J. Small, 1970)의 지형 연구와 스파크스(B. W. Sparks, 1972)의 지형학 등의 교과서에서 여전히 그 영향력을 증언하고 있다. 그러나 데이비스의 영향을 받은 자연지리학 연구에 대한 비판은 환경 과정에 관한 충분한 지식이 부족하다는 것이었다. 예를 들어, 지형학에서는 데이비스의 침식 주기가 구조, 프로세스, 단계, 시간을 모두 포함하지만, 항상 단계에 중점을 두었고 프로세스는 거의 다루지 않았다는 지적이 있었다. 심스(Sims, 2003)는 "프로세스 연구는 1960년대 후반부터 지형학의 '성배'가 되었다."라고 지적한다. 지형학에서는 배수 유역과 유역에 초점을 맞춘 수문학의 발전이 중요해졌다. 많은 지형학자가 습윤 온대 지형을 연구했으나, 그 프로세스에 대해 충분히 설명하지 않았다는 인식이 생기면서 단기, 중기, 장기 현장 실험을 통해 다양한 스케일에서 환경의 프로세스와 변화를 연구할 수 있는 기술이 발전했다. 소규모 유역의 언덕 경사면에서의 하천 흐름에 관한 연구, 하도의 형태와 패턴에 대한 새로운 관심, 하천의 용해 물질 및 퇴적물 등에 관한 연구 등이 이루어졌다. 이러한 접근 방식은 더 높은 수준의 학교에서 볼 수 있는 자연지리학에서 주로 다루어지는 내용이다. (데이비스 지형학에 대한 논의는 팀 크레스웰 저, 박경환 외 역, 2024, 『지리사상사』 2판, 시그마프레스의 3장 근대 지리학의 출현과 13장 자연 너머의 지리학을 참고하면 도움이 된다: 역자주)

9 이러한 아이디어들이 더 이상 대부분의 지리교육자들 사이에서 지지를 받지 않게 되었다는 점은 특히 알렉스 스탠디시(Alex Standish)의 저서 『글로벌 관점과 지리교육』(김다원·고아라 역, 2015)에 대한 비판적 반응에서 볼 수 있다. 스탠디시는 프랭크 푸레디(Frank Furedi)와 같은 작가들의 생각을 반영하며, 지리가 반(反)개발적 입장의 영향을 받아 인간 진보를 되돌리려는 방향으로 나아가고 있다고 주장한다.

10 강력한 사회적 구성주의가 일반화되었다. 예를 들어, 키스 테스터(Keith Tester, 1991)의 『동물과 사회: 동물 권리의 인간성(Animals and society: the humanity of animal rights)』이 있다. 또 다른 예로는 윌리엄 크로논(William Cronon, 1996)이 편집한 『흔하지 않은 땅: 자연에서 인간의 위치를 다시 생각하다(Uncommon ground: rethinking the human place in nature)』가 있다. 맥나그텐과 어리(Macnaghten and Urry, 1998)의 『경쟁하는 자연(Contested natures)』과 존 해니건(John Hannigan, 2006)의 『환경사회학(Environmental sociology)』은 사회적 구성물로서 자연을 바라본다.

11 http://www.dinosaur-park.com

12 이러한 교육과정 자료를 개발할 때 지리교사는 문헌에 대한 포괄적인 소개를 해 주는 리사 벤턴-쇼트와 존 레니에 쇼트(Lisa Benton-Short and John Rennie Short)의 『도시와 자연(Cities and nature)』(2008)의 도움을 받을 수 있다. 이들은 도시의 광범위한 환경 문제를 조

사하고 거대도시 지역과 거대도시, 산업화 이후 도시와 재개발, 도시 팽창, 새로운 산업 공간과 판자촌의 영향을 포함하는 '도시 변화의 현재 물결'에 주목한다. 또한 로버츠 등(Roberts et al.)의 『환경과 도시(Environment and the city)』(2009)는 지속가능한 방식으로 도시 환경을 관리하려는 시도에 관한 유용한 개요를 제공한다.

13 http://news.bbc.co.uk/1/hi/england/8507598.stm.

14 이는 개별주의적 방법론(individual methodism)에 대한 고수, 마샬의 한계 경제학(Marshallian marginal economics)에 대한 수용, 그리고 역사적 맥락에 대한 부족한 관심을 의미했다.

15 1980년대 학교에서 과학 작가 존 그리빈(John Gribbin)이 대중화시킨 다가오는 '빙하기 (ice age)'에 대해 배웠던 기억이 난다. 우리 모두는 더 클래시(Clash)의 노래 '런던 콜링(London Calling)'에 나오는 "빙하기가 오고 있다/태양은 점점 커지고/엔진은 멈추고/밀은 시들어 간다"라는 가사에 흥미를 느꼈지만, 핵전쟁으로 인한 '핵겨울'에 대한 두려움과 함께 이 모든 것을 머릿속에 섞어 생각했던 것 같다. 내가 교편을 잡기 시작했을 때, 산성비와 오존층 파괴로 표현되는 환경과 관련된 전 지구적 위기감이 커지고 있었다.

16 4장에서는 학생들에게 '헤드라인 글로벌 이슈'에 관해 가르치기 위한 '글로벌 챌린지'라는 단원이 Edexcel AS 평가요강에 어떻게 포함되어 있는지를 설명했다.

17 이 글을 쓰면서 나는 근거에 대해 매우 신중하게 생각해야 했다. 나는 지난 10년간 교사 교육자로 일하면서 교사들을 약 500회 방문하여 수업을 참관하고 멘토들과 논의했다. 나는 PGCE 과정[PGCE는 교사자격인증석사과정(대학원 과정)으로, 영국에서 학사학위를 받은 후 같은 전공으로는 1년, 전공을 바꾸면 2년의 석사과정을 취득하고 QTS(Qualified Teaching Status, 교원자격증)를 받게 된다: 역자주]을 검토하고 다른 교사교육자들과 수많은 대화를 나누었다. 나는 PGCE 과정에서 학생(또는 연수생)이 기준을 충족하고 있다는 증거를 제공해야 한다는 요구가 점진적으로 증가해 왔다고 연구했다. 점점 더 많은 선생님과 이야기를 나누다 보면, 각 부서와 학교에서 '좋은' 실천이라고 여겨지는 것에 대해 약간의 의문을 제기하는 것만으로도 곤란에 빠지곤 한다. 예비 교사들의 과제를 읽다 보면, 영재와 재능 있는 학생들, 전략들, 그리고 학습을 위한 평가에 대한 필수적인 언급들로 가득 차 있는 것을 자주 본다. 하지만 내가 발견한 한 가지는 아무도 이야기하고 싶어 하지 않는 지리의 본질이다. 학교에서 학생들에게 가르치는 지리의 본질이다.

하나뿐인 지구에 꼭 필요한 비판지리교육학

하나뿐인 지구에 꼭 필요한 비판지리교육학

콜린 뷰캐넌(Colin Buchanan) 273

콜린 윌리엄스(Colin Williams) 222

콜린 텃지(Colin Tudge) 135

콜린스 워드(Colin Ward) 59

크리스 칼슨(Chris Carlson) 223

크리스탈러 198

클라크(Clarke) 269

키스 휠러(Keith Wheeler) 45

킴 험프리(Kim Humphery) 217

ㅌ

타운센드(Townsend) 204, 205

튀넨 198

트레이시 스켈턴(Tracy Skelton) 211

팀 에덴서(Tim Edensor) 216

팀 오리어던(Tim O'riordan) 84, 85

ㅍ

파니코스 파나이(Panikos Panayi) 148, 149

파울 크뤼천(Paul Crutzen) 246

파이크(Pike) 69

파인(Fine) 200, 201

파크(Park) 173

패터슨(Matthew Paterson) 234, 238, 240

패트릭 게디스(Patric Geddes) 45

패트릭 에인리(Patrick Ainley) 268

포릿(Jonathan Porritt) 31, 41

포사이스(Forsyth) 91

포터(Potter) 218

폴 녹스(Paul Knox) 191, 192, 193

폴 로버츠(Paul Roberts) 135

폴 로빈스(Paul Robbins) 81, 112

폴 비달 드 라 블라슈(Paul Vidal de la Blache) 79

폴 크루그먼(Paul Krugman) 201

프란시스 무어 라페(Frances Moore) 149

프랜츠 보애스(Franz Boas) 80

프랭크 푸레디(Frank Furedi) 25

프레더릭 옴스테드(Frederic Olmstead) 183

프레드 K. 셰퍼(Fred K. Schaefer) 80

프레드 잉글리스(Fred Inglis) 259

프레스턴(Preston) 171

프리드리히 엥겔스(Friedrich Engels) 170, 241

프리초프 카프라(Fritjof Capra) 68

플레처(Fletcher) 46

피어스 블레이키(Piers Blaikie) 125

피터 뉴웰(Peter Newell) 225

피터 잭슨(Peter Jackson) 146, 208

피터 테일러Peter Taylor) 116

피터 하겟(Peter Haggett) 198

피터 홀(Peter Hall) 171

피트(Peet) 239

필 오키프(Phil O'keefe) 120, 121

필립 로(Phillip Lowe) 139

필립스(Phillips) 77

ㅎ

하워드 뉴비(Howard Newby) 140

해리슨(Harrison) 48

해퍼드 매킨더(Halford Mackinder) 75, 78

핸런(Hanlon) 180

허드슨(Hudson) 202, 203

하나뿐인 지구에 꼭 필요한 비판지리교육학